21 世纪全国高等院校材料类创新型应用人才培养规划教材

模具 CAD 实用教程

主　编　许树勤
参　编　温莉敏

内 容 简 介

本书以 SolidWorks 系统为三维 CAD 软件，在基础部分通过零件造型，介绍 SolidWorks 的操作界面、菜单和建模结构。本书涵盖冲模 CAD、锻模 CAD 和注塑模 CAD 三大部分，每部分都包括相应的模具设计的预备知识，特别注意利用 SolidWorks 系统的自身功能实现工艺设计和模具设计。

本书的特点是以案例驱动教学，由浅入深，难点分散，易于接受。本书适合作为材料类和机械类本科学生模具设计 CAD 课程的教材，也可供相关专业选修课使用，同时还可供有关工程技术人员参考。

图书在版编目(CIP)数据

模具 CAD 实用教程/许树勤主编. —北京：北京大学出版社，2011.4
(21 世纪全国高等院校材料类创新型应用人才培养规划教材)
ISBN 978-7-301-18657-2

Ⅰ. ①模… Ⅱ. ①许… Ⅲ. ①模具—计算机辅助设计—应用软件，SolidWorks 2010—高等学校—教材 Ⅳ. ①TG76-39

中国版本图书馆 CIP 数据核字(2011)第 043035 号

书　　　名：模具 CAD 实用教程
著作责任者：许树勤　主编
策 划 编 辑：童君鑫
责 任 编 辑：周　瑞
标 准 书 号：ISBN 978-7-301-18657-2/TG·0018
出　版　者：北京大学出版社
地　　　址：北京市海淀区成府路 205 号　100871
网　　　址：http://www.pup.cn　http://www.pup6.com
电　　　话：邮购部 62752015　发行部 62750672　编辑部 62750667　出版部 62754962
电 子 邮 箱：pup_6@163.com
印　刷　者：北京鑫海金澳胶印有限公司
发　行　者：北京大学出版社
经　销　者：新华书店
787 毫米×1092 毫米　16 开本　13.5 印张　300 千字
2011 年 4 月第 1 版　2011 年 4 月第 1 次印刷
定　　　价：28.00 元

21世纪全国高等院校材料类创新型应用人才培养规划教材

编审指导与建设委员会

成员名单 （按拼音排序）

前　言

计算机辅助设计(CAD)技术自诞生以来，不断取得突破性进展，在汽车、船舶、电子、航空航天、纺织、建筑等行业发挥着重要的作用，被视为20世纪最杰出的工程成就之一。

对生产批量很大的产品，采用模具进行加工，可以提高产品尺寸的一致性和生产率，节约原材料，从而达到又好、又快、又省的目标。然而模具设计的绘图工作量很大，传统的二维模具设计不能给出组成模具零件的全部信息，在制造过程中往往需要设计者和制造者反复沟通，致使复杂模具设计和制造的周期长于预期。

CAD技术的出现，特别是商业化三维计算机绘图软件的出现，令模具设计者欣喜若狂。在模具设计中使用三维CAD软件已经成为业界学生和工程技术人员的一项基本要求。

恩格斯曾经说过："社会一旦有技术上的需要，则这种需要就会比十所大学更能把科学推向前进。"为了满足众多学生学习"模具设计"相关课程的需要，也为了满足模具设计部门工程技术人员的需求，图书市场上出现了很多与商业化三维CAD系统相匹配的专著与教材。这些专著和教材对模具CAD的教学起到了很好的指导作用，对模具CAD的应用与普及起到了很大的推动作用。然而在这些教材中，利用CAD系统进行工艺计算的内容比较缺乏，也鲜于见到三维CAD在锻模设计中的应用。

本书共分5章。第1章绪论，主要介绍模具和CAD的基础知识，帮助读者明确学习对象，提高学习兴趣，激发学习热情。第2章SolidWorks、Pro/E基础应用，以三通、支承座、卡板、连杆、换挡叉、杯子等零件为实例进行三维实体造型，引导读者掌握分析零件结构的方法，熟悉SolidWorks、Pro/E的操作界面、菜单和建模结构。第3章冲模CAD，介绍冲模设计的预备知识，以卡板为典型冲裁件，利用SolidWorks对其进行冲模工艺设计，对冲模零件逐个进行三维实体造型，自下而上地设计了该模具。第4章锻模CAD，在介绍锻模设计预备知识后，以换挡叉为典型模锻件，利用SolidWorks获取锻模设计的参数，进行锻模制坯模膛的设计，用SolidWorks进行锻模的结构设计与三维实体造型，完成模具分割与承击面校核。第5章注塑模CAD，在介绍注塑模的预备知识和设计流程的基础之上，以杯子为典型注塑件，用自上而下的方法完成双分型面、有斜导柱抽芯结构的注塑模具设计，进行注塑模的三维实体造型。

本书的特点是以案例驱动教学，由浅入深，难点分散，易于接受。本书适合作为材料类和机械类本科学生模具设计CAD课程的教材，也可供相关专业选修课使用，同时还可供有关工程技术人员参考。

本书第1、第3～5章由北京工业大学耿丹学院许树勤教授编写，第2章由淮南联合大学温莉敏编写。在本书的编写过程中，刘应忠、黄能会、吴洪亮、王永强、易文平、文强、闫晓冲等做了大量的工作，在此表示衷心的感谢！

由于作者水平有限，书中不妥之处，敬请广大读者指正。

编　者

2011年2月

目　录

第1章 绪论

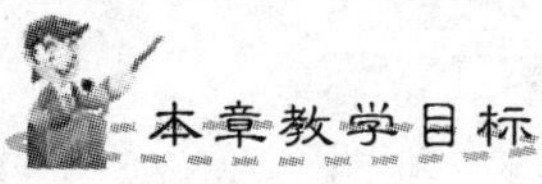

本章介绍模具的定义、模具的分类、模具与人们生活的关系、模具的生产、与模具专业相关的学科，帮助读者认识模具与模具专业，明确学习的对象，提高学习的兴趣，激发学习的热情。对模具设计CAD、商业CAD系统的简介，则是为了开拓读者的思路，以便选择适用的软件系统进行模具设计。

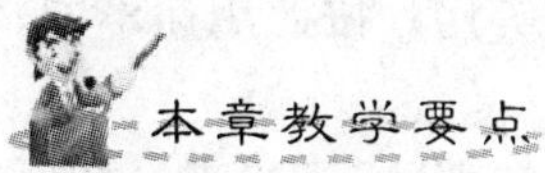

知识要点	掌握程度	相关知识
模具的定义与分类	了解模具的定义、模具的作用，熟悉模具的分类	与模具相关的生产
模具与生活、模具与生产、模具与艺术	了解模具与人们的关系	产品生产成本构成，模具成本构成
模具的生产	初步了解模具的历史	模具与制造技术水平相匹配
模具CAD	了解模具CAD的内涵	模具设计流程
商业CAD系统简介	了解不同商业CAD系统的特点、适用性以及输入、输出文件格式	计算机软件与硬件、计算机图形技术

导入案例

模具是常用的生产装备，请看图 1.1 给出的 3 张模具图片。可能很多人会问："这是模具吗?"回答这个问题之前，首先从"模"字溯源，看模具究竟是什么。

图 1.1　模具图片

1.1 "模"字溯源

与"模"意思相近的字有很多，如模、范、型、形、样等。

模(mó)：制造器物的模型。左思《魏都赋》："授全模以梓匠"。

模(mó)型：即铸造用的模具。根据实物、设计图或者设想，按比例、形态或者其他特征制成的同实物相似的物体，供展览、观赏、绘画、摄影或观测等用；按照用途不同，模型常用石材、石膏、混凝土、塑料、金属等材料制成。

范：模(mú)子，也指用模子浇注。《论衡・物势》："今夫(现在那些)陶冶者，初埏(shān)埴(zhí)(和泥作陶器)作器，必模范为形，故作之也。"

型，铸造金属器物的模子。《淮南子・修务训》："夫纯钩，鱼肠之始下型，击则不能断，刺则不能入；及加之砥砺，磨其锋锷，则水断龙舟，陆断犀甲。"

形：形状、样子。通"型"。《左传・昭公十二年》："形民之力"。杜预注："言国之用民，当随其力任，如金冶之器，随器而制形。"

模(mú)样：(模型)用以在砂型中造成与铸件外形相当的空腔。其外形与所制物件基本相同。

样：形状、模样。张祜(hù)《送走马使》诗："新样花纹配蜀罗"。

在《说文解字注》中，"型"古字义为铸器之法；以竹为之曰范，以木为之为模，以土为之则为型。据此，"型"实为规范、框约之意。

1.2 模具的定义

模具(Mold，Matrix，Pattern，Die)是什么？用以制造一定数量产品的专用模型、模板和工具都属于模具。这种工具由各种零件构成，每种类型的模具由结构类似的零件构成。一般需要安装在特定的设备上来实现对物品的加工。型腔类模具是一个样件的负面影像(类似于照片的负片)。使用模具可以重复生产与原始样件形状、尺寸相同的零件，就像冲洗相片一样。由此看来，图 1.1 中的 3 张图片都是模具。

模具与制造中的铸造技术的渊源最长。不过在铸造中，模具更多地被称之为“范”或“型”。传统的铸造是泥范或石范铸造，砂型铸造是液态金属在模具内的冷凝成型，铸件的形状与模具的形状是吻合的。在传统的铸造工艺中，模型在铸件凝固后就溃散了，因此铸件可以有很复杂的外形与空腔。

模具的形式多种多样，制造模具的材料也是各不相同的。图 1.1 左边的图片是公元前1400—公元前 1000 年用青铜材料制成的剑头铸造模具的一半。图 1.1 中间的图片是木制的食品模，该模具不是封闭的，成形时限制底面和周边。图 1.1 右边的图片是塑料制的食品模，其作用是进行曲边剪切，生成圆饼。

使用模具的痕迹遍布人们日常生活的每一个角落。只要是大量、反复生产相同产品时就需要使用模具。产品的材料种类非常之多，模具并不限于成形零件，也包括成形材料。模具成形实质上是利用材料的塑性进行的一种少切削、无切削的生产方法。采用模具成形工艺代替切削加工工艺，可以提高生产效率，保证零件质量，减少材料消耗，降低生产成本，因而广泛应用于家用电器、汽车、建筑、机械、电子、五金、农业、航空航天、玩具、日用品、食品等领域的批量性零件的生产中。

1.3 模具的分类

模具各式各样，品种繁多。为了便于学习和管理，需要对模具进行分类。模具常用的分类方法有以下两种。

1. 按照应用范围及习惯分类

按照模具在国民经济中的应用范围及管理习惯，中国模具工业协会提出了划分模具类别的方法，即所谓“十大类”的分法，分别为冲压模、塑料模、压铸模、锻造模、粉末冶金模、橡胶模、拉丝模、无机非金属材料成形模、模具标准件和其他模具(用于食品、皮革等的成形)。

2. 按照成形用材料分类

依据自然科学中基于工程材料进行分类研究的观点，按模具所成形出产品的材料并结合工程实际，可将模具分为“三大类十二小类”，具体如下所述。

(1) 金属材料成形用模具。冲压模(板料、管材)、锻造模(体积成形)、铸造模(液态金属)、粉末冶金模(金属粉末)、拉丝模(线材)。

(2) 有机高分子材料成形用模具。塑料模、橡胶模、食品模、皮革模。

(3) 无机非金属材料成形用模具。陶瓷模、玻璃模、水泥与混凝土模。

我国模具工业总产值(1984 年始有统计)一直是逐年递增的。从 1997 年起，其年产值已开始超过机床工业总产值。20 世纪末以来，我国模具工业总产值稳居亚洲第二，但进口模具仍为亚洲乃至世界第一。迄今为止，我国模具自主独立技术及模具工业总体技术水平仍与世界上发达国家有较大差距。

目前我国模具技术含量低，高精度、高自动化的高档模具比重很小，而中低档模具比重很大，近年来，在培养高级模具技术人员的同时，正在大力培养模具技工、技师。我国模具行业经济活动中还有以下几个特点：①总产值中 2/3 为自用，1/3 为商品销售；②制造模具的比重为冲压模占 50%，塑料模占 33%，压铸模占 6%，其他占 11%；③进口模具的比例塑料模大于冲压模；④模具进口来源依次为日本—中国台湾地区—韩国—中国香港地区—欧美各国；⑤模具进出口份额大的省市有广东、江苏、浙江、上海、天津、北京、福建、吉林、辽宁、山东、安徽等。

1.4 人与模具

模具与人们如影相随，只不过人们对周围的一切已经习以为常，而忽略了它们与模具之间的联系。

1. 模具与生活

社会上日用消费品的数量与人口总数成正比，尽管消费品种类繁多、规格不一，但每款消费品的生产批量仍然非常巨大，因此与人们的衣食住行密切相关的许多物品都是借助于模具生产出来的。如塑料牙刷柄、塑料香皂盒、塑料拖鞋来自塑料模具，陶瓷盥洗盆、陶瓷漱口杯出自陶瓷模具；厨房中的不锈钢锅是经过冲裁模下料、拉深模拉深、修边模修边等多套模具才生产出来的；吃的饼干或者巧克力(图 1.2)，是出自食品模；脚上穿的皮鞋是经过皮革模压制定型的；骑的自行车，轮胎是橡胶模具的产品，车瓦来自落料模和成型模，螺钉、螺母来自冷镦模，辐条经过拉丝模……只要留心，就会发现模具与人们生活有着千丝万缕的联系。

图 1.2 精美的巧克力造型——出自模具

2. 模具与生产

使用模具可以重复生产与原始样件形状、尺寸相同的零件，采用模具生产可以显著提高生产效率。而且随着生产产品批量的增加，单件产品分摊的模具费用就降低，因此模具首先与大批量生产密切相关。

对小批量生产以及新产品的试制，为了成形有时也必须使用模具，这时降低模具成本就成为首要问题。尽量简化模具结构、适当加大产品的加工余量等是常用的降低模具成本的有效办法。

3. 模具与艺术

说模具与生产密切相关，人们一般容易接受。如果有人说：“模具与艺术也息息相通。”大家同意吗？但是当人们走进雕塑公园时，就会觉得此言不虚。

随着社会的发展，雕塑艺术在不断进步。从最初自然材料的泥塑、木质雕塑、石质雕塑，到以后的人工材料的青铜雕塑、陶瓷雕塑和其他金属及合金雕塑。其中材料技术的发展，为雕塑艺术的尽情发挥提供了基础。玻璃钢材料问世后，由于其具有成型方便、可设计性强、轻质高强以及造价相对低廉等诸多优点，很快被应用到雕塑艺术中来。应用玻璃钢技术，可以快速、逼真地将泥塑出的作品翻制并长期保存下来。因此，玻璃钢雕塑较多成为广场、商业网点、生活小区及游乐场所的标志物。

玻璃钢塑像的制造工艺是通过制骨架、塑泥像、分模、扣模、卸模、玻璃钢糊制、修整缝合、磨修整形刨光、表面胶衣处理等步骤完成的。以玻璃钢为原料制成的塑像不仅传神逼真，而且具有重量轻、易于搬运、不易损坏，室外存放不易风化等优点，特别适于制造大型的雕塑。图 1.3 是玻璃钢的雕塑作品。

图 1.3 玻璃钢雕塑作品

1.5 模具的生产

模具一般是用来进行产品的批量生产的，但是模具本身却具有单件生产和对特定用户的依赖特性，因此其设计和生产有自身的特殊性。

1. 历史上的模具生产

最早的模具是用在铸造生产上的。铸造是人类掌握比较早的一种金属热加工工艺，已有约六千年的历史。中国约在公元前 1700—公元前 1000 年之间已进入青铜铸件的全盛期，工艺上已达到相当高的水平。中国商朝的重 875 公斤的司母戊方鼎、战国时期的曾侯乙尊盘。西汉的透光镜，都是古代铸造的代表产品。

我国的金属铸造生产历史悠久，成就辉煌。古代劳动人民通过世代相传的长期生产实践，创造了具有我国民族特色的传统铸造工艺，其中以泥范、铁范和熔模铸造最为重要，称为古代三大铸造技术，这些都需要相应的模具。

图 1.4 三铢石范

我国在夏代已能用石范铸造青铜器，但石料不易加工，也不耐高温。图 1.4 是西汉三铢石范(1973 年山东莱芜市苗山办事处铜山村西汉冶铜遗址中出土。铢是古代重量单位，二十四铢等于一两。山西绛县、湖南衡阳公行山、河南镇平贾宋镇出土的“三铢”钱，枚重均在

2g上下)。在制陶术发展的基础上，很快就改用泥范。用泥范铸造器物，是我国古代最主要、应用最普遍的铸造方法。泥范的制作与雕塑的制作工艺相近，其蓝图存于工匠的胸中，其质量在工匠的手中，其继承依赖于师徒传承。

锻造最初是自由锻，即仅用砧子和锤头来进行金属的成形，以后为了提高生产效率和降低材料消耗，开始使用胎模进行锻造。而在专用模锻设备上使用锻模进行模锻则仅有百年左右。

落料最初是用榔头猛击放在带有欲切出外轮廓的铁块(类似凹模)上的条料来进行的，而冲孔则是用榔头猛击冲子在板料上冲出孔。压力机出现以后，才有了真正意义上的冲模。

塑料出现于天然树脂的使用，可以追溯到古代，但现代塑料工业形成于1930年，近40年来获得了飞速的发展。塑料工业的发展推动着各种塑料模具的生产与科研。

2. 近代模具生产

20世纪80年代，制造模具的手段主要是依赖普通的机械加工设备，对于形状复杂的模具则是依靠钳工的技能来完成的，优秀的模具钳工在模具企业内起着决定性的作用，竞争的焦点在于谁有能力把模具生产出来。到了20世纪90年代，CAD/CAM技术、数控加工技术及EDM加工技术逐步被广泛应用，制造出复杂的模具型腔已经不是问题，CAD/CAM技术及数控技术的应用决定着企业的模具生产周期和成本，成为衡量模具工业水平的主要指标。

3. 现代模具工业

现代化的模具要实现数字化设计、数字化制造、数字化管理、数字化生产流程，没有模具的数字化，就没有现代模具。

通过Internet技术，模具企业可以跟国内外客户建立联系，开拓更广阔的市场；进行企业与国内外客户业务、技术的沟通；建立企业和客户之间的接口。ERP技术帮助企业规范和管理内部业务流程，提升模具企业的管理水平；并且极大地优化和缩短企业内部的流程，提高竞争力；把Internet技术结合起来，还可以实现远程异地办公，提高企业的快速反应能力，更加有效地管理企业。信息化的管理系统将为企业提供共享的、一致的、忠实的进程监控平台。在信息化系统中，通过项目计划与进程控制，可以对模具的整个生命周期(订单确定—交付)进行管理。生产一线管理人员直接在系统中反馈模具实际进度，系统忠实地监控项目进程的每一个任务，当某一控制点出现延期时，系统会自动发出报警邮件给相关人员，以便及早发现、及早解决。对于一些关键任务，还可以让系统提前预警，以使有关人员及早准备和安排。

成本控制是模具企业管理上的一个难点，模具企业的成本控制能力越来越突出地体现了企业的核心竞争力。目前，模具行业面临着模具价格越来越低的沉重压力，模具增加几次修改，模具利润就消耗干净，甚至要赔本。

企业如果不能从根本上解决这个问题，将面临被淘汰出局的危险。信息化系统将在公司内部下达订单时，以报价的成本估算为基础，为模具制订计划成本；系统中设置成本预警，对模具生产中的成本要素进行监控，从而有效控制各项费用，确保利润目标的顺利达成。在模具材料下达时，比较设计物料总成本与计划材料成本的差异，决定是否下达。

在采购材料收货时，比较交货价格与计划价格的差异，决定是否收货，从而有效控制采购成本。

系统会记录和统计每一工件在每个加工工序中产生的加工工时，自动比较实际加工费用与计划费用的差异，监控制造费用。当实际费用超过计划费用时，系统会自动报警，通知相关管理人员。信息化的实时车间监控系统可以帮助生产主管监控每台设备的生产情况及模具的加工进程，提高设备的利用率，控制工件的生产进度。通过生产管理系统可以查看各加工设备和工作组的实时生产情况，系统通过不同的颜色标记，清晰反映各设备及加工组正在加工的工件和待加工工件的状态，包括每台机床正在干什么，机床目前的负荷情况，正在加工的工件是否延期，待加工工件是否已移交本工序，上道工序是否延期，物料是否到位等，大大减轻了管理人员的工作强度。当管理人员需要检查某套模具的生产情况时，可以查看以甘特图形式展示出来的模具加工进度，并通过各工序的计划时间和实际的进程的对比，帮助管理人员跟踪模具的生产进度。

目前，国内已能生产重达50吨的大型模具和一模几百腔的模具，今后会发展重达100吨的大型模具和一模上千腔的模具。这一方面向模具加工设备提出了大工作台、大行程、大承重和高稳定性等要求，同时也提出了加工一致性和高精度的需求。

1.6 模具与模具专业

直到20世纪80年代以前，在我国大学的专业目录中，一直没有模具设计与制造专业，模具设计的相关课程都放在相应专业的工艺课程中讲授。例如：锻压专业开设冲压工艺与模具设计、锻造工艺与模具设计；铸造专业开设造型工艺与模具设计、压铸工艺与模具设计；高分子专业开设有塑料成型工艺与模具设计、橡胶成型工艺与模具设计；轧钢专业开设轧制工艺与孔型设计；工业设计开设产品造型与模具设计；美术学院艺术专业开设艺术造型与模具设计等等。

1978年改革开放以来，乡镇企业和民营企业异军突起，这些企业对模具的需求非常旺盛，珠江三角洲首先形成了模具生产集散地，中国模具协会也应运而生。中国模具工业协会(CDMA)成立于1984年10月，是模具行业唯一的全国性组织，由模具企业及与模具行业有关的企业、科研单位、大专院校、社会团体按照自愿原则组成，此后各大学纷纷开办模具设计与制造专业，以满足社会对模具人才的需求。

由于传统的模具设计多靠类比和经验，其中很多设计理念没有上升到理论。模具行业设计的产品种类较多，工艺特点又不尽相同，如热锻模、塑料成型模、冷冲模、压铸模，以及其他如粉末冶金模、橡胶、玻璃、陶瓷等模具，所涉及的行业有汽车制造业、电子与通信业、橡胶行业、铸造行业、塑料行业等，因此模具专业的涵盖范围广、教育难度大。

1.7 模具设计软件

CAD(Computer Aided Design)是计算机辅助设计相应英文单词的首字母合成的新词，

该技术以计算机、外围设备及其系统软件为基础，包括二维绘图设计、三维几何造型设计等内容。

CAM(Computer Aided Manufacturing)是计算机辅助制造相应英文单词的首字母合成的新词。它是利用CAD的信息在数控加工设备上实现制造自动化。CAM的主要任务是选择加工工具、生成加工路径、消除加工干涉、配置加工驱动、仿真加工过程等，以满足小批量、高精度、短周期和加工一致性要求高的产品制造的需要。计算机辅助制造中最核心的技术是数控技术。

CAD和CAM的关系非常密切。CAD是CAM的基础，CAM是CAD的拓展。模具设计CAD就是要利用CAD技术实现构成模具的全部零件的设计。模具设计人员必须首先掌握相应模具设计工艺知识和流程，才能够借助于某个CAD软件系统实现模具设计。

1.8 商业CAD系统简介

CAD/CAM技术经过几十年的发展，先后走过大型机、小型机、工作站、微机时代，每个时代都有当时流行的CAD/CAM软件。现在，工作站和微机平台CAD/CAM软件已经占据主导地位，并且出现了一批比较优秀、比较流行的商品化软件。下面将分别介绍国内外一些流行的软件。

1. UG

UG是Unigraphics Solutions公司的拳头产品。该公司首次突破传统CAD/CAM模式，为用户提供一个全面的产品建模系统。在UG中，优越的参数化和变量化技术与传统的实体、线框和表面功能结合在一起。

UG最早应用于美国麦道飞机公司。它是从二维绘图、数控加工编程、曲面造型等功能发展起来的软件。20世纪90年代初，美国通用汽车公司选中UG作为全公司的CAD/CAE/CAM/CIM主导系统，这进一步推动了UG的发展。1997年10月，Unigraphics Solutions公司与Intergraph公司签约，合并了后者的机械CAD产品，将微机版的Solid Edge软件统一到Parasolid平台上。由此形成了一个从低端到高端，兼有UNIX工作站版和Windows NT微机版的较完善的企业级CAD/CAE/CAM/PDM集成系统。

2. Pro/Engineer

Pro/Engineer(简称Pro/E)系统是美国参数技术公司(Parametric Technology Corporation，PTC)的产品。PTC公司提出的单一数据库、参数化、基于特征、全相关的概念改变了机械CAD/CAE/CAM的传统观念，这种全新的概念已成为当今世界机械CAD/CAE/CAM领域的新标准。利用该概念开发出来的第三代机械CAD/CAE/CAM产品Pro/E软件能将设计至生产全过程集成到一起，让所有的用户能够同时进行同一产品的设计制造工作，即实现所谓的并行工程。

Pro/E系统用户界面简洁，概念清晰，符合工程人员的设计思想与习惯。整个系统建立在统一的数据库上，具有完整且统一的模型。

3. CATIA

CATIA 是由法国著名飞机制造公司 Dassault 开发并由 IBM 公司负责销售的 CAD/CAM/CAE/PDM 应用系统。CATIA 起源于航空工业，其最大的标志客户即美国波音。作为世界领先的 CAD/CAM 软件，CATIA 可以帮助用户完成大到飞机小到螺丝刀的设计及制造，它提供了完备的设计能力——从 2D 到 3D 到技术指标化建模，同时，作为一个完全集成化的软件系统，CATIA 将机械设计、工程分析及仿真和加工等功能有机地结合，为用户提供严密的无纸工作环境，从而达到缩短设计生产时间、提高加工质量及降低费用的效果。

4. I-DEAS

I-DEAS 是美国 SDRC 公司开发的 CAD/CAM 软件。该公司是国际上著名的机械 CAD/CAE/CAM 公司，SDRC 也是全球最大的专业 CAM 软件生产厂商。在全球范围享有盛誉，国外许多著名公司，如波音、索尼、三星、现代、福特等公司均是 SDRC 公司的大客户和合作伙伴。

该公司的 I-DEAS Master Series5 是高度集成化的 CAD/CAE/CAM 软件系统。它帮助工程师以极高的效率，在单一数字模型中完成从产品设计、仿真分析、测试直至数控加工的产品研发全过程。I-DEAS 是全世界制造业用户广泛应用的大型 CAD/CAE/CAM 软件。I-DEAS 在 CAD/CAE 一体化技术方面一直雄居世界榜首，软件内含诸如结构分析、热力分析、优化设计、耐久性分析等真正提高产品性能的高级分析功能。I-DEASCAMAND 是 CAM 行业的顶级产品。I-DEASCAMAND 可以方便地仿真刀具及机床的运动，可以从简单的 2 轴、2.5 轴加工到以 7 轴 5 联动方式来加工极为复杂的工件表面，并可以对数控加工过程进行自动控制和优化。

5. Solid Edge

来自 EDS 公司的 Solid Edge 是一个功能强大的三维计算机辅助设计(CAD)软件，它能使机械产品、加工产品、机电产品和其他产品的设计者方便快捷地创建、记录和共享产品知识，这一功能是通过工程管理实现的。Solid Edge 的 Insight (因特开发内幕)的知识共享技术直接嵌入到设计管理模块中，使得它能提供高品质、低成本和较短的交付周期的产品。Solid Edge 以其创新能力和使用的方便性，获得了世界范围内成千上万家公司的提名赞誉。

Solid Edge 目前应用最多的领域是钣金设计，虽然它只是 EDS 公司的中低端产品，但它强大和专业的钣金设计功能却是其他软件很难实现的。

6. SolidWorks

SolidWorks 是生信国际有限公司推出的基于 Windows 的机械设计软件。生信公司是一家专业化的信息高速技术服务公司，在信息和技术方面一直保持与国际 CAD/CAE/CAM/PDM 市场同步。该公司提倡的“基于 Windows 的 CAD/CAE/CAM/PDM 桌面集成系统”是以 Windows 为平台，以 SolidWorks 为核心的各种应用的集成，包括结构分析、运动分析、工程数据管理和数控加工等，为中国企业提供了梦寐以求的解决方案。

SolidWorks是基于Windows平台的全参数化特征造型软件，它可以十分方便地实现复杂的三维零件实体造型、复杂装配和生成工程图。图形界面友好，简单易学。该软件可以应用于以规则几何形体为主的机械产品设计及生产准备工作中，其价位适中。

SolidWorks提供了当今市场上几乎所有CAD软件的输入/输出格式转换器。

7. AutoCAD

AutoCAD是Autodesk公司的主导产品。Autodesk公司是世界第四大PC软件公司。目前在CAD/CAE/CAM工业领域内，该公司拥有的全球用户量最多。Autodesk公司的软件产品已被广泛地应用于机械设计、建筑设计、影视制作、视频游戏开发以及Web的数据开发等重大领域。

AutoCAD是当今最流行的二维绘图软件，它在二维绘图领域拥有广泛的用户群。AutoCAD有强大的二维功能，如绘图、编辑、剖面线和图案绘制、尺寸标注以及二次开发等功能，同时有部分三维功能。AutoCAD提供AutoLISP、ADS、ARX作为二次开发的工具。在许多实际应用领域(如机械、建筑、电子)中，一些软件开发商在AutoCAD的基础上已开发出许多符合实际应用的软件。

8. 开目CAD

开目CAD是国内开发的具有自主知识产权的基于微机平台的CAD和图纸管理软件，它面向工程实际，模拟人的设计绘图思路，操作简便，机械绘图效率比AutoCAD高得多。开目CAD支持多种几何约束种类及多视图同时驱动，具有局部参数化的功能，能够处理设计中的过约束和欠约束的情况。开目CAD实现了CAD、CAPP、CAM的集成，适合我国设计人员的习惯，是全国CAD应用工程主推产品之一。

9. 高华CAD

高华CAD系列产品包括计算机辅助绘图支撑系统GHDrafting、机械设计及绘图系统GHMDS、工艺设计系统GHCAPP、三维几何造型系统GHGEMS、产品数据管理系统GHPDMS及自动数控编程系统GHCAM。其中GHMDS是基于参数化设计的CAD/CAE/CAM集成系统，它具有全程导航、图形绘制、明细表的处理、全约束参数化设计、参数化图素拼装、尺寸标注、标准件库、图像编辑等功能模块。

1.9 选择CAD软件时应考虑的问题

1. 系统的数据接口

在对一个零件进行数控编程前，必须首先获得零件的模型信息。许多CAM软件自身具备造型系统，可直接在其造型系统上进行零件设计，设计完成后再进行数控编程。但在大部分时候，设计工程师和加工设计工程师采用的可能是不同的系统，这就需要CAM系统可以读取CAD系统完成的设计结果，并在设计结果模型的基础上进行分析及数控编程。也就是CAM软件的数据输入接口应该能够正确读取各类CAD系统的输出数据，特别是用户正在使用的CAD系统设计结果。如果当初在CAD的选型时充分考虑了CAM，那么现在选择CAM软件就会非常容易。大多数的国外CAM软件都能提供多种格式的数据输入接口，比如IGES、DXF、STL、SAT等通用接口，有的还针对一些著名的CAD软件，如Pro/E、UG、CATIA等提供了专门接口。但不同的CAM软件所"专长"的数据格式不同，支持的程度也有所差异，这就需要作进一步的了解，最好是找几个有代表性的零件，对CAM系统支持的数据格式做实验，检查其是否能正确读取数据信息。

2. 后处理方面

所谓后处理就是根据前处理得到的刀具轨迹和工艺参数信息，结合特定数控机床的性能及其所要求的数控程序格式，生成该机所能识别的数控加工程序。不同的机床或加工中心对于相同的加工，代码格式也可能各不相同，这就要求CAM软件能够提供不同机床的后置处理。好的CAM软件，对于通用的常见数控机床，都能提供专门的后置处理模块，但对于一些很少见的机床，则应提供开放式的后置处理自定义功能。如有些CAM系统，采取交互式对话的方式，帮助用户定义特殊的后置处理功能，使普通用户能非常方便地完成复杂的后置处理自定义过程。

UG到目前为止只识别英文文档，不能打开名称是中文的文档。因此局限性比较大，在文档转换几次以后就不能为中国用户所习惯。其CAM功能也比较强大，在直接设计后可以不用转换文件格式就可以直接用于NC加工文件，这样可以避免在转化过程中出现错误，导致加工的错误。但在当文件输出时，由于UG的内置精度为0.025mm，所以当其他精度稍微高一点的3D软件打开时就会出现破面，导致实体的不完整性。但UG在各个模块都比较成熟，设计周期较短，不管在产品设计还是在制图、NC加工、模具设计方面都很有竞争力。

3. 综合性能方面

除了满足实用要求以外，一致友好的操作界面及简单实用的操作方法，对于使用者来说是一个无形的帮助，Windows系统操作风格的软件，不用培训就可以摸索着进行操作，比UNIX系统上的软件容易学习和使用。软件功能及操作的一致也非常重要。有些软件功能比较强大和齐全，但操作方式繁杂犹如走迷宫，需要较长时间的学习，影响使用效率，增大了推广和普及的难度。

小　结

模具作为常用的生产装备，其历史源远流长，涉及的生产工艺也很多。模具总是与批量生产相联系，那些用以制造一定数量产品的专用模型、模板和工具都属于模具。

模具与人们的生活密不可分。模具与生产紧密相连。模具和艺术也有着千丝万缕的联系。

现代模具生产需要提供信息完备的模具图纸，因此模具设计的工作量很大。商业化CAD系统为降低模具设计的劳动强度提供了条件。选择恰当的CAD软件需要考虑系统的数据接口、后处理以及综合性能。

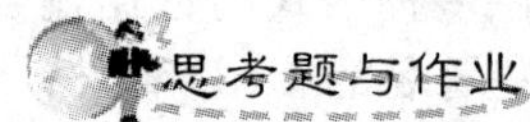

思考题与作业

1. 请找出身边用模具生产的不同材料的生产或生活用品。

2. 上述产品中，在模具成形部件的设计中需要给出哪些描述？

3. 你接触过哪些CAD软件系统？其输入输出文件都有什么格式(请列表说明)？有什么功能？试比较不同的CAD软件系统。

第2章

SolidWorks、Pro/E基础应用

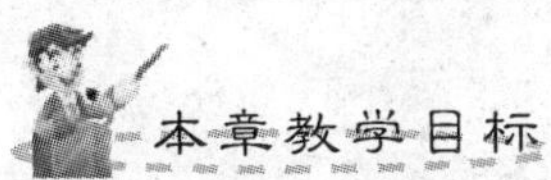

通过本章的学习，了解SolidWorks、Pro/E软件的特点。通过对三通、支承座、连杆、换挡叉、卡板、杯子等产品的三维实体造型，掌握分析零件结构的方法，熟悉SolidWorks和Pro/E的操作界面、菜单和建模结构，实现对零件的快速造型。了解系列零件设计方法的应用范围和操作步骤，为模具通用件的快速设计奠定基础。

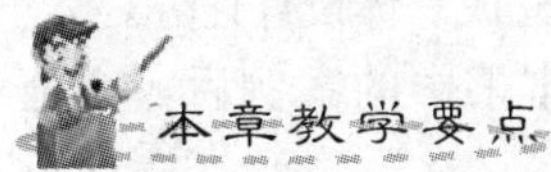

能力目标	知识要点	权重	自测分数
了解SolidWorks、Pro/E	操作界面、菜单、建模结构	10%	
掌握实体建模过程和技巧	基于传统视图建模	40%	
减少设计中的原始数据误差	基于电子图纸，通过外部数据传输建模	30%	
提高设计效率	系列零件设计表	20%	

导入案例

模具设计就是用图纸表达组成模具各零件的尺寸、形状、技术要求和装配关系。CAD 系统是模具设计的工具。SolidWorks、Pro/E 等是常见的三维 CAD 系统。如何用三维系统对形状复杂的零件进行建模(图 2.1a)? 怎样基于二维电子图纸进行零件的三维实体建模(图 2.1b)? 如何对具有相同特征的零件(图 2.1c)进行快速设计? 这是本章要解决的问题。

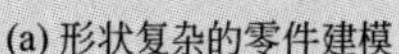

(a) 形状复杂的零件建模

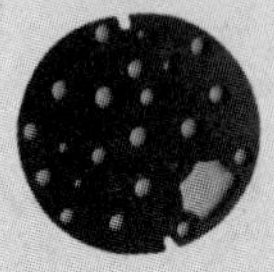

(b) 基于二维电子图纸的三维实体建模

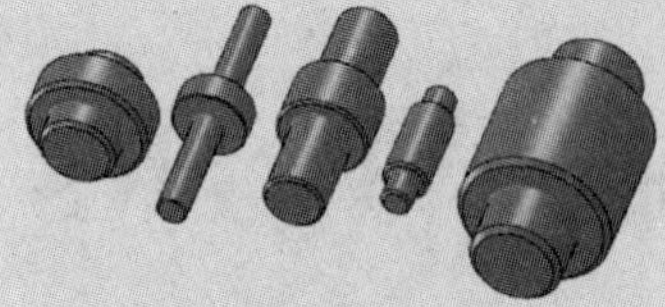

(c) 相同特征的零件建模

图 2.1　零件建模

2.1　SolidWorks、Pro/E 软件简介

SolidWorks、Pro/E 是一套基于特征的参数化机械设计自动化软件，它采用Microsoft Windows 图形用户界面，多数用户熟悉此类界面，而且该软件容易学习，因此本书选用该软件作为设计工具。在设计过程中，可运用特征、尺寸及约束功能，准确制作设计模型，并绘制出详细的工程图：根据各零件间的相互装配关系，可快速实现零部件的装配，完成总体设计任务。

三维设计软件进行建模的基本思路都是相似的，读者在学习了本书中的案例后，完全可以将其思路推广到其他软件中。

SolidWorks、Pro/E 系统的绘图类型有 3 种：零件图、装配图和工程图。零件图是三维实体模型，装配图也是三维实体模型。零件按照一定的装配关系装配起来就生成装配图。工程图则是二维视图。工程图可以由单一零件实体模型或装配图实体模型快速生成，也可以新建工程图文件用二维绘图功能直接绘制；目前所有的 CAD 系统均不具备由工程图(即三视图)自动生成三维实体的功能。

2.1.1　SolidWorks、Pro/E 软件特点

SolidWorks、Pro/E 软件是包括参数式及变量式功能的机械设计自动化软件，具有以下特点。

(1) 参数式尺寸驱动。在软件中草图及特征的尺寸均被看成是设计参数。当赋予该尺寸新值并且重建模型时，设计图形就会更新并且存储在模型中。

(2) 变量式尺寸限制条件。在建立草图图形时，可不立即指定草图的尺寸及几何限制条件，即允许图形以不完全定义来生成 3D 模型。

(3) 智能捕捉。当用鼠标进行选择时，只要落入欲选区域附近就会捕捉到关键点。

(4) 动态导航。当鼠标位于工具栏上时，有动态出现的文字提示当前工具的功能；当鼠标位于草图及特征的不同位置时，会出现相应的小图标和文字提示。

(5) 约束性。可利用平行、垂直、水平、相切、同心、中点等几何关系对草图中的几

何要素或对装配体中的零件进行约束，也可利用固定长度或拉伸到一面等实现对特征的约束，以实现设计人员的思想。

(6) 关联性。对于一个零件图来说，当它被安装到不同装配体中或者生成工程图时，它们都是同源的，是相互联系在一起的。对零件模型的修改，会影响装配体中相应零件的形状和尺寸；而对装配体中某个零件的修改或是对工程图进行的修改，也会反馈到相应的零件模型中。

(7) 自上而下的装配体设计技术(Top-to-Down)。提供自上而下的装配体设计技术，它可使设计者在装配体状态设计零件、添加零件间的设计关系，在装配体内设计新零件、编辑已有零件等。

2.1.2 SolidWorks 输入/输出文件格式

SolidWorks 系统与多种 CAD 系统均兼容，可以打开多种格式文件。每种格式的文件都有相应的扩展名与之对应，表 2-1 列出了 SolidWorks 可以打开的不同文件扩展名对应英文词头和文件格式。图 2.2 显示了 SolidWorks 可以打开文件的类型。

表 2-1 SolidWorks 文件扩展名说明表

文件扩展名	词头来源	备 注
*.sldprt	Solid part	SolidWorks 零件模型
*.sldasm	Solid assembly	SolidWorks 装配体模型
.slddrw，.drw	Solid drawing	SolidWorks 工程图
*.dxf	Drawing exchange format	AutoCAD 中的图形交换格式文件，它以 ASCII 码方式存储图形，在表现图形的大小方面十分精确
*.dwg	Drawing	Autodesk 公司的工程图文件
*.dwf	Design web format(Web 图形格式)	高度压缩的工程图文件，dwf 文件易于在 Web 上发布和查看
*.lfp，*sldlfp	Solid library feature part	特征库零件模型
*.prtdot，asmdot，drwdot	Template	模板(零件图、装配图/工程图)文件
.x_t，.x_b，*.xmt_txt	Parasolid_text/binary	Parasolid ASIIC 码/二进制码文件
*.iges	Initial graphics exchange specification	美国国家标准局和工业界于 1975 年共同制定并实施的图形交换文件
*.step	Standard for the exchange of product model data	产品模型数据交换的标准文件
*.sat	Standard ACIS text	标准 ACIS(用 C^{++} 构造的图形系统开发平台)文本
*.vda	Verband der automobilindustrie	德国汽车工业协会图形文件
*.wrl	Virtual realistic model language	三维扫描生成文件
*.stl	Stereo lithographic	立体光造型文件，是实体表面三角网格模型的一种存储格式，是目前快速原形技术领域最为常用的文件
*.cgr	CATIA graphic	CATIA 图形文件

（续表）

文件扩展名	词头来源	备　注
*.prt	Pro/E part	Pro/E零件模型
.asm，.xam	Pro/E assembly	Pro/E装配体模型
*.prt	UGII	UG零件模型
*.ipt	Inventor part	Inventor零件模型
*.par	Solid Edge part	Solid Edge零件模型
*.asm	Solid Edge assembly	Solid Edge装配体模型
*.prt	CADKEY	CADKEY零件模型
*.dll	Dynamic link library	动态链接数据库文件

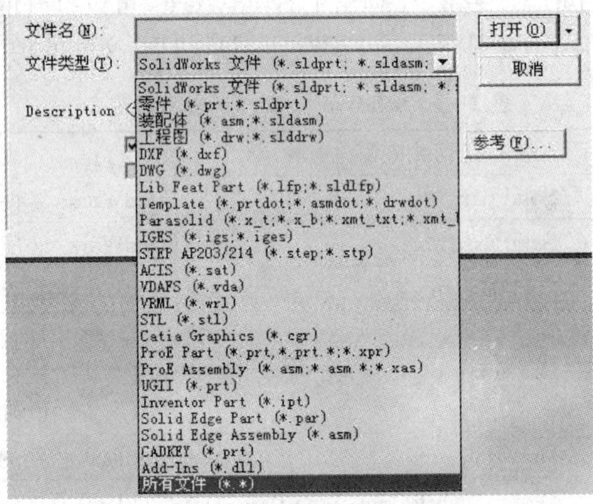

图 2.2　SolidWorks可打开文件的类型

SolidWorks系统文件进行存储时，也可以有多种文件格式。根据不同的绘图类型(零件图、装配图和工程图)，存储的文件格式也不同，图 2.3 列出了 3 种绘图类型界面下SolidWorks可以存储的文件类型。

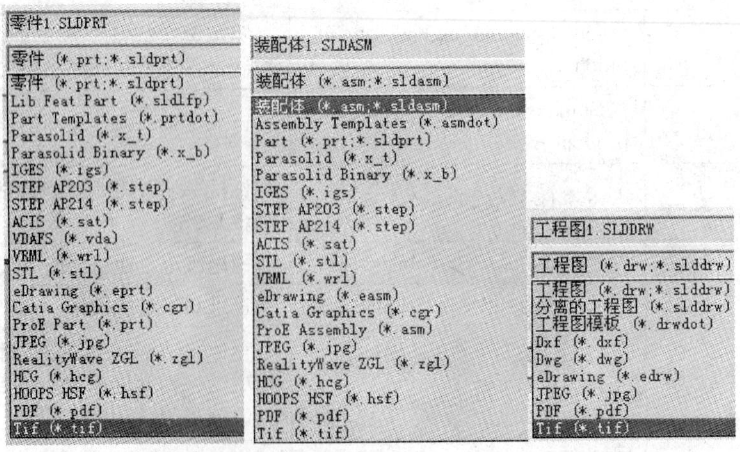

图 2.3　SolidWorks零件图、装配体、工程图可以存储的文件类型

2.2 SolidWorks、Pro/E 的工作窗口

SolidWorks 和 Pro/E 工作窗口类似，都是由下拉菜单栏、工具栏、特征设计树、绘图区、状态栏组成的(图 2.4、图 2.5)。其中工具栏显示内容的多寡，可以从下拉菜单【工具】|【自定义】中进行选择。工具栏放置的位置可以用鼠标拖动工具栏拖动符来改变。

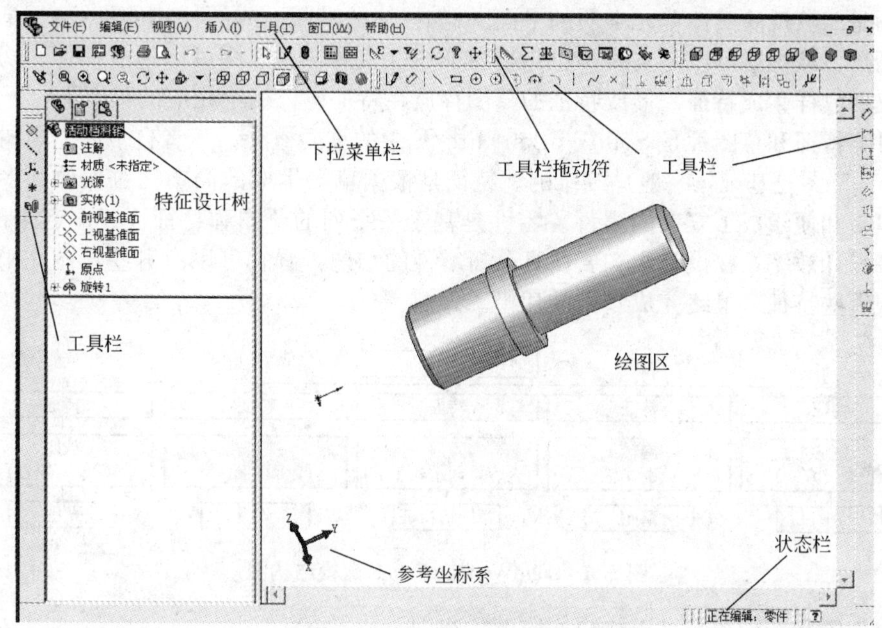

图 2.4 SolidWorks 工作窗口

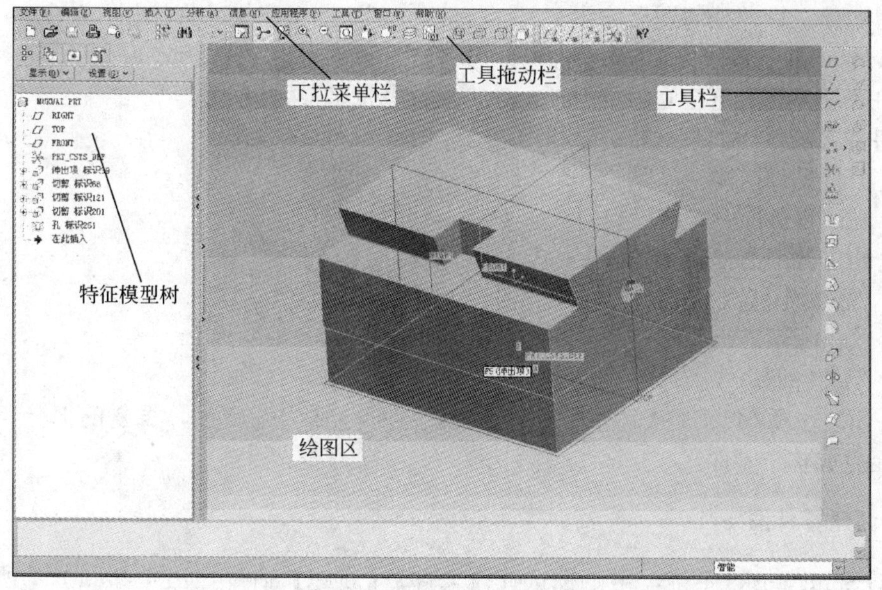

图 2.5 Pro/E 工作窗口

2.3 SolidWorks、Pro/E 的建模结构

零件是构成机械的、不可拆卸的最小单元，也是生成装配图的基本单元。

特征是指各种零件上最基本的立体要素。特征的逻辑和组成各种零件，如零件上凸台、凹槽、倒角、圆角、各种孔、加强筋等都是 SolidWorks、Pro/E 意义下的特征。

草图是能够反映实体单元本质的平面图(如柱体的横截面或圆柱体的母线)。草图一般是封闭图形，该图形可以是实线，也包括特征线(中心线)。草图可以通过拉伸、切除、旋转、扫描和放样生成特征。形成特征的草图存放在特征设计树上相应的特征下。

零件、特征和草图都是 SolidWorks、Pro/E 中的重要概念，三者自下而上为树形结构(图 2.6)。草图是基础，一般是二维的。特征是根据草图生成的简单三维实体。多个实体特征的逻辑和便组成了复杂的零件。零件是基于一系列的草图和特征而建立起来的成果。为了提高设计效率，在设计之初要认真分析零件的结构，看它可以由哪些草图、采用什么方法生成哪些特征，最终完成零件的建模。

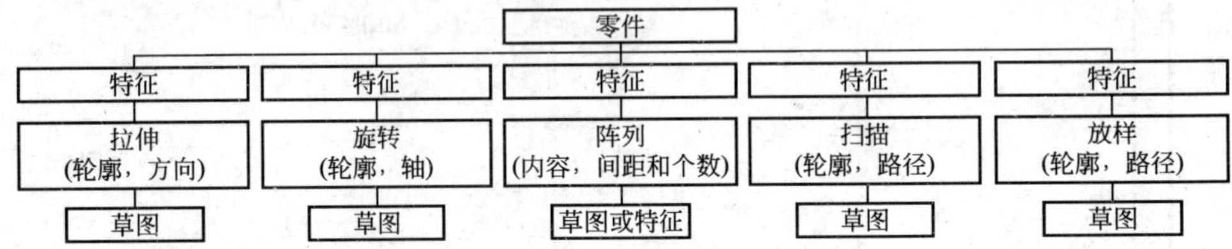

图 2.6 SolidWorks、Pro/E 建模结构图

由零件图和装配图都可以绘出相应的工程图。

传统的 CAD 按照固定的比例制图，逐个绘出所需的各个图元，然后标注各个几何图形的尺寸数值，即“几何图形为主，尺寸标注为辅”。图形和尺寸标注相互独立。

SolidWorks 是参数化 CAD 软件，即显示的图形随标注尺寸的改变而更新，该软件允许草图在不完全定义下建立三维特征，这为设计者带来很大方便。

零件建模的步骤如下。

(1) 分析零件结构。

(2) 新建零件图。

(3) 给零件图命名。

(4) 选定绘图基准面。

(5) 绘出草图。

(6) 生成特征。

(7) 重复步骤(4)～(6)，叠加所有特征。这种叠加为逻辑和，重复的部分不重复计算，直至生成整个零件。

2.3.1 新建零件图

启动 SolidWorks 系统，用鼠标选择【文件】|【新建】命令，出现如图 2.7 所示的界面，选择零件，单击【确定】按钮，进入“零件 1”编辑状态。

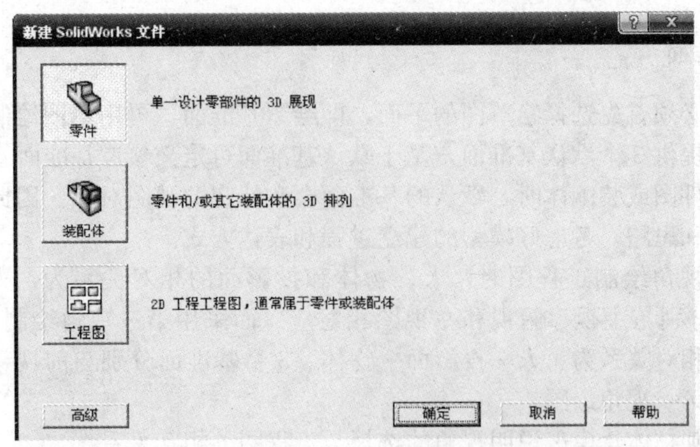

图 2.7 在 SolidWorks 中新建零件图

启动 Pro/E 系统，用鼠标选择【文件】|【新建】命令，出现如图 2.8 所示的界面，选择零件，名称要用英文描述，单击【确定】按钮，进入“santong零件”编辑状态。

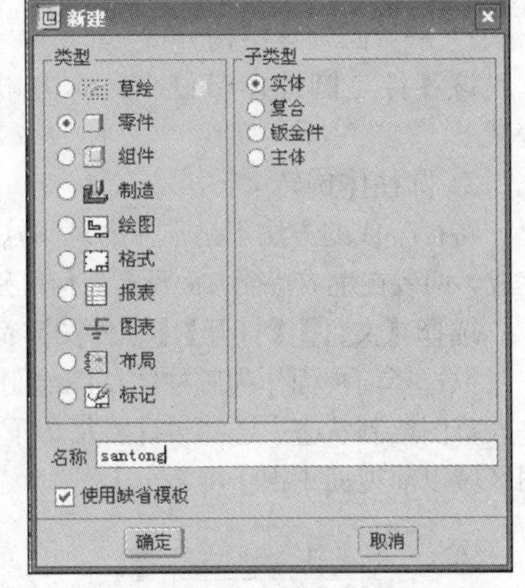

图 2.8 在 Pro/E 中新建零件图

2.3.2 给零件图命名

在进行产品或者部件设计时，会对许多零件进行建模。SolidWorks 系统对每 n 个新建的零件都有默认的命名“零件 n.SLDPRT”。为了便于管理，提倡对每一个新建的文件都及时命名保存，注意保存时按照自己的习惯给出保存路径。而 Pro/E 系统对每 n 个新建的零件都有默认的命名“partn.PRT”。

选择【文件】|【保存】命令(由于是第一次进行保存，该零件尚未取名，因此与以后的【另存为】相似，有机会给零件命名)，即可为零件图命名。如 SolidWorks 系统出现如图 2.9 所示的对话框，建立相应的文件夹“第二章”，命名为“缺口圆柱体.SLDPRT”，单击【保存】按钮。

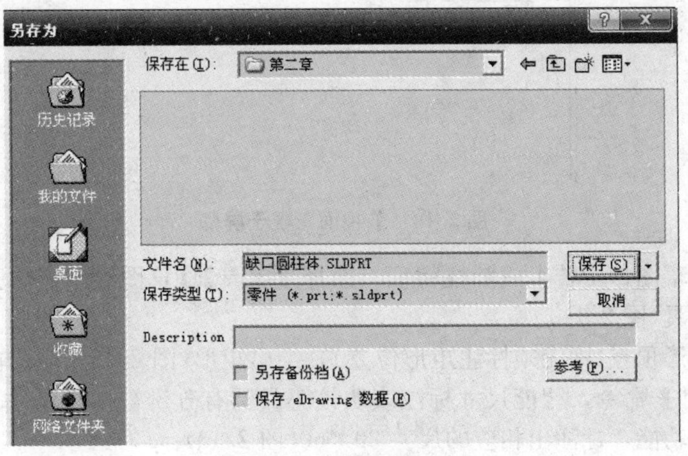

图 2.9 给零件图命名

2.3.3 绘图基准面

草图绘制时必须首先选择绘草图的平面，即绘图基准面，再用草图绘制工具绘出所需要的图形。系统提供3个默认基准面，基于默认基准面可定义参考基准面。

当生成新零件图或装配体时，默认的基准面会和特定的视图对应。因此在设计开始就要明确设计意图和思路，考虑好模型的建立过程和表达方式。

当采用第一视角绘制工程图时，人、物体和投影面的相对关系为：人—物体—投影面。3个基准面分别与主视、俯视和左视图相对应。而采用第三视角绘制工程图时，人、物体和投影面的相对关系为：人—投影面—物体。3个基准面分别与前视、上视和右视相对应。我国采用第一视角绘图。

下面用缺口圆柱体建模来说明视角的选择与工程图的相互关系。

1. 缺口圆柱体建模

1）缺口圆柱体结构分析

该零件是圆柱体带缺口，采用机加工式建立模型。圆柱体特征＋切除特征可以完成。

2）圆柱体旋转

特征生成的方法不是唯一的。圆柱体可以绘制圆形草图拉伸生成，也可以绘制矩形旋转生成，两者在生成特征方面没有任何区别，只是在绘图基准面和工程视图的对应方面有所不同。

选择【文件】|【打开】|【零件图】命令，打开“缺口圆柱体.SLDPRT”文件。

欲选择前视面作为圆柱体草图绘制平面，具体操作为：选择【插入】|【草图绘制】命令，进入草图绘制状态。选择设计特征树下的【前视基准面】，在下拉菜单中选择【正视于】，绘图区域以前视面正视于屏幕(图2.10)。

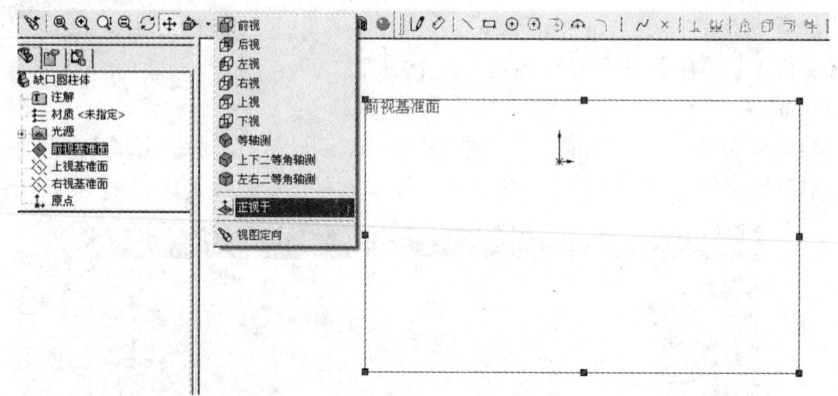

图2.10　前视面正视于屏幕

欲绘出矩形草图，旋转生成圆柱特征。选择【工具】|【草图绘制实体】|【矩形】命令，获得矩形绘制工具(图2.11)。

以原点为矩形顶点(则无须标注矩形位置)，绘出矩形(图2.12)。选择【工具】|【标注尺寸】|【智能尺寸】命令，智能尺寸标注表明该工具具有分辨被标注尺寸是水平线、竖直线或者是角度的功能，标注出相应的尺寸20×60(图2.13)。

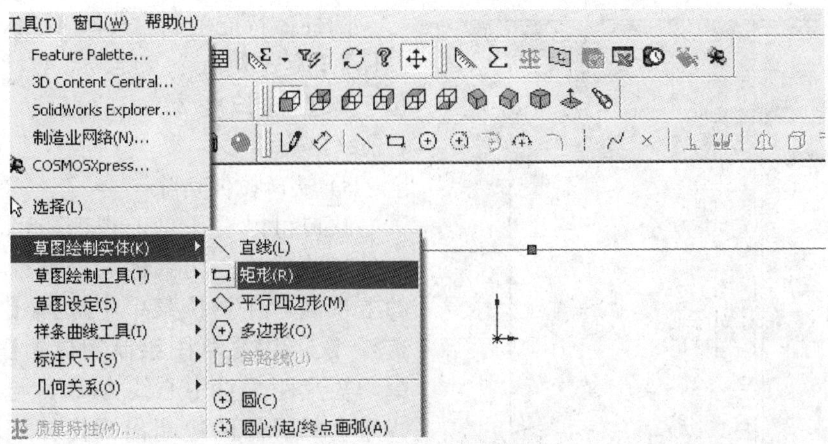

图 2.11 获得矩形草图绘制工具

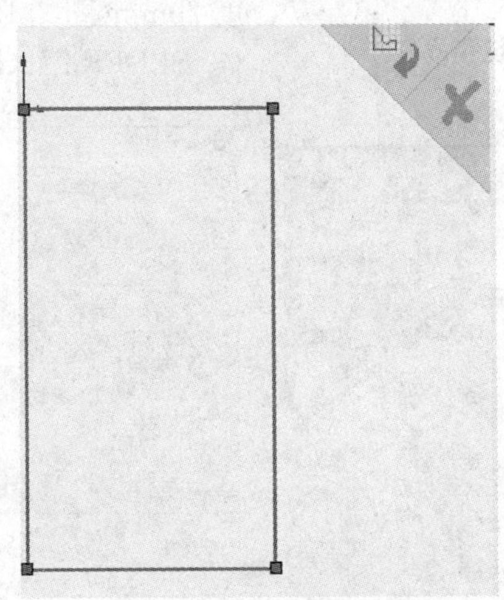

图 2.12 绘制矩形草图

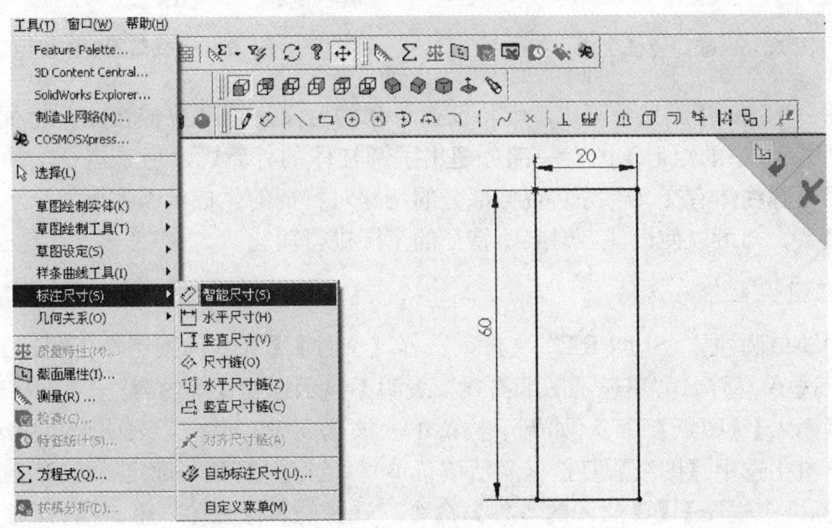

图 2.13 智能尺寸标注

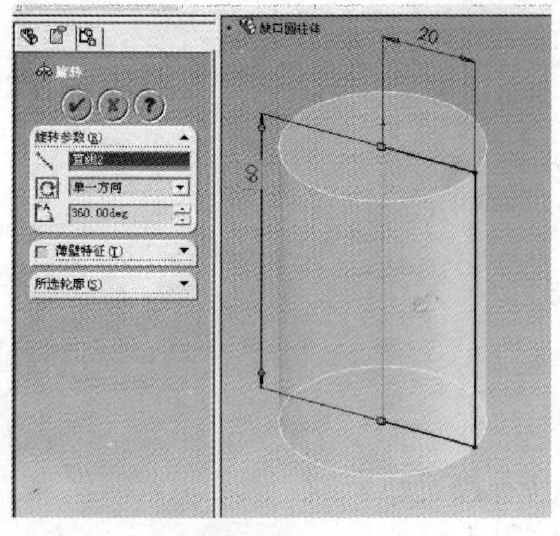

图 2.14 圆柱体特征生成

圆柱体特征生成。选择【插入】|【凸台/基体】|【旋转】命令，旋转参数，旋转轴选位于原点的长度为 60 的直线，360°旋转(图 2.14)。

3) 缺口拉伸切除

缺口可以看作是上视面矩形与圆柱体拉伸切除形成。用鼠标选择设计特征树下的上视面，在下拉菜单中选择【正视于】，选择【工具】|【草图绘制实体】|【矩形】命令，矩形距垂直中心线为 10、与水平中心线重合的另外两边超出圆柱体外轮廓；选择【插入】|【切除】|【拉伸】命令，给定深度 20mm(图 2.15)，将其保存为“缺口圆柱体.SLDPRT”(图 2.16)。

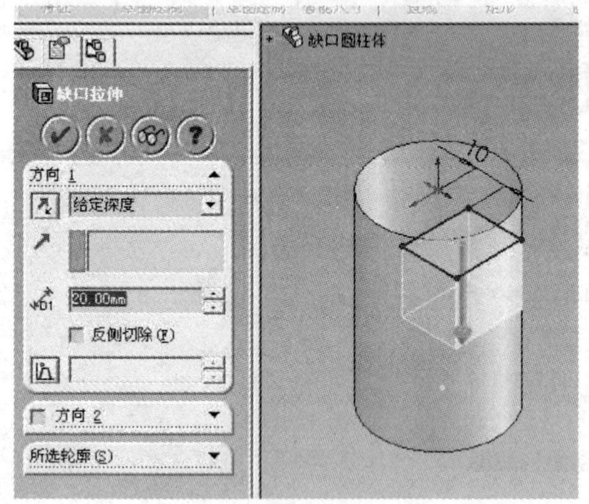

图 2.15 缺口特征生成

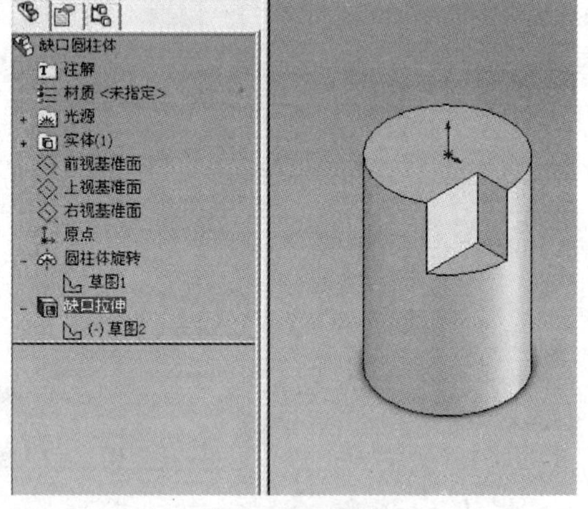

图 2.16 缺口圆柱体模型

比较图 2.15 和图 2.16，可以理解特征逻辑和的意义。用“拉伸切除”特征进行缺口拉伸时，图 2.15 中的矩形草图有一部分超出了圆柱体的外轮廓，但是进行实质性切除的仅是该草图与圆柱体有交叉部分，空档部分的切除对特征的生成没有实际意义。不过这种逻辑和的关系，却可以使设计者对某些特征的草图进行简化。

2. 工程图

打开“缺口圆柱体.SLDPRT”文件，选择【文件】|【从零件图制作工程图】|【图纸格式】命令，选 A4 横向，“不显示图纸格式”表明不显示标题栏等内容。

选择【插入】|【图纸】命令(如果下拉菜单上该选项没有高亮，表明该菜单未被激活。从自定义菜单中选中【图纸】复选框激活该菜单)，选第一视角，确定。选择【插入】|【工程图纸】|【标准三视图】|【要插入的零件】命令，选择缺口圆柱体，单击【确定】按钮，生成第一视角三视图(图 2.17)。选择第三视角生成第三视角三视图(图 2.18)。对比图 2.17 和

图 2.18，可以清楚地看到第一视角三视图与第三视角三视图的区别。

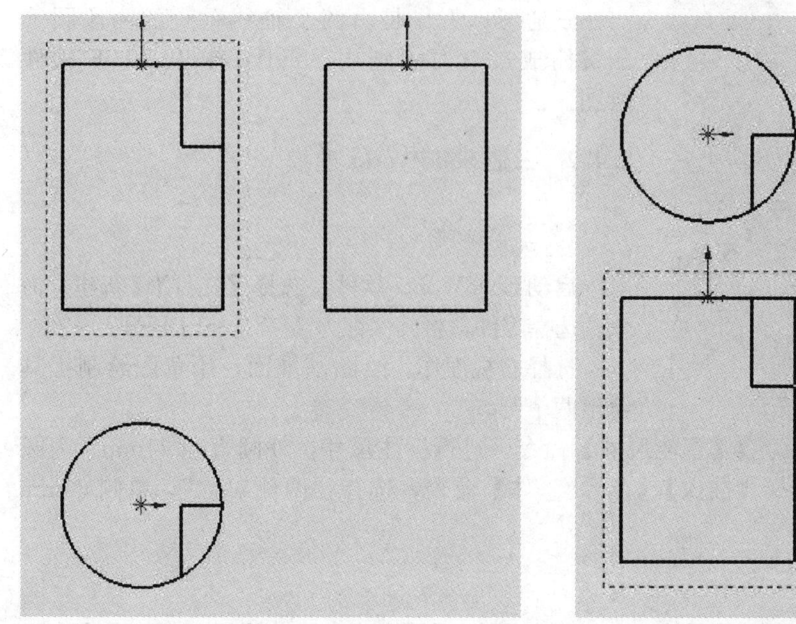

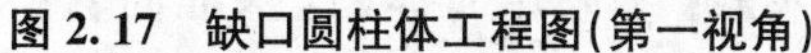

图 2.17 缺口圆柱体工程图(第一视角)

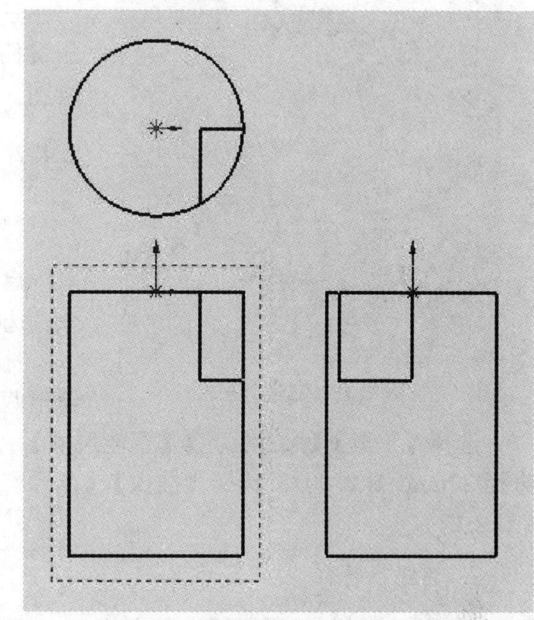

图 2.18 缺口圆柱体工程图(第三视角)

2.3.4 草图

草图是能够反映实体单元本质的平面图(如圆柱体的横截面或圆柱体的母线)。

先选择(或定义)草图绘制平面，用草图绘制工具绘图。草图一般是封闭图形，该图形可以是实线，也包括特征线(中心线)。草图可以通过拉伸、旋转、扫描和放样生成特征(实体)，特征一旦生成，设计树上相应的草图存放在该特征下。

2.3.5 特征

特征则是由草图经过拉伸、旋转、扫描、放样等操作形成三维实体。

每个零件是特征单元的逻辑和。

用鼠标在特征树上选择特征名称，右击，可选择编辑草图、编辑特征。单击尺寸数值→右击→属性→命名尺寸。单击设计树上特征名称的右下角→命名特征。

2.4 三通实体造型

三通(图 2.19)是管道中的常用连接件，属于大批量生产的标准件。生产三通的材料有碳钢、不锈钢等金属材料，也有塑料等高分子材料。生产工艺有热挤压、液压胀形、铸造以及注塑，不论采用哪种工艺进行生产，模具常常必不可少。

2.4.1 三通结构分析

每个零件的造型方法不是唯一的。不同的设计者可能会有不同的设计思路。在造型之

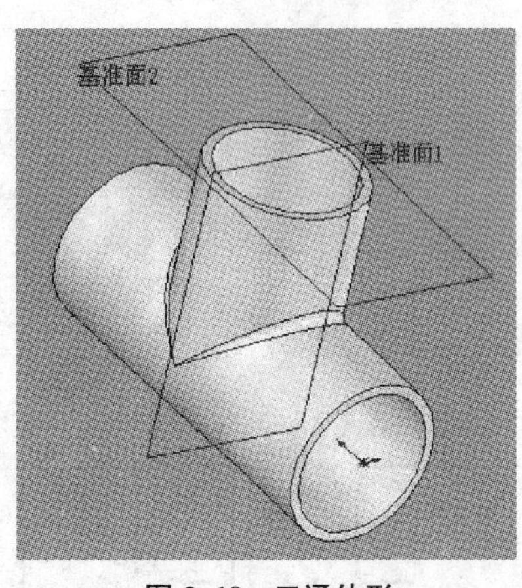

图 2.19　三通外形

前，对零件结构进行分析将有助于提高效率。

三通可以看作是由两个轴线垂直的两段圆管相贯而成。下面分别用 SolidWorks、Pro/E 软件绘图。

2.4.2　三通 SolidWorks 建模

1. 主管拉伸

启动 SolidWorks 软件，选择【文件】|【新建】命令，选择零件，将其保存为“三通.SLDPRT”文件。

选择右视面作为绘图基准面，用草图绘制工具绘出两个圆。

选择【工具】|【尺寸标注】|【智能尺寸】命令，进行标注尺寸，外圆直径 34mm，内圆直径 30mm(图 2.20)。选择【插入】|【凸台/基体】命令，选择“两侧对称”，单侧 80mm(图 2.21)。

2. 侧圆柱特征

特征设计树下，用鼠标选择前视面，选择【插入】|【参考几何体】|【基准面】|【等距面】命令，等距量 40mm，作出基准面 1。在此基准面上绘出直径为 34mm 的圆，选择【插入】|【凸台/基体】|【拉伸】命令，选择“成形到一面”，即到主管外圆柱面，选中【合并结果】复选框(图 2.22)。

用鼠标选择侧管端面为草图绘制平面，绘制直径 30mm 的圆。选择【插入】|【切除】|【拉伸】命令，选择“成形到下一面”，到主管内圆柱面(图 2.23)。

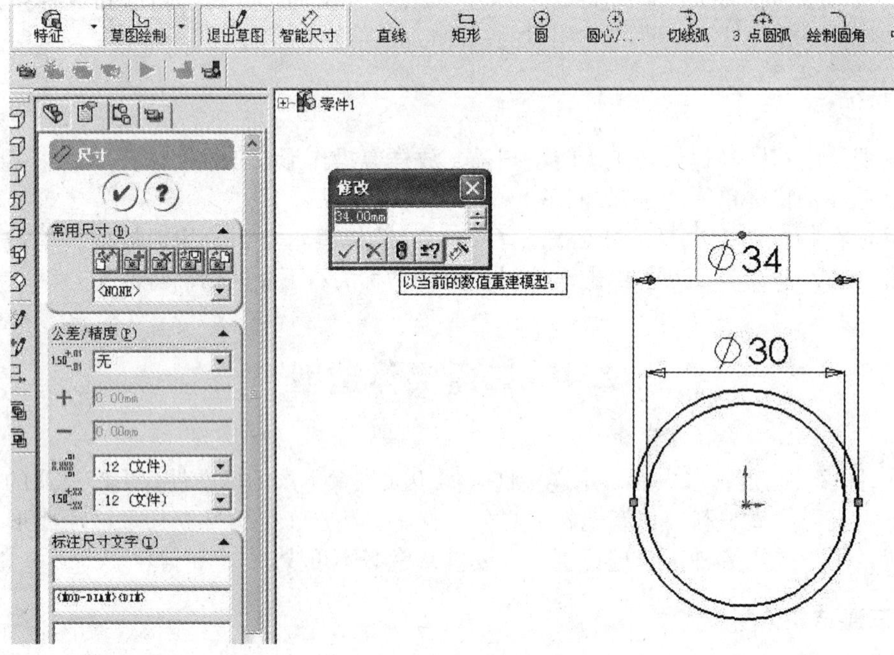

图 2.20　三通主管草图

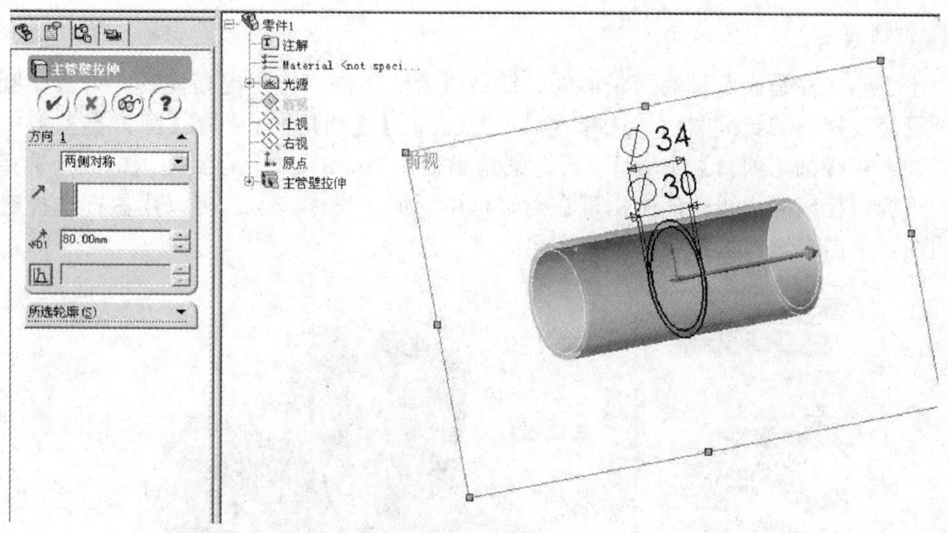

图 2.21　三通主管拉伸

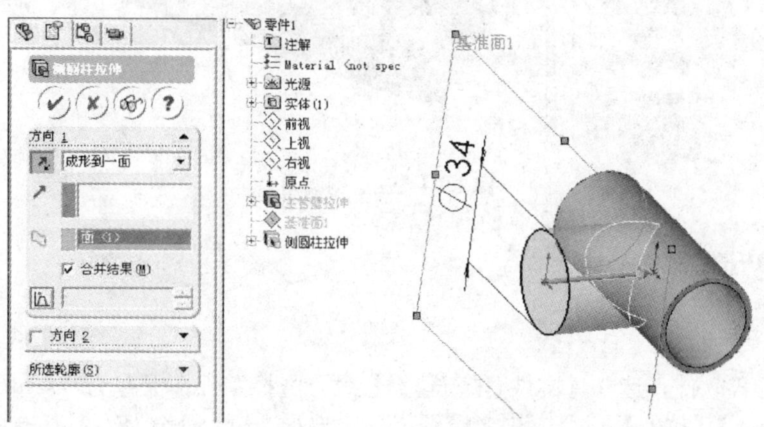

图 2.22　侧圆柱拉伸

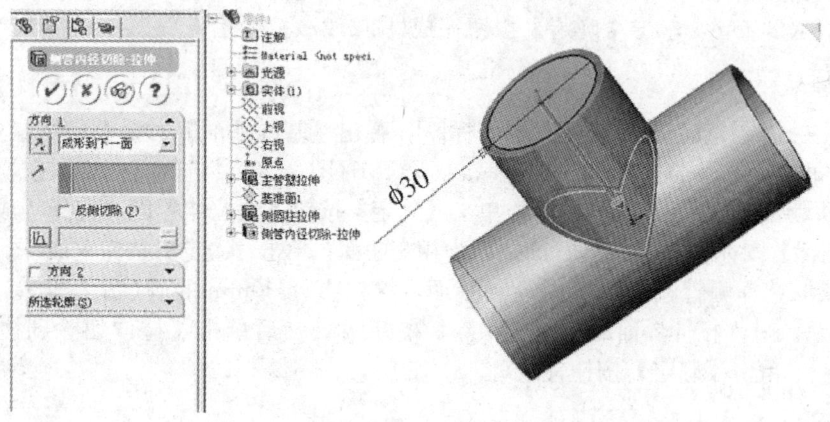

图 2.23　侧管内径切除拉伸图

3. 倒圆角

由于三通往往是或者是液压胀形件、铸件或者注塑件，为了提高模具的寿命，圆管端部和圆管交线处都需要倒圆角。选择【插入】|【特征】|【圆角】命令，在【圆角类型】中选择“等半径”，在【圆角项目】中输入2，即圆角半径值2mm(图2.24)。用鼠标逐个选择需要添加的边线，相应的边线就依次出现在对话框中。如果操作有误，可以用鼠标选择对话框中的边线，单击右键，选择【删除】即可。

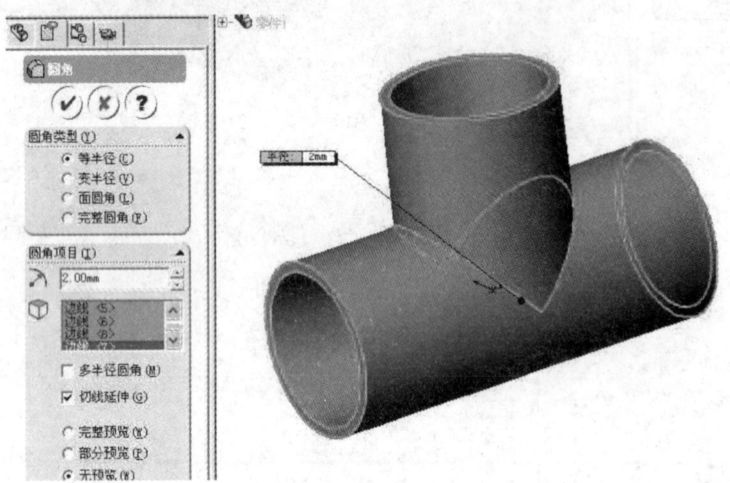

图2.24　三通倒圆角

2.4.3　三通Pro/E建模

1. 主管拉伸

启动Pro/E软件，选择【文件】|【新建】命令，选择零件，保存为“santong”文件。

选择【插入】|【拉伸】命令，进入绘图界面，选择front面作为绘图基准面(图2.25)，用草图绘制工具绘出两个圆，选择【工具】|【尺寸标注】命令，进行标注尺寸，外圆直径34mm，内圆直径30mm(图2.26)，单击【确定】按钮进入拉伸界面，单击“两侧对称”图标，输入80mm，单击【确定】按钮完成(图2.27)。

2. 侧圆柱拉伸

在工具栏中选择【基准平面工具】图标，弹出【基准平面】对话框，用鼠标选择top面为参考平面，输入平移40mm，作出基准面DTM1(图2.28)。选择【插入】|【拉伸】命令，在此基准面上绘出直径为34mm的圆，单击【确定】按钮进入拉伸界面，选择【成形到选定曲面相交图标】图标，选择柱管圆柱面为相交曲面，单击【确定】按钮完成(图2.29)。

点击鼠标选择侧管端面为草图绘制平面，绘制直径30mm的圆(图2.30)，然后单击【确定】按钮。进入拉伸界面先单击【切除】按钮，然后单击【拉伸切除到柱管内圆柱面】按钮，单击【确定】按钮完成(图2.31)。

3. 倒圆角

选择【插入】|【倒圆角】命令，在【圆角类型】中选择“等半径”，在【圆角项目】中

输入2，即圆角半径值2mm(图2.32)。用鼠标逐个选择需要添加的边线，相应的边线就依次出现在对话框中。

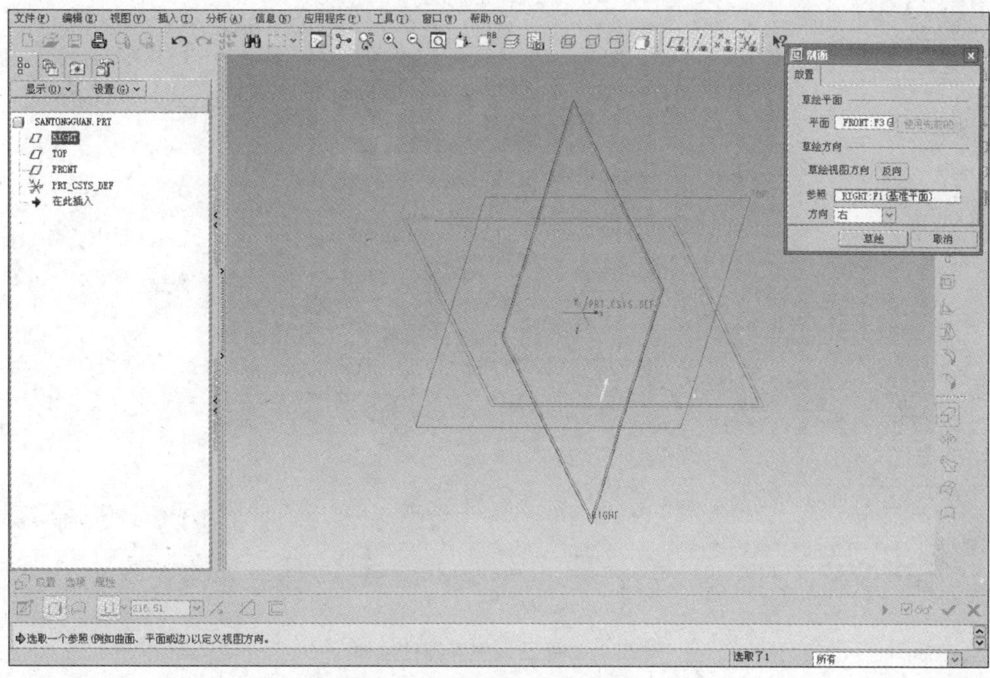

图2.25　三通拉伸的草绘界面

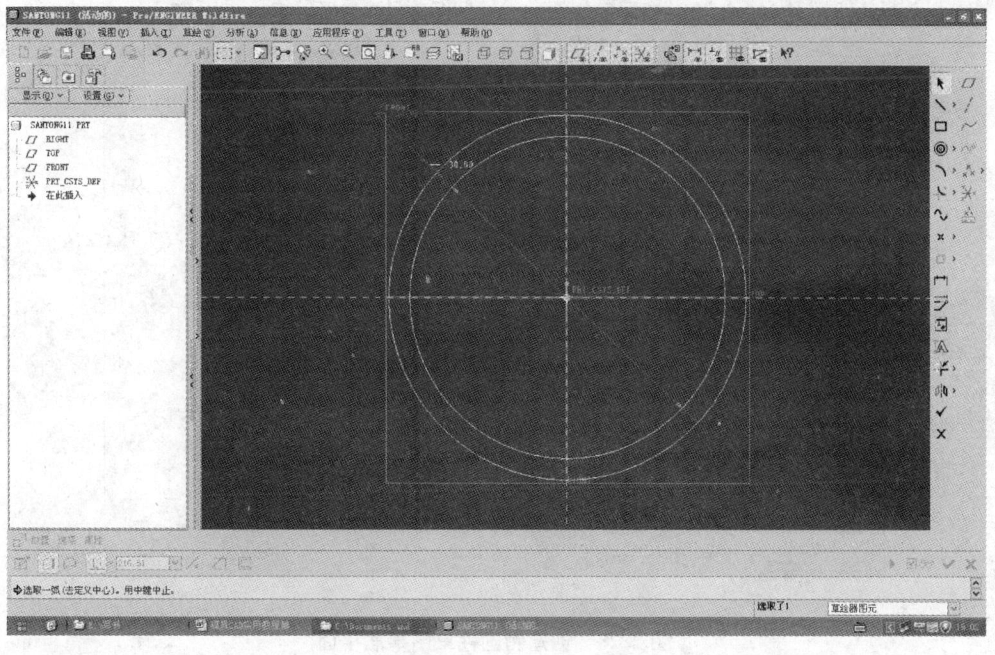

图2.26　三通拉伸的草绘

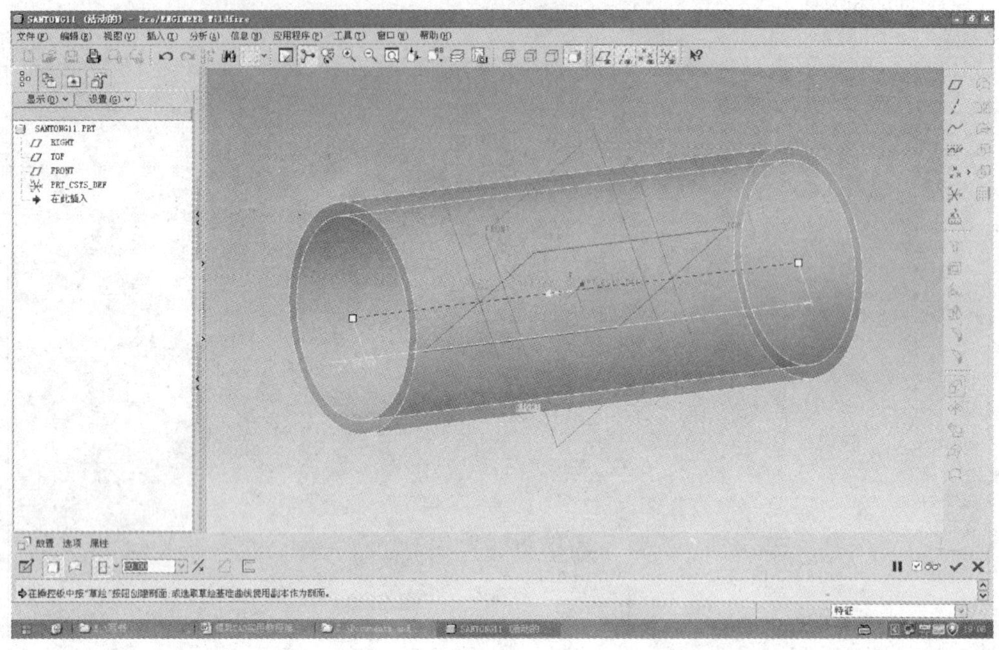

图 2.27　三通主管圆柱拉伸

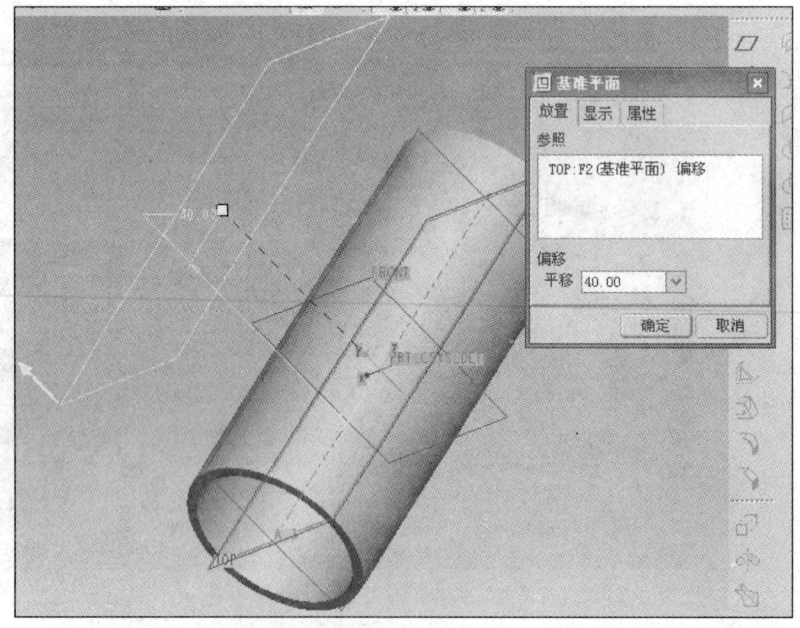

图 2.28　创建侧圆柱草图基准平面

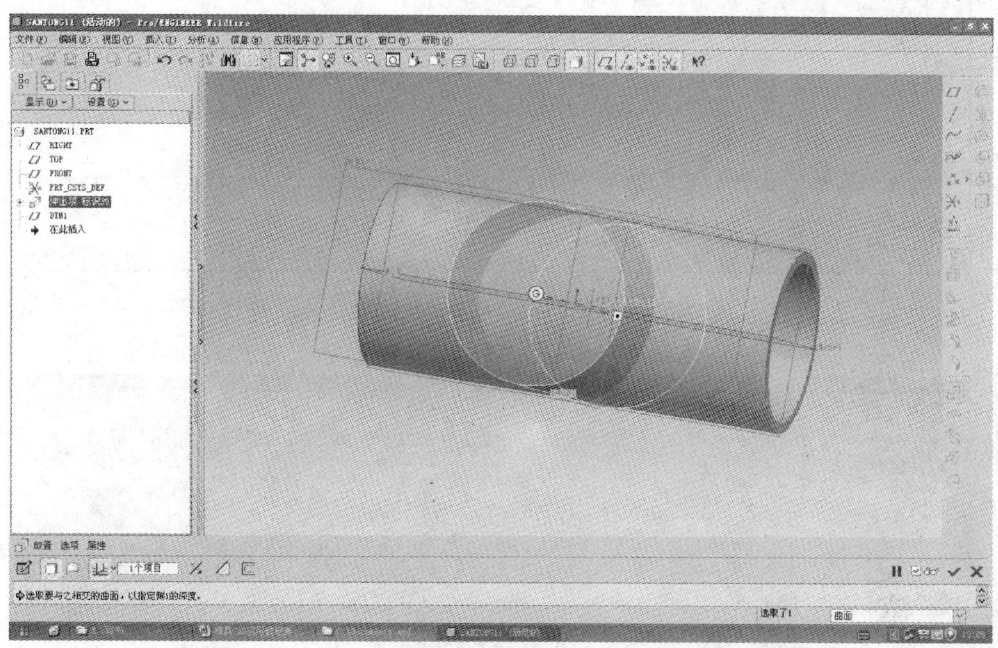

图 2.29 侧圆柱拉伸到柱管外表面

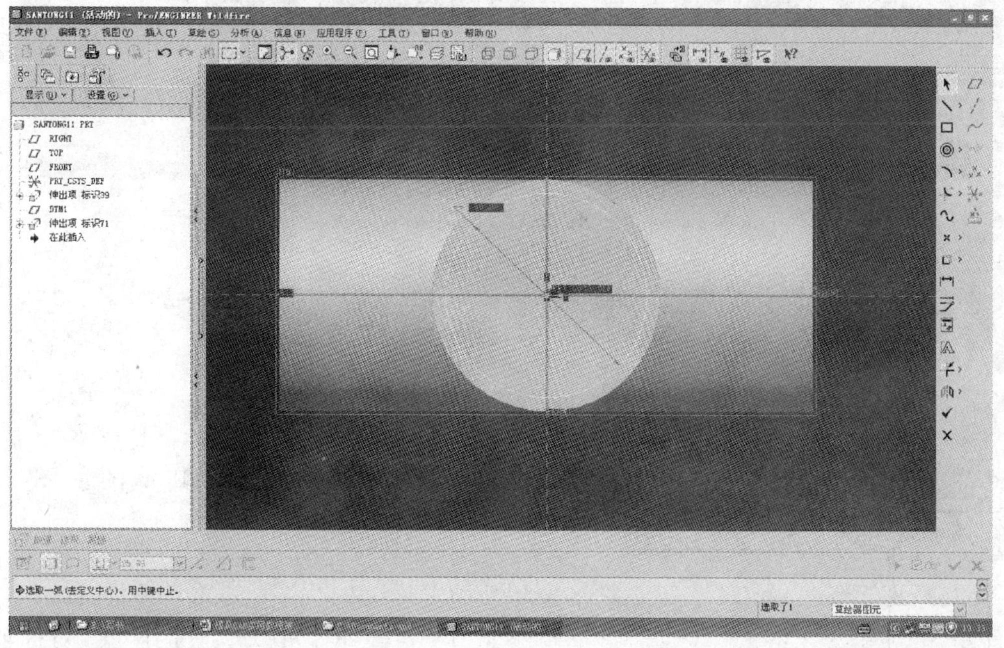

图 2.30 侧圆柱管的草绘界面

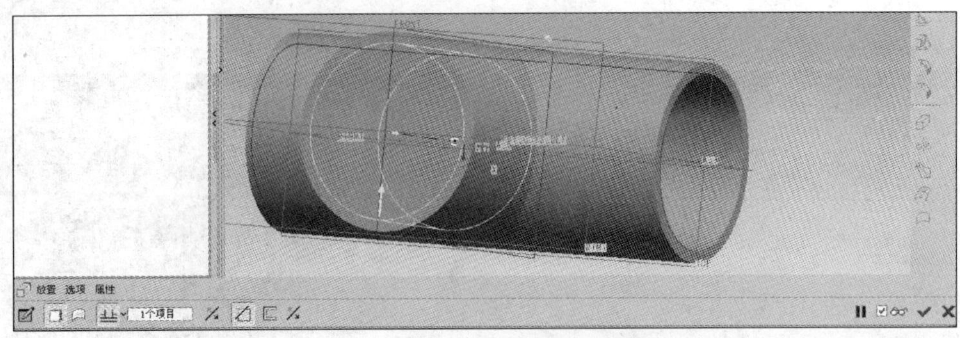

图 2.31　侧圆柱管切除拉伸

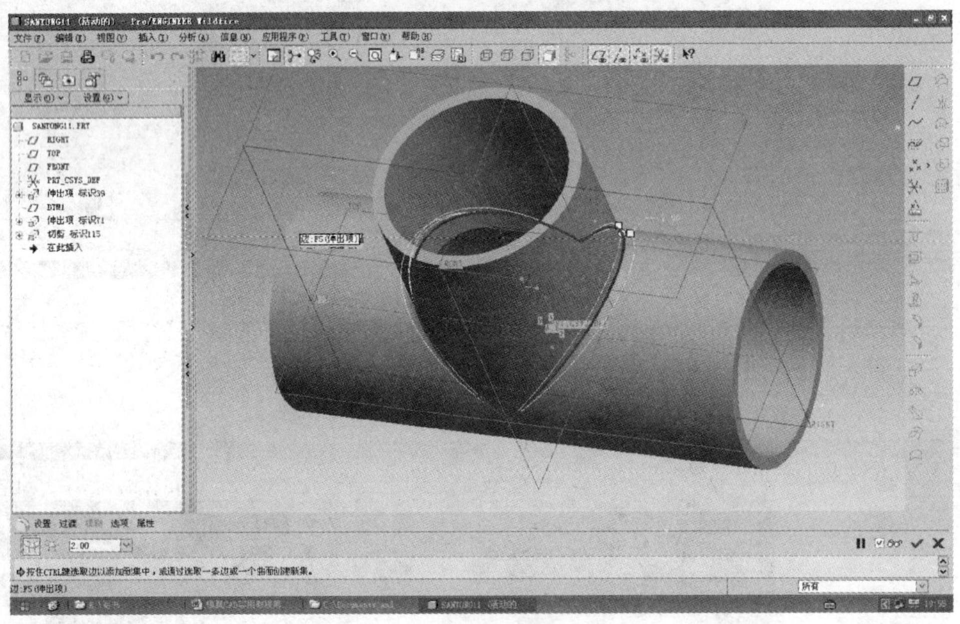

图 2.32　倒圆角

2.5　支　承　座

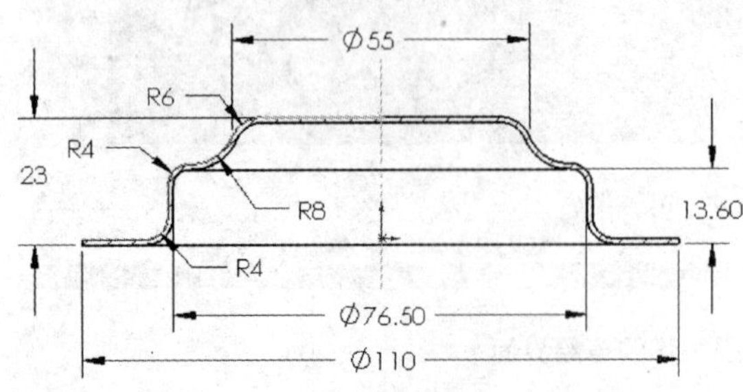

图 2.33　支承座草图(料厚 1mm)

支承座是冲压件，其成形工步为：落料、一次拉深，其草图如图 2.33 所示。

2.5.1　支承座结构分析

支承座可以看成是绕母线对称轴旋转的薄壁件。启动 SolidWorks 软件，新建一个零件文件，保存并命名为“支承座.SLDPRT”。

2.5.2 支承座 SolidWorks 建模

1. 绘制母线草图

1）绘制母线草图外接轮廓

选择上视基准面为草图绘制平面并建立新的草图。过原点做一条竖直中心线，选择【工具】|【草图绘制工具】|【直线】命令，绘制出母线草图的外接轮廓，并标注尺寸。选择【工具】|【草图绘制工具】|【圆角】命令，在3个直角上分别绘制半径为6mm、4mm的圆角(图2.34)。

2）绘制为 $R6$ 和 $R4$ 相切的圆弧

系统的绘图工具中没有直接给出添加一段圆弧，且该圆弧与一段直线和圆弧同时相切的工具。由于该段圆弧为 $R8$mm，本文采用草图绘制工具绘制出 $\phi16$mm 的圆，选择【工具】|【几何关系】|【添加几何关系】命令，分别添加两个几何关系，让 $\phi16$ 的圆与 $R6$ 圆弧和直线5相切(图2.35)。

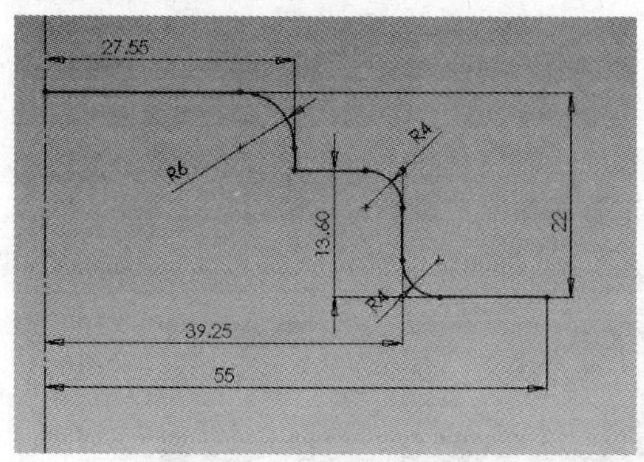

图2.34 支承座母线草图

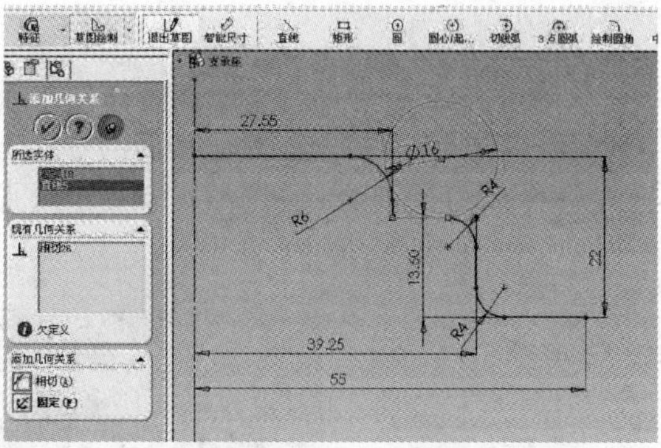

图2.35 添加相切关系

3）剪去多余曲线

此时草图满足了 $\phi16$ 的圆与 $R6$ 圆弧和直线5相切关系，但是有多余曲线。选择【工具】|【草图绘制工具】|【剪切】命令，用鼠标选择多余线段及圆弧，即可剪去多余的曲线(图2.36)。

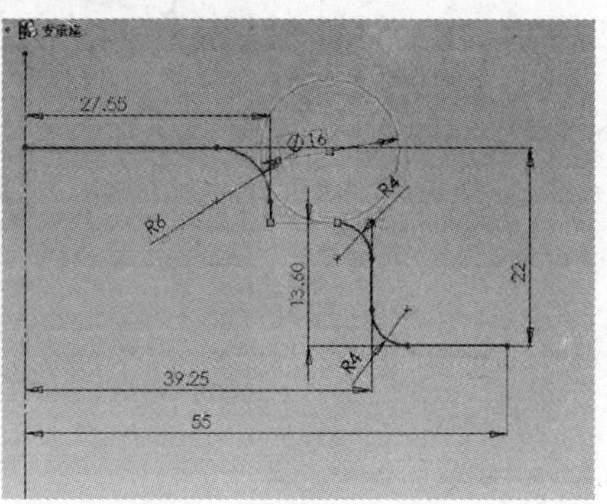

图2.36 剪切多余曲线

2. 生成薄壁旋转特征

支承座母线草图绘制完毕后，选择【插入】|【凸台/基体】|【旋转】命令，选择竖直中心线作为"旋转参数(旋转轴)"，旋转方向为"单一方向"，360°旋转；选择"薄壁特征"，单一方向，壁厚为"1mm"，建立以草图为基础的薄壁旋转特征(图2.37)。

说明：鼠标单击薄壁特征下的单一方向前的按钮，可以改变薄壁特征的厚度延展与母线草图的相对关系，即草图轮廓为薄壁的外轮廓线还是薄壁的内轮廓线。本例中母线是薄壁的外轮廓线。

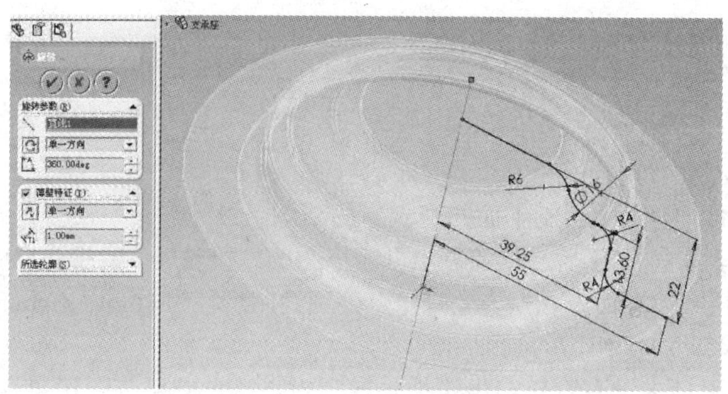

图 2.37　支承座实体

2.5.3　支承座 Pro/E 建模

1. 绘制草图

启动 Pro/E 软件，新建零件名称保存为“zhichengzuo”(必须用英文字母表示)。选择【插入】|【旋转】命令，进入旋转的草图绘制界面绘制支承座平面的一半(和前面叙述的尺寸一样)，而且要绘制中心线，然后单击【确定】按钮完成(图 2.38)。

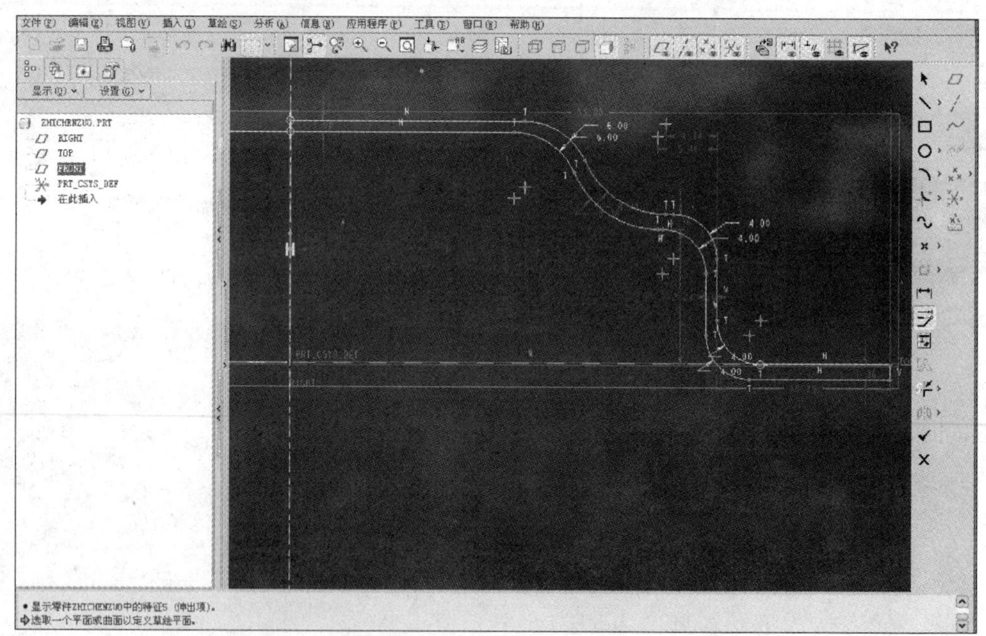

图 2.38　支承座旋转草图

2. 生成薄旋转特征

草图绘制完成后进入旋转界面[放置 选项 属性]，单击【以指定的角度旋转】按钮，输入[360.00]，单击【确定】按钮完成(图 2.39)。

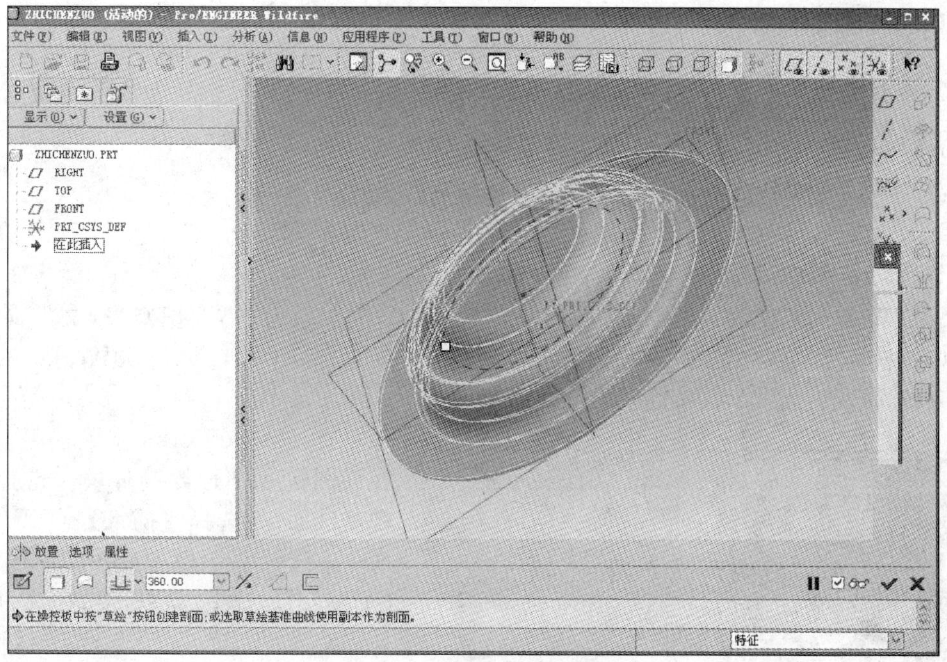

图 2.39 支承座旋转实体

2.6 卡 板

前面两个例子均是在SolidWorks系统中从最基础的草图进行建模。如果在接到零件实体造型任务时，任务书中已经有该零件的二维CAD电子版，可以方便地利用SolidWorks与CAD之间的数据传输功能来快速完成实体造型。

图2.40是卡板的二维CAD图。该零件是外轮廓较为复杂的冲裁件。

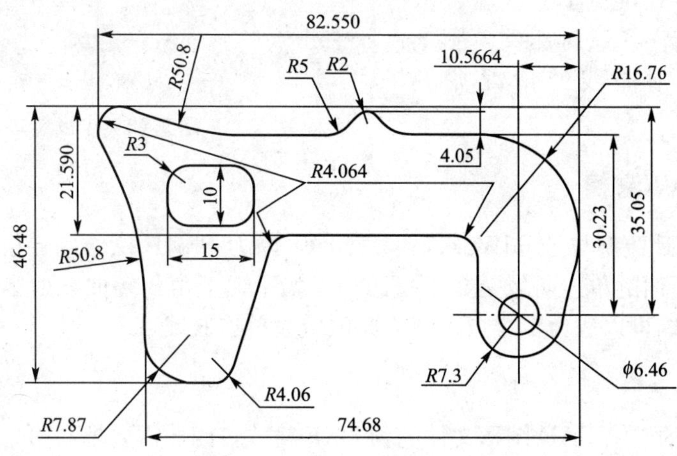

图 2.40 卡板零件图(料厚1mm)

2.6.1 卡板结构分析

卡板的结构很简单，是一个带有2个孔的外形复杂的平板。有了草图就可以拉伸完成。

2.6.2 卡板SolidWorks建模

1. 调入卡板二维草图

SolidWorks可读的二维CAD图形文件为DXF格式，因此需要把CAD文件在CAD系统中转换为DXF格式。在转换时还要注意DXF文件的版本号，对SolidWorks 2004以前的系统，要转换为AutoCAD R12/LT2 DXF。

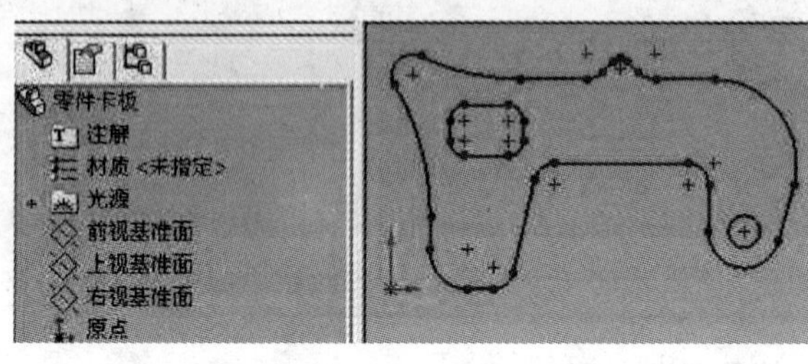

图2.41 调入的卡板二维草图

打开SolidWorks应用程序，新建零件图进入图形绘制环境。选择“上视基准面”，选择【插入】|DXF/DWG命令，选择“卡板零件图.DXF”(AutoCAD R12/LT2 DXF格式)文件，选择“输入到2D草图”，单击【确定】按钮，即可把CAD文件调入到SolidWorks草图中(图2.41)。

2. 拉伸卡板实体

选择草图的所有边线，选择【插入】|【凸台/基体】|【拉伸】命令，给定深度为1mm，将其保存，即完成了卡板零件的三维实体建模(图2.42)。

虽然本节给出的是仅有一个特征的简单例子，但是读者可以对所有的落料冲孔件均按照此方法进行建模，不仅速度快，而且避免了二次输入数据可能带来的错误。这对那些草图上存在很多不规则曲线的情况尤其方便。

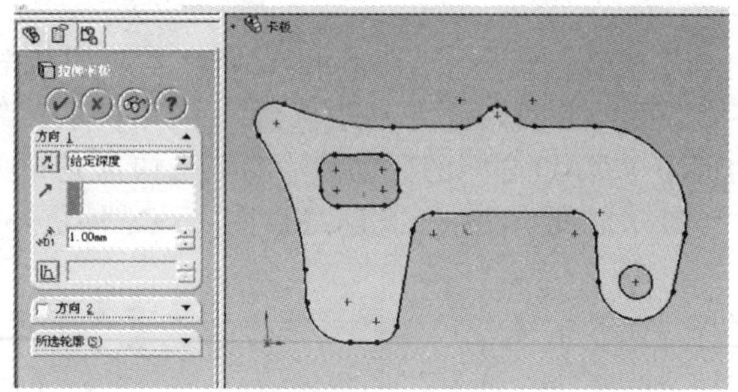

图2.42 卡板实体

2.6.3 卡板Pro/E建模

卡板的Pro/E造型与SolidWorks略有不同，因为Pro/E拉伸或者拉伸切除命令仅对单连通域有效(所谓的单连通域是数学概念，是指平面上由封闭曲线所围成的区域，如该区域经过连续收缩可以成为1个点，则称此区域为单连通域)。

1. 调入卡板草图

Pro/E可读的二维CAD图形文件的为DXF格式，因此需要把CAD文件在CAD系统中转换为DXF格式，Pro/E只认英文名称，所有CAD文件要求用英文保存。打开Pro/E

应用程序，选择【插入】|【共享数据】|【文件】命令，然后选择草图的“front 面”，把 CAD 文件调入到 Pro/E 界面。

2. 拉伸卡板外轮廓实体

选择【插入】|【拉伸】命令，调入卡板草图所在的平面，选择用边创建图元图标▣，把卡板的外边线激活(图 2.43)。请注意：Pro/E 进行拉伸时，要求选中的图元为单连通域，所以图中 2 个孔均不要激活，然后单击【确定】按钮。

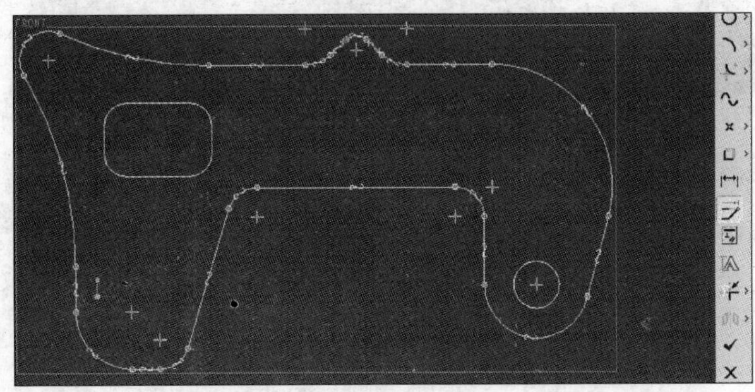

图 2.43　激活调入的卡板外边线

进入拉伸界面，选择拉伸厚度为 1mm，单击√确定按钮完成，生成卡板外轮廓(图 2.44)。

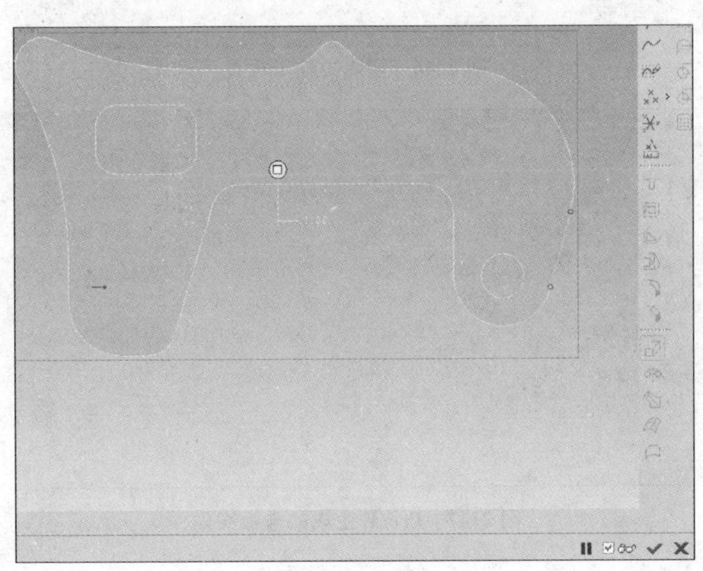

图 2.44　卡板外轮廓拉伸成实体

选择【插入】|【拉伸】命令，选择卡板一面为草绘平面，进入草绘界面后，选择【用边创建图元】图标▣，将卡板上的圆孔和方形孔激活，单击【确定】按钮完成(图 2.45)，进入拉伸界面，选择【切除】按钮◩，设置厚度为 1mm，单击【确定】按钮完成(图 2.46)，图 2.47 为 Pro/E 生成的卡板实体。

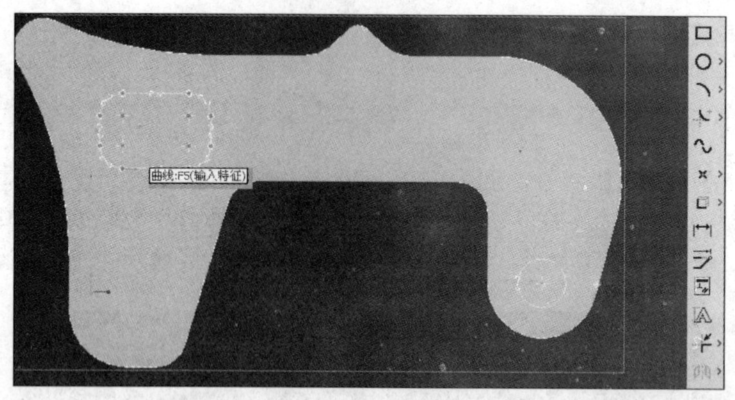

图 2.45　激活卡板草图上的 2 个孔

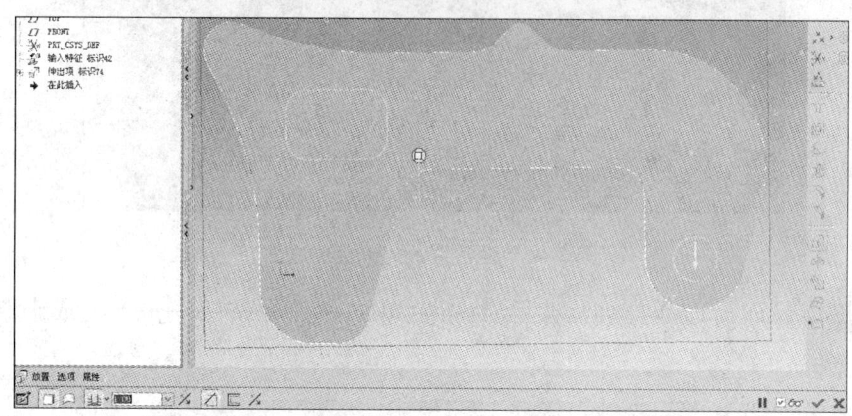

图 2.46　切除拉伸卡板孔

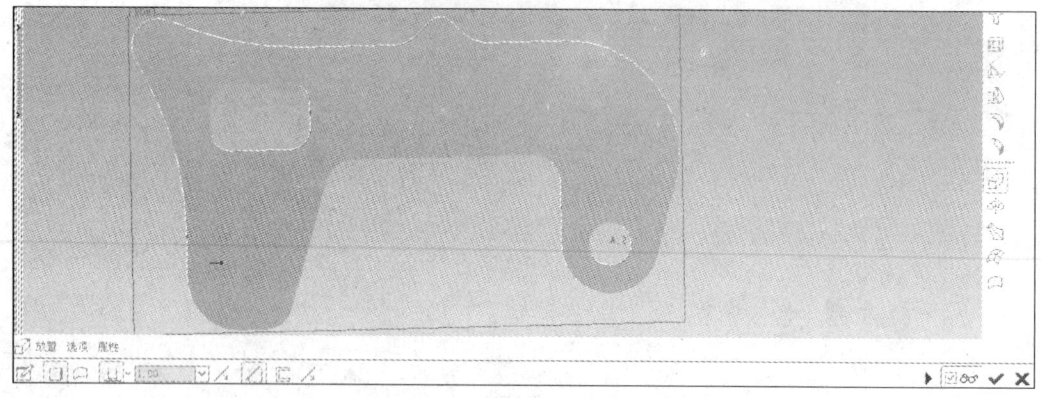

图 2.47　Pro/E 生成的卡板实体

2.7　连杆热锻件

连杆在发动机内一头连接活塞，另一头连接曲柄，承担着把往复运动转换为旋转运动的任务。由于连杆工作时承受交变载荷，往往都是锻造成形的。连杆的零件示意图如

图 2.48所示。摩托车、拖拉机和汽车的生产批量特别大，因此连杆毛坯都是用模锻的方法生产的。

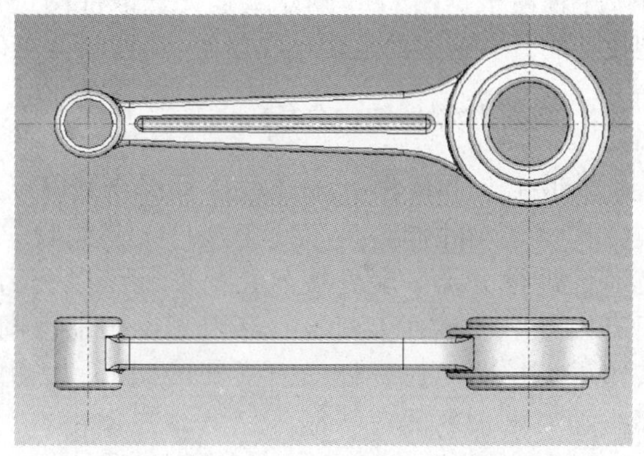

图 2.48 发动机连杆零件示意图

用模锻的方法生产锻件，先要按照锻造工艺的要求设计出锻件图。锻件图的作用是确保锻件可以顺利生产出来，并且可以经过后续机加工生产出满足图纸要求的零件。为了做到这一点，要在零件图的基础上选取分模面，加上锻造余块、冲孔连皮、机加工余量、模锻斜度、圆角半径等。锻件图是冷锻件图的简称。有关锻件图的设计详见《锻工手册》。锻件图加上热膨胀量，就生成了热锻件图(图 2.49)。热锻件图是用来检验模具型腔尺寸的。

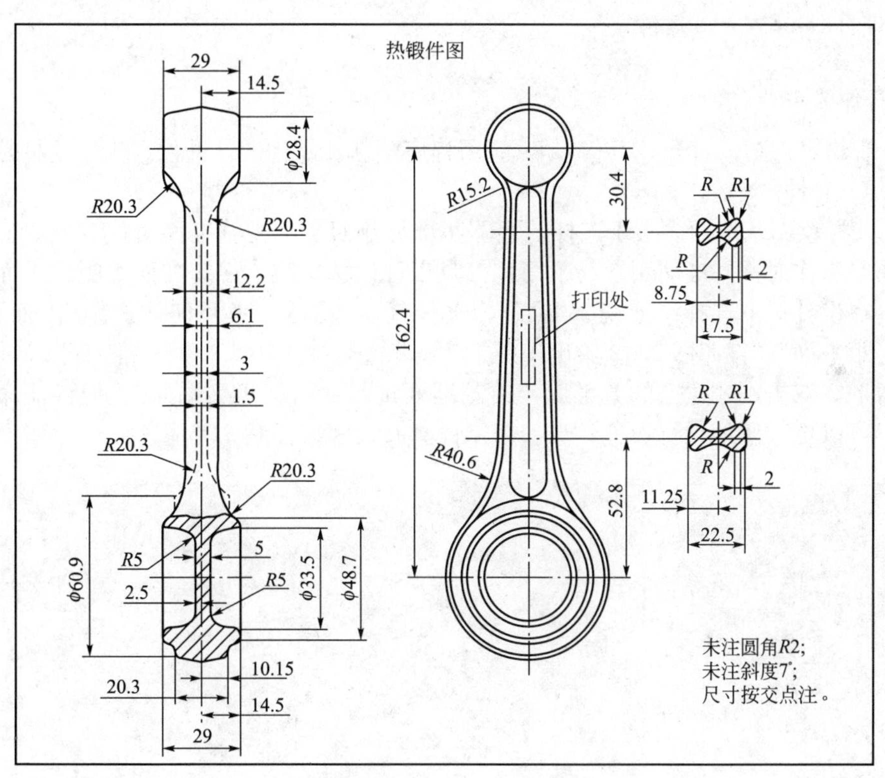

图 2.49 连杆热锻件图

比较图 2.48 和图 2.49 可以清楚地发现零件图与锻件图的不同。有关模锻件图的设计可以参见教材《锻造工艺过程及模具设计》。

模锻就是用锻模在模锻设备上生产出模锻件。锻件或者热锻件图的三维实体造型是锻模 CAD 的核心。

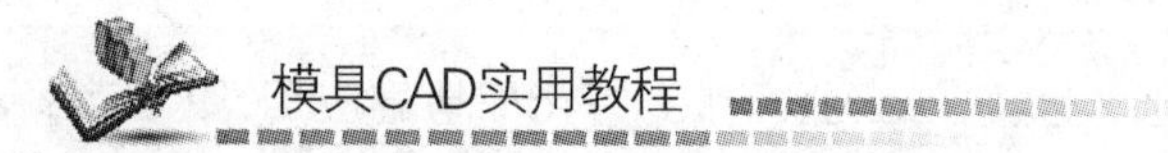

下面就根据图 2.49 所示的连杆热锻件图进行该锻件的三维实体造型，其中涉及的造型技巧均具有普遍的适用性，了解其原理后，每个人都可以有自己的创新。

2.7.1 连杆热锻件结构分析

模锻工艺和模锻方法与锻件外形密切相关。形状相似的锻件，模锻工艺流程、锻模结构都基本相同。为了便于拟订工艺规程，加速锻件及锻模设计，应将各种形状的模锻件进行分类。锻件按照几何形状可以分为盘类锻件和轴杆类锻件。从连杆热锻件图可以看出：该件由两头一杆组成。头部由圆柱拉伸、内孔拉伸切除等生成；杆部的基体可用拉伸生成，杆部凹槽则可用放样-切除命令生成。最后再根据图纸中相应的部位加上要求的圆角特征。显然，该零件有两个对称面，沿杆部长度方向左右对称，沿杆部高度方向上下对称。头部的基体是圆柱，非常容易生成，而杆部利用高度方向上下对称的特点，采取仅做一半，然后把特征镜像的办法来做，可以减少建模工作量。因此选择上视基准面(分模面)来建立零件的一半，再镜像所有特征，生成锻件实体。

2.7.2 连杆 SolidWorks 建模

1. 拉伸头部凸台

(1) 新建零件图。打开 SolidWorks 应用程序，新建零件图，并保存为“连杆热锻件图.SLDPRT”文件。

(2) 选择绘图基准面。由于连杆的上下两部分相对于上视基准面对称，把“上视基准面”留作以后作对称基准面用。为了简化模具设计，选择与上视基准面等距的平面进行草图绘制。在设计树上选择“上视基准面”，选择【插入】|【参考几何体】|【基准面】命令，选择“等距平面”，按照图 2.49 给出等距量 14.5mm，建立小头端面基准面(图 2.50)。设计特征树下，双击刚才建立的基准面，给基准面重新命名“小头端面”。把特征命名为专用名称，可以更方便地进行管理，当一个零件具有很多特征时尤其应这样。

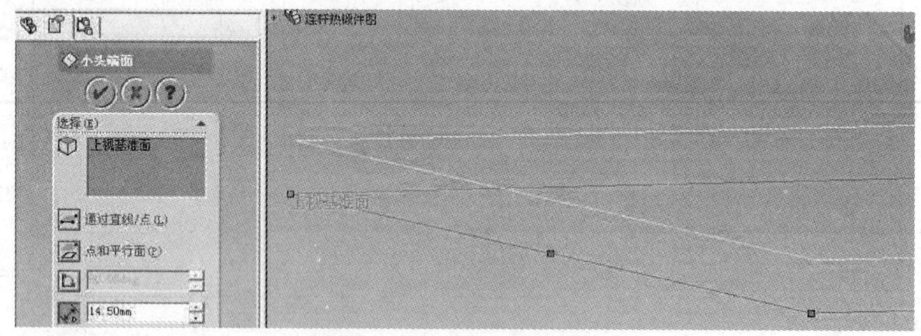

图 2.50 建立小头端面基准面

(3) 头部凸台拉伸。在小头端面基准面上，分别绘出头部凸台两端的两个圆形草图，并且标注相应尺寸。选择【插入】|【凸台/基体】|【拉伸】命令，拉伸凸台，选择“给定深度”，值为 14.5mm，拔模斜度选设置为 7°，选择向外拔模，生成头部凸台(图 2.51)。

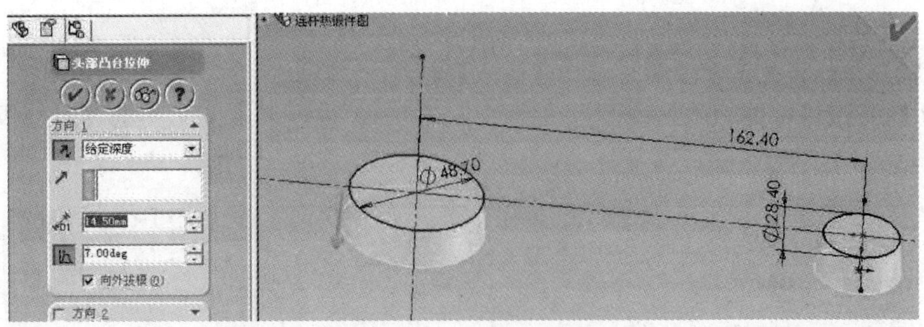

图 2.51 头部凸台拉伸

2. 拉伸头部外圆台

(1) 建立大头外圆台基准面 。在设计特征树下，选择上视基准面，选择【插入】|【参考几何体】|【基准面】命令，选择“等距平面”，等距量 10.15mm，建立大头外圆台基准面(图 2.52)。

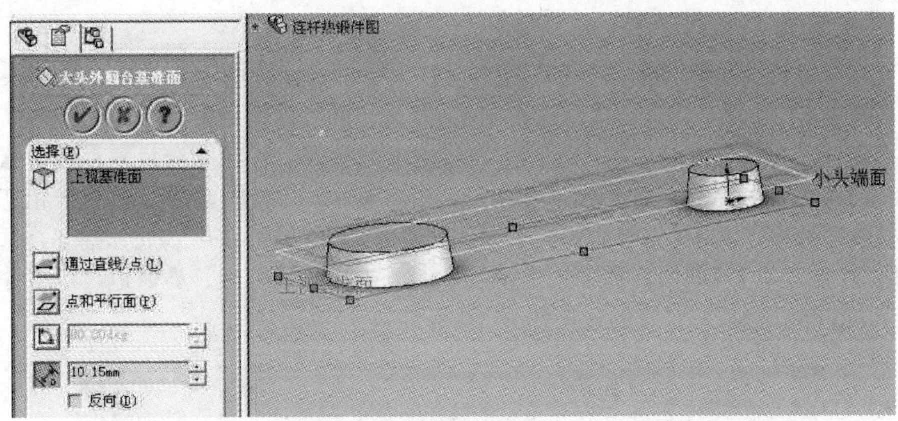

图 2.52 大头外圆台基准面

(2) 绘外圆台草图。在大头外圆台基准面上，绘出外圆台草图。选择【插入】|【凸台/基体】|【拉伸】命令，选择“给定深度”，拉伸出 10.15mm 带 7°拔模斜度(向外拔模)的圆台，将外圆台与凸台合并为一体(图 2.53)。

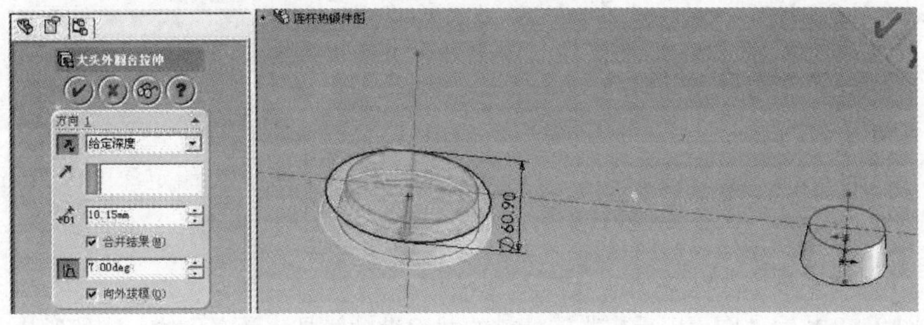

图 2.53 拉伸头部外圆台

3. 切除拉伸盲孔

鼠标选择凸台大头上端面，选择【插入】|【草图绘制】命令，绘出盲孔草图。再选择【插入】|【切除】|【拉伸切除】命令，给定深度 12mm，拔模斜度 7°，不选【向外拔模】复选框(图 2.54)。

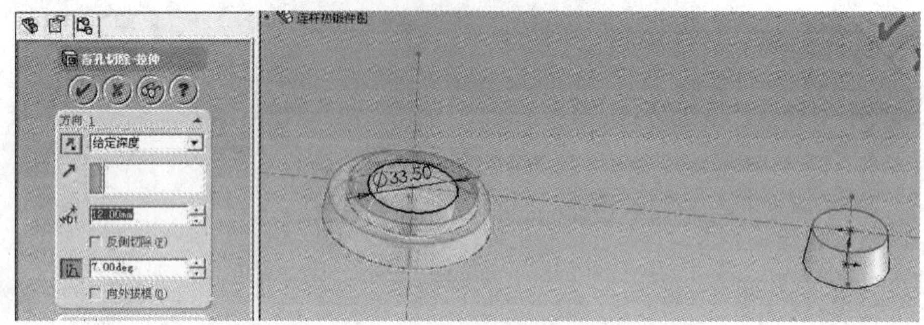

图 2.54 切除拉伸盲孔

4. 拉伸杆部

选上视基准面，选择【插入】|【草图绘制】命令，分别选中大头外圆台和小头圆台在上视面的轮廓线，选择【工具】|【草图绘制工具】|【转换实体引用】命令，把相应实体的轮廓线转换到杆部草图上；利用草图绘制工具绘出直线和圆，标注相应尺寸；选择【工具】|【几何关系】|【添加】命令，分别使 ϕ30.4mm 的圆与小头凸台的轮廓线和直线相切；选择【工具】|【草图绘制工具】|【分割曲线】命令，把 ϕ30.4mm 的圆在切点处分割开，选择【工具】|【草图绘制工具】|【剪切】命令，把切点外不需要的曲线剪去。类似地，可以作出大头端 R40.6mm 圆弧与圆、直线的连接部分(图 2.55)。

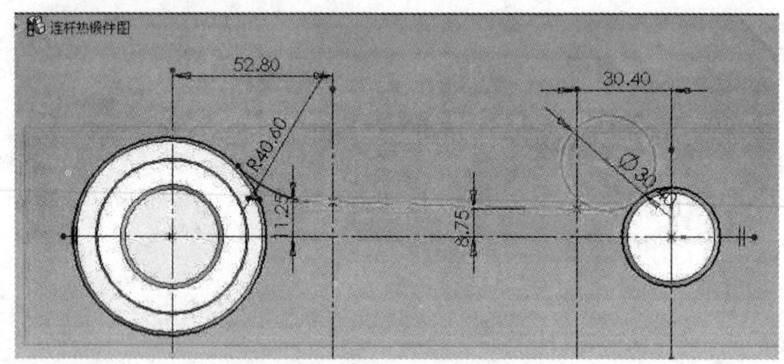

图 2.55 杆部草图绘制添加圆与直线相切

选择【插入】|【凸台拉伸】命令，以杆部草图进行杆部拉伸，给定深度 6.1mm，合并结果，拔模斜度 7°，不选【向外拔模】复选框(图 2.56)。

5. 杆槽切除放样

从图 2.48 热锻件图可以看出，连杆槽的截面沿轴线是逐渐变化的，这种形状在 SolidWorks 中可用放样来完成。由于是槽，所以用切除放样。放样至少需要两个封闭的草图。

放样步骤为：建立放样草图基准面，分别绘出需要的草图，生成切除放样特征。

1）建立放样草图基准面

选择右视基准面，选择【插入】|【参考几何体】|【基准面】命令，选择“等距平面”，等距量30.40mm，单击【确定】按钮建立小端放样基准面(图2.57)。

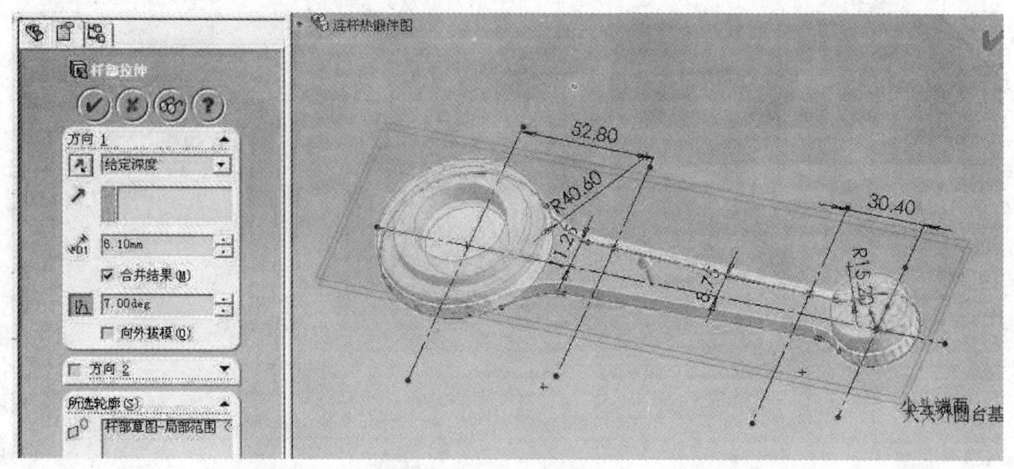

图2.56 杆部拉伸

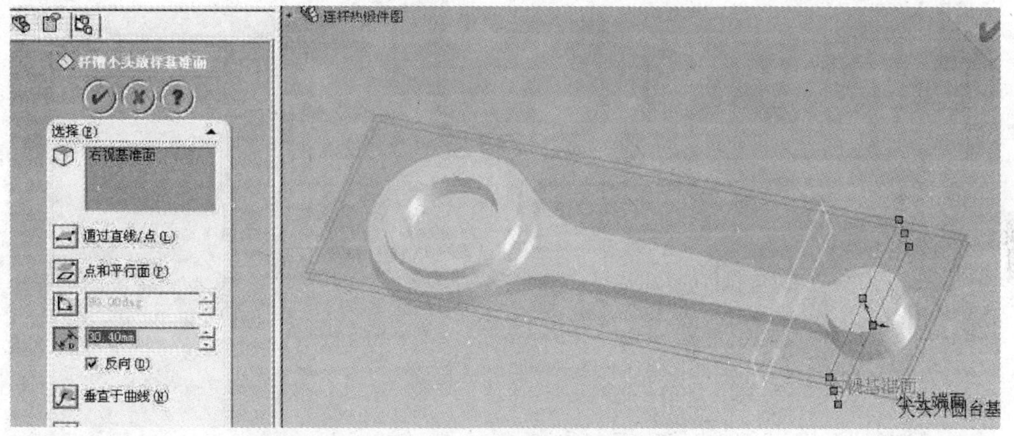

图2.57 小端放样基准面

选择右视基准面，选择【插入】|【参考几何体】|【基准面】命令，选择“等距平面”，等距量117.85mm，单击【确定】按钮。建立大端放样基准面(图2.58)。

2）绘制放样草图

放样需要至少两个草图，每一个草图都必须是封闭图形且无自身相交叉，而且在放样时不能存在零厚度的部分，考虑到是切除放样，因此放样草图高出上视基准面一些。图2.59是杆槽大端放样草图，图2.60是杆槽小端放样草图(图中标注了尺寸的部分)。

3）切除放样

选择【插入】|【切除】|【放样】命令，选择“杆槽小端放样草图”和“杆槽大端放样草图”为放样轮廓，确定，生成“切除放样”特征(图2.61)。

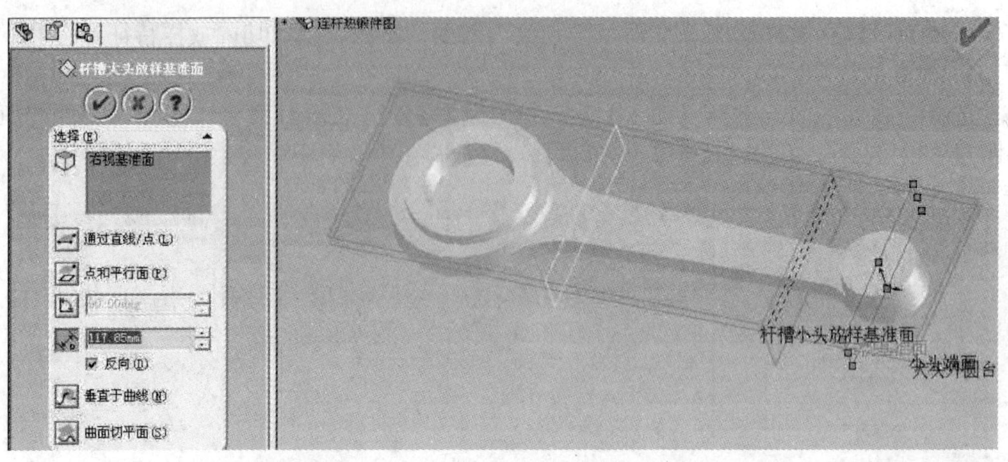

图 2.58　大端放样基准面

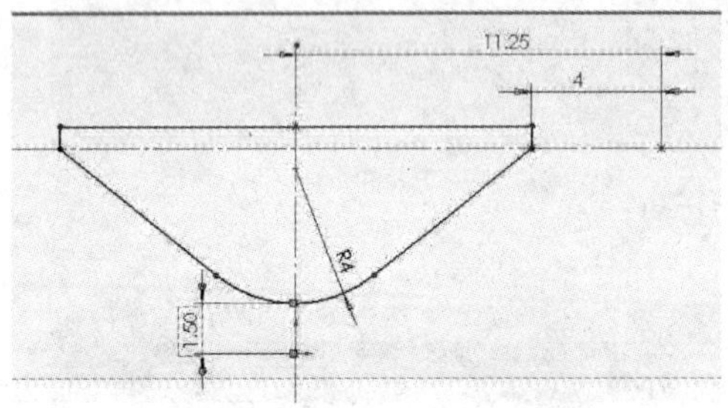

图 2.59　杆槽大端放样草图

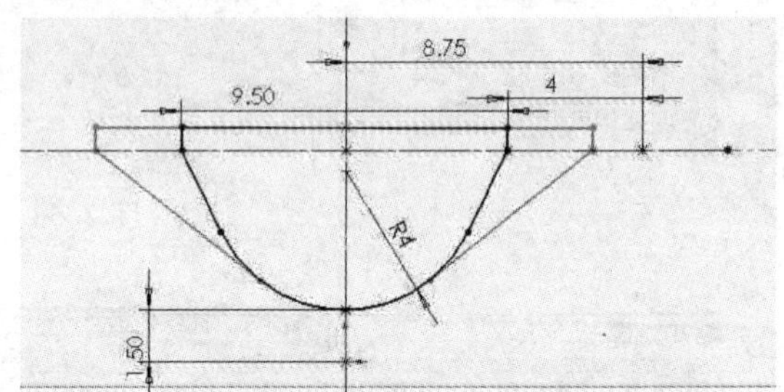

图 2.60　杆槽小端放样草图

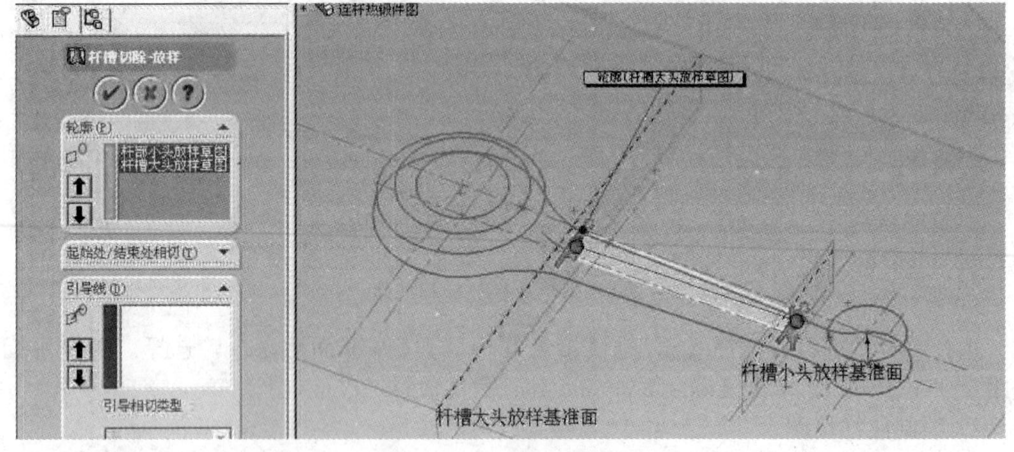

图 2.61　杆槽切除放样

6. 杆槽端切除扫描

SolidWorks 系统中有扫描特征。扫描用来生成具有相同截面的实体或者空腔。扫描需要给出一个草图轮廓和一条路径。草图轮廓需要封闭且无自身交叉现象，路径也是以草图来描述的。实体为【凸台/基体】扫描，空腔为【切除】扫描。

杆槽的端部可以看成是分别以杆槽大端草图和小端草图沿半径为 R20.30mm 的路径进行切除扫描。

(1) 选择前视基准面，绘出如图 2.62 和图 2.63 所示的杆槽大/小端扫描路径。

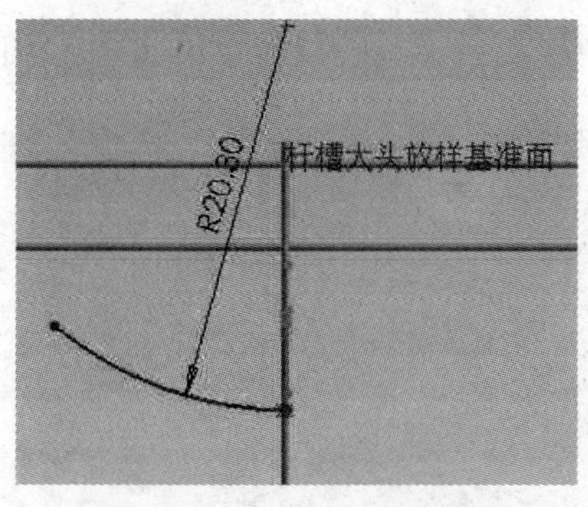

图 2.62　杆槽大端扫描路径

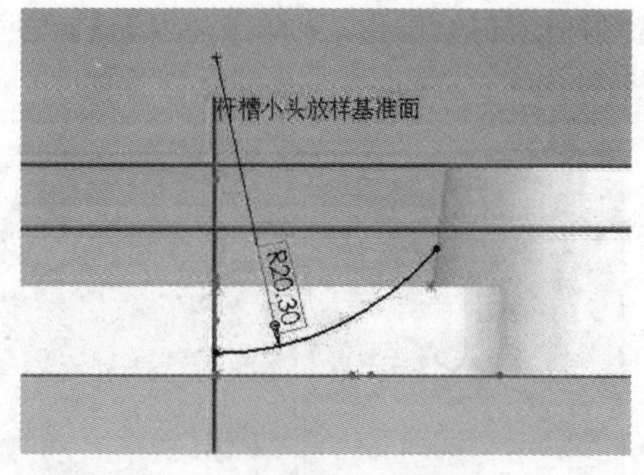

图 2.63　杆槽小端扫描路径

(2) 选择杆槽大/小端放样基准面，选择切除放样特征中的杆槽大/小端放样草图，选择【工具】|【草图绘制工具】|【转换实体引用】命令，能够实现把其他草图快速绘制到新基准面上，与复制-移动的功能类似。

(3) 生成切除扫描特征。选择【插入】|【切除】|【扫描】命令，选择相应的轮廓和路径生成杆槽大、小端切除扫描特征(图 2.64 和图 2.65)。

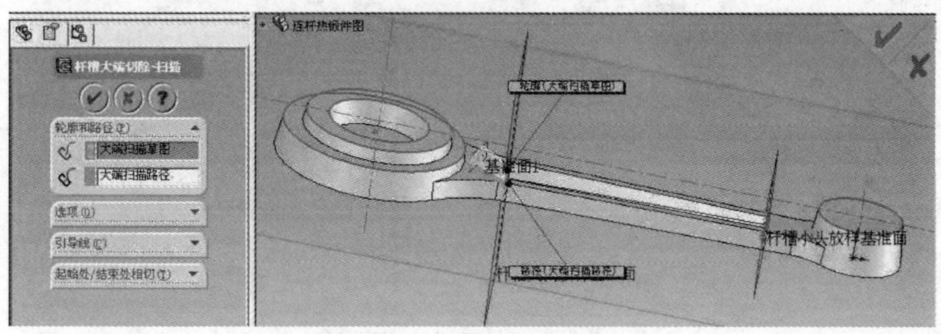

图 2.64　杆槽大端切除扫描

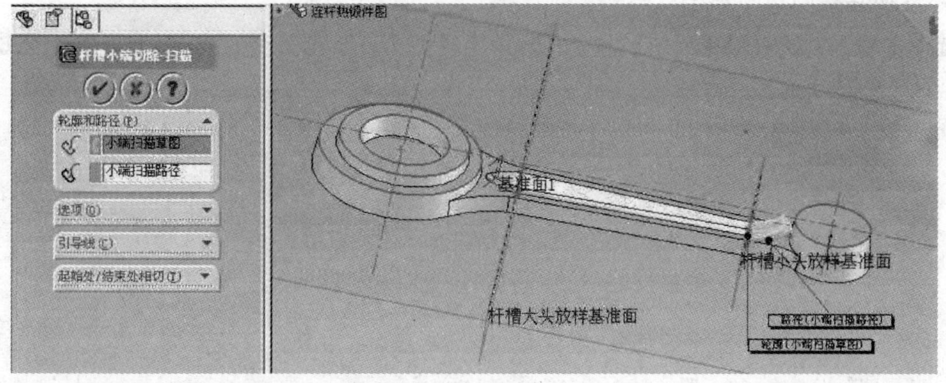

图 2.65　杆槽小端切除扫描

7. 圆角特征

现在来生成圆角特征。特征工具栏中的 命令是用来生成各种圆角的。

1) 添加杆槽边线圆角

选择杆槽的边线环，选择【插入】|【特征】|【圆角】命令，圆角半径值1mm，沿切线延伸(图2.66)。

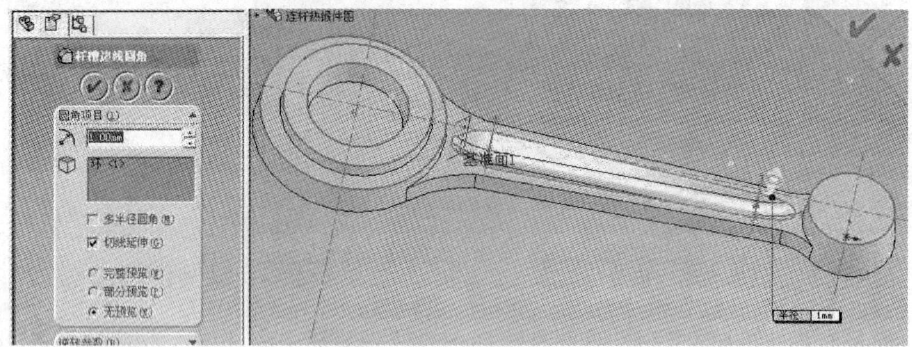

图2.66　杆槽边线圆角

2) 添加杆部边线圆角

选择【插入】|【特征】|【圆角】命令，圆角半径值1mm，依次把杆部边线选中(图2.67)。

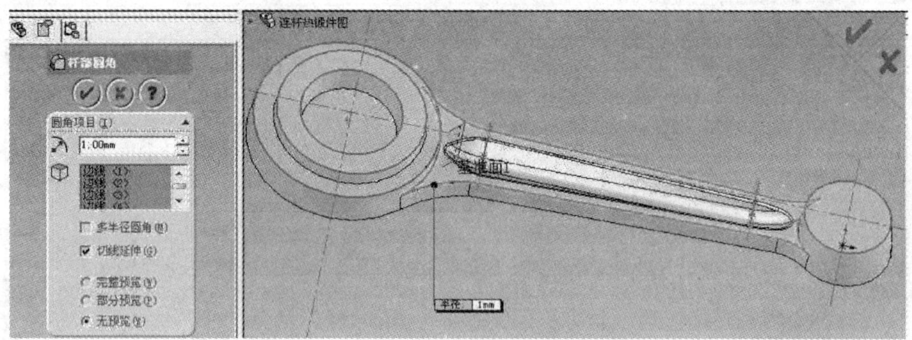

图2.67　杆部边线圆角

3) 添加端部圆角半径

选择【插入】|【特征】|【圆角】命令，圆角半径值2mm，依次把端部边线选中(图2.68)。

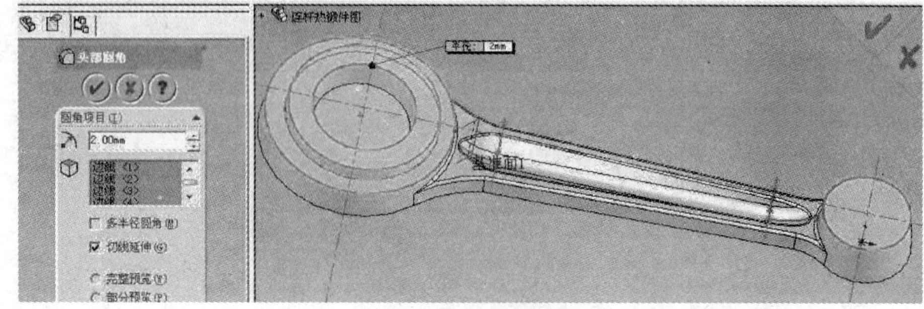

图2.68　头部圆角

4）添加盲孔内圆角

选择【插入】|【特征】|【圆角】命令，圆角半径值 5mm，选中盲孔内边线(图 2.69)。

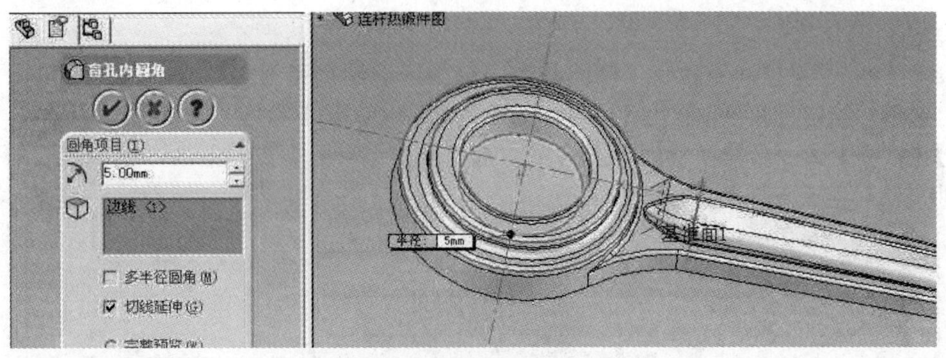

图 2.69 盲孔内圆角

8. 镜像特征

SolidWorks 可以实现草图和特征的镜像。对已经做好的连杆上半部分，采用特征镜像来完成整个锻件的建模。特征镜像需要选择镜像面和要进行镜像的特征。

选择【插入】|【阵列/镜像】|【镜像】命令，选择“上视基准面”作为镜像面，依次选择所有的特征(图 2.70)，确定。至此连杆热锻件的建模完成(图 2.71)。

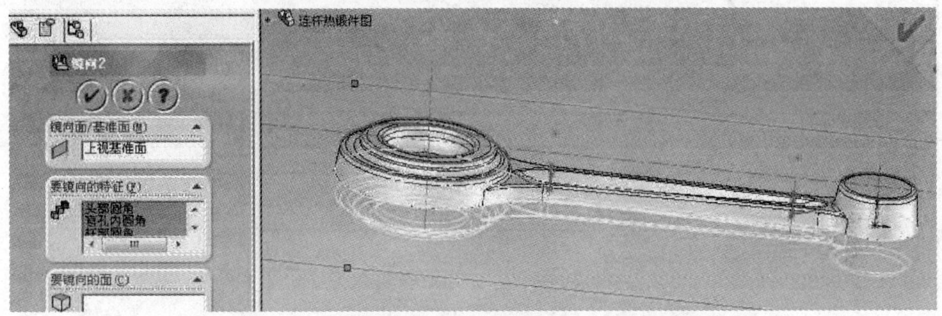

图 2.70 特征镜像

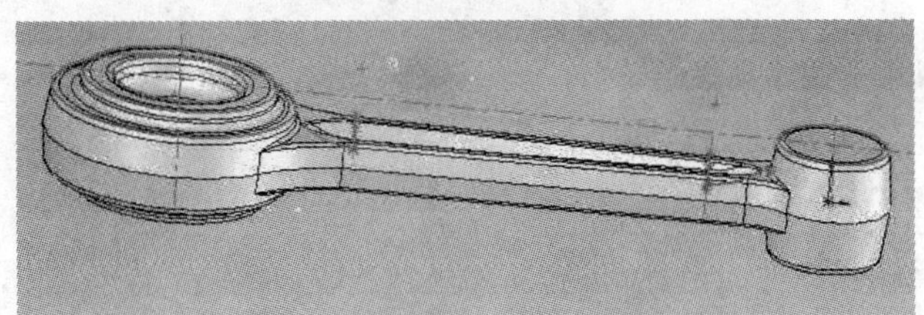

图 2.71 连杆热锻件图

下面用 Pro/E 来建模，详细说明及步骤见后文。

2.7.3 连杆 Pro/E 建模

打开 Pro/E 应用程序，新建零件图，保存为“reliangan”与 SolidWorks 建模不同，这里采取大端部凸台、小端部凸台分别建模的方法，读者可以通过练习来选择合适自己的软件和建模方法。

1. 大头部凸台

1）凸台基体拉伸

选择【插入】|【拉伸】命令，拉伸凸台，草图区绘制直径为48.7mm的圆，进入拉伸界面，选择“给定深度”，值为14.5mm(图2.72)，单击【确定】按钮完成拉伸。选择【插入】|【拔模】命令，拔模斜度设置为7°，选择凸台上平面为拔模枢轴，选择侧面的方框◻向外拖动，生成头部凸台(图2.73)。

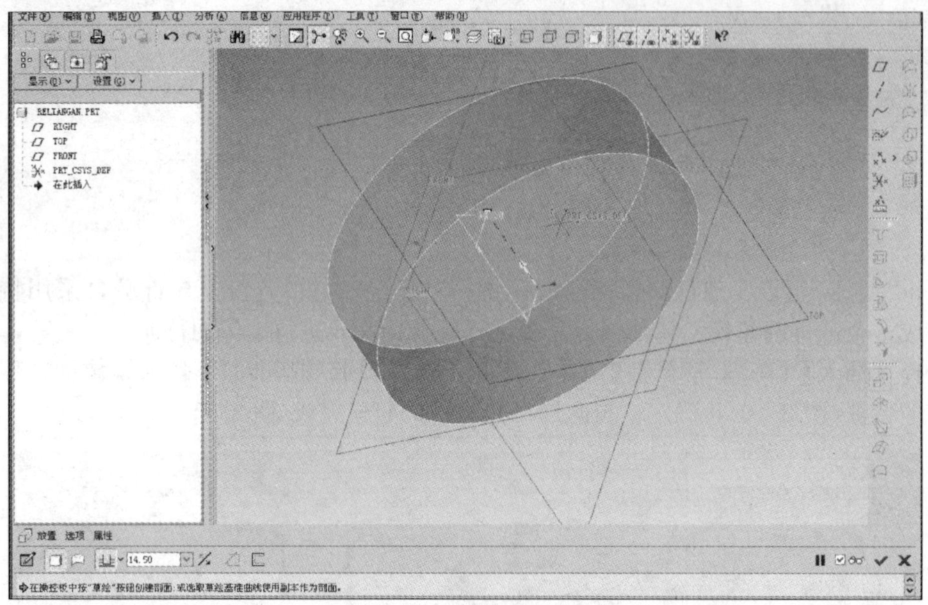

图2.72　头部凸台基本拉伸

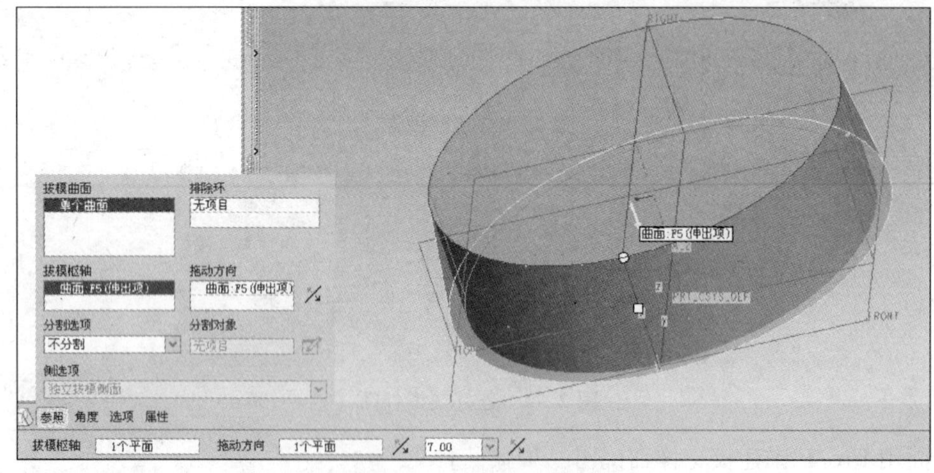

图2.73　头部凸台拔模

2）生成凸台拔模斜度

选择【插入】|【拔模】命令拔模斜度设置为7°，选择凸台上平面为拔模枢轴，选择侧面的方框◻向外拖动，生成头部凸台(见图2.73)。

3）大头外圆台拉伸

选择【插入】|【拉伸】命令，拉伸凸台，草图区绘制直径为60.9mm的圆(图2.74)，进入拉伸界面，选择“给定深度”，值为10.15mm(图2.75)。选择【插入】|【拔模】命令，拔模斜度设置为7°，选择凸台上平面为拔模枢轴，选择侧面的方框■向外拖动，生成外圆台拔模(图2.76)。

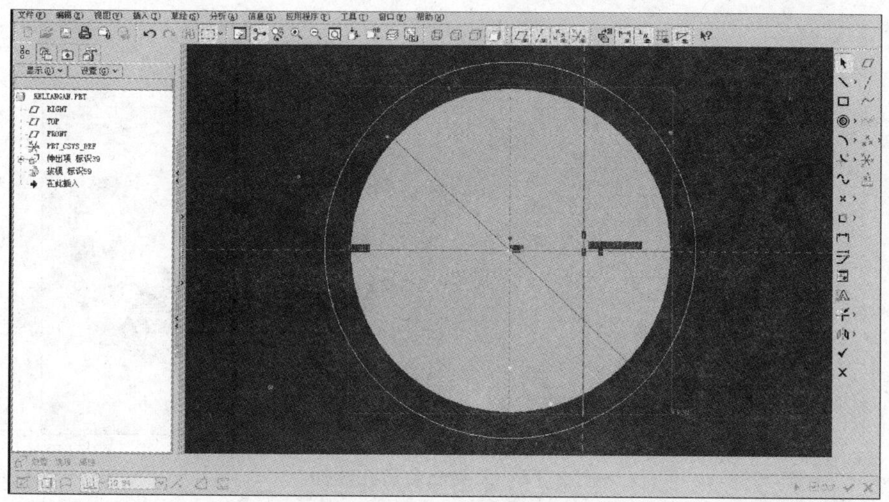

图2.74 外圆台草图

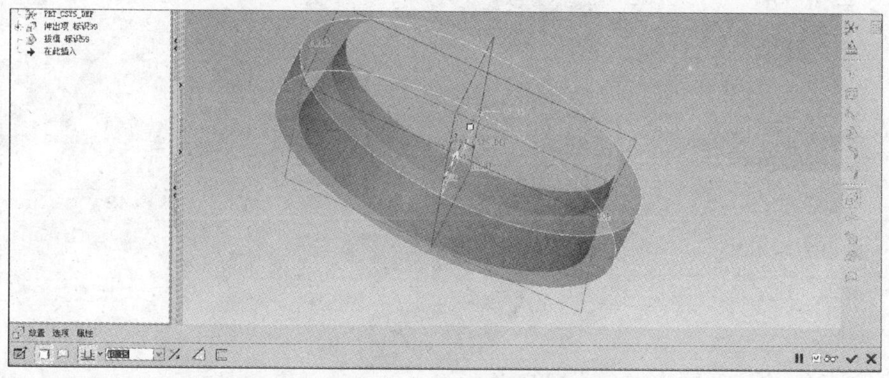

图2.75 外圆台拉伸

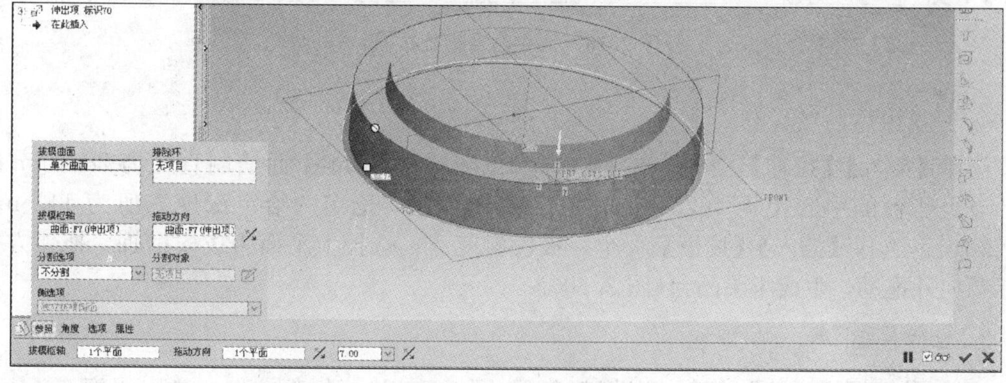

图2.76 外圆台拔模

4）大头凸台盲孔

选择【插入】|【孔】命令，选择直径为 48.7mm 的上平面打直径为 33.5mm 的孔，孔与 ϕ48.7mm 同轴放置，孔深度为 12mm(图 2.77)，选择【插入】|【拔模】选择，选择上面圆环平面为拔模枢轴，拔模斜度设置为 7°，选择上面的方框图标◘向外拖动，完成孔内部向内的大头凸台盲孔拔模(图 2.78)。

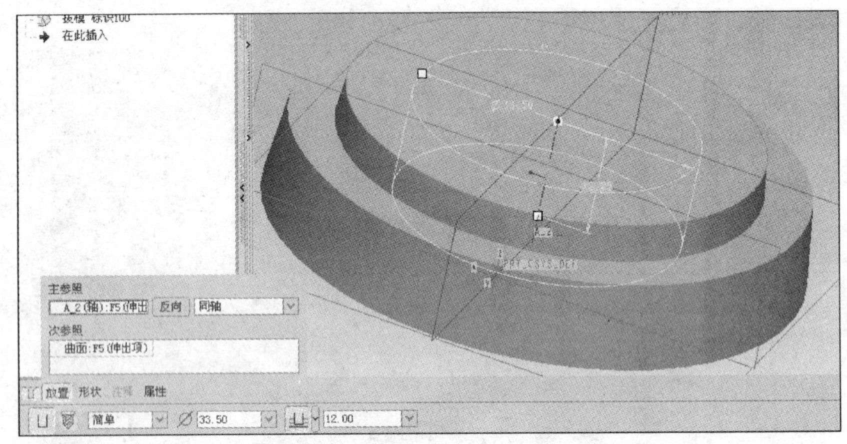

图 2.77　大头凸台盲孔拉伸

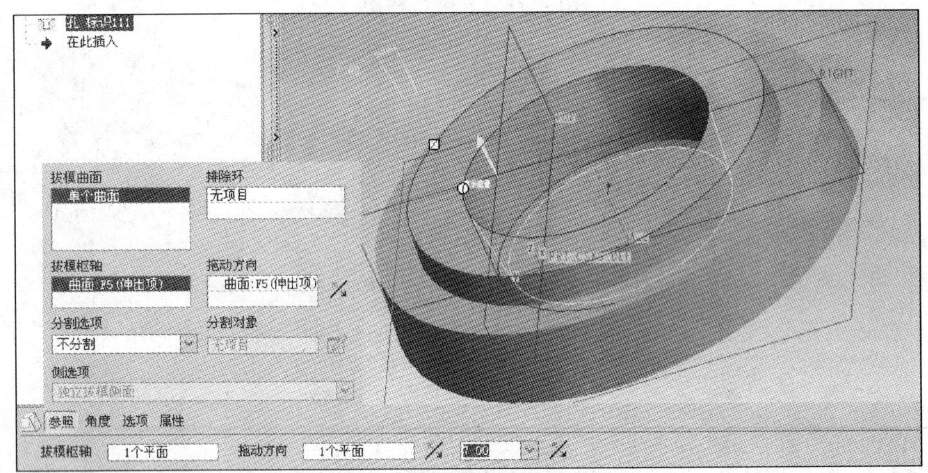

图 2.78　大头凸台盲孔拔模

2. 拉伸小头凸台

选择【插入】|【拉伸】命令，拉伸凸台，草图区在 front 平面绘制直径为 28.4mm 的圆，与大凸台的中心距为 162.4mm，进入拉伸界面，选定“给定深度”值为 14.5mm(图 2.79)。选择【插入】|【拔模】命令，拔模斜度 7°，选择上平面为拔模枢轴，拖住方框图标◘向外拖动，生成小头凸台(图 2.80)。

3. 拉伸杆部

选择【插入】|【拉伸】命令，以杆部草图(图 2.81)进行杆部拉伸，给定深度 6.1mm，

单击【确定】按钮完成(图 2.82)。选择【插入】|【拔模】命令，拔模斜度设置为 7°，杆部的底面为拔模枢轴，侧面为拔模曲面，选择方框图标◻向内拔模(图 2.83)。

图 2.79 小头端面拉伸

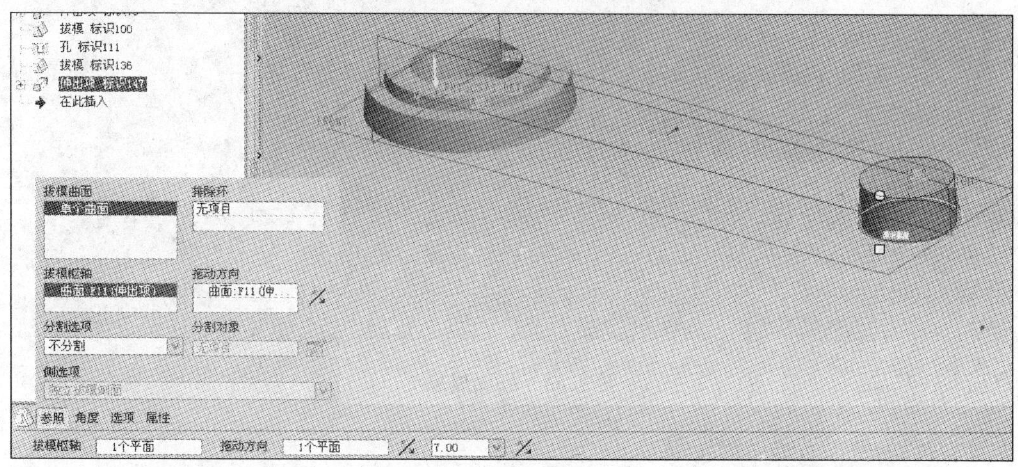

图 2.80 小头凸台拔模

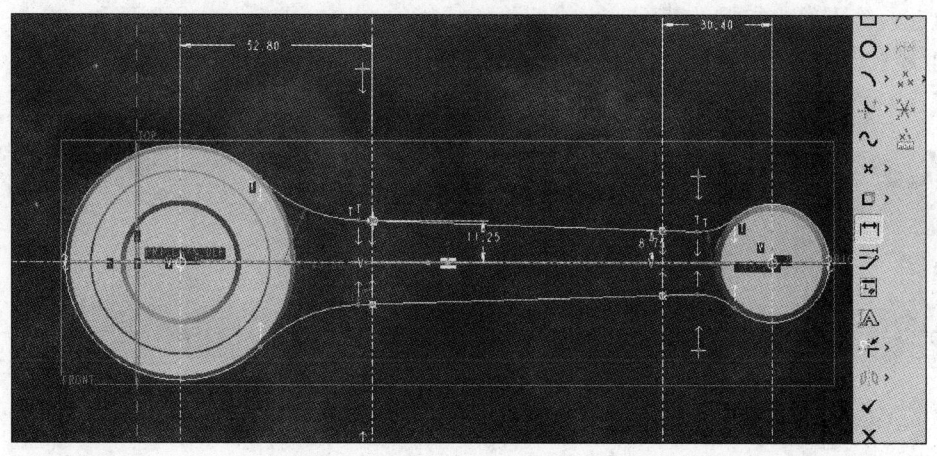

图 2.81 杆部草图

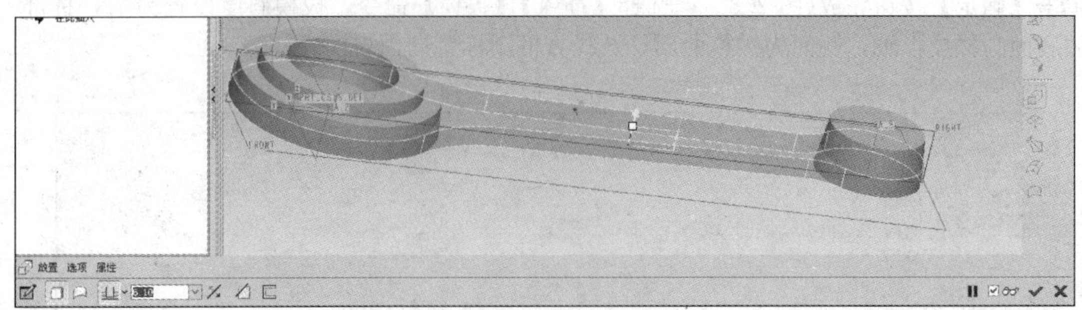

图 2.82　杆部拉伸

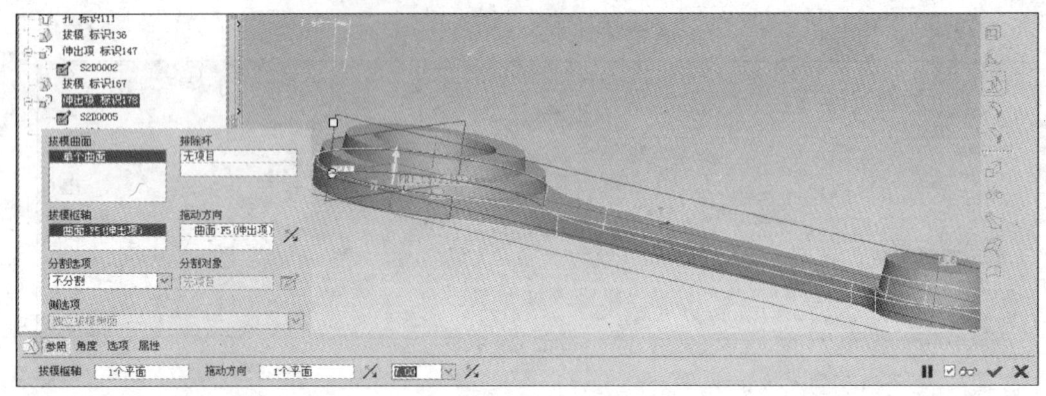

图 2.83　杆部拔模

4. 杆槽切除

从图 2.49 的连杆热锻件图可以看出，连杆槽的截面沿轴线是逐渐变化的，这种形状在 Pro/E 中可用混合扫描切口来完成。混合扫描至少需要两个封闭的截面。步骤为：建立扫描轨迹，分别绘出扫描的截面，生成切除特征。

1）建立扫描轨迹

选择 right 面，绘制扫描轨迹(图 2.84)。

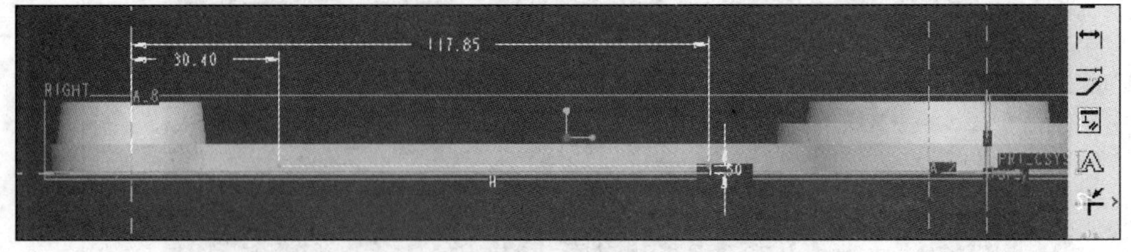

图 2.84　绘制扫描轨迹

2）绘制切除放样草图

选择【插入】|【扫描混合】|【切口】命令，分别绘制“杆槽小端扫描截面草图”和“杆槽大端扫描截面草图”(图 2.85)，确定，生成“切除扫描混合”特征(图 2.86)。

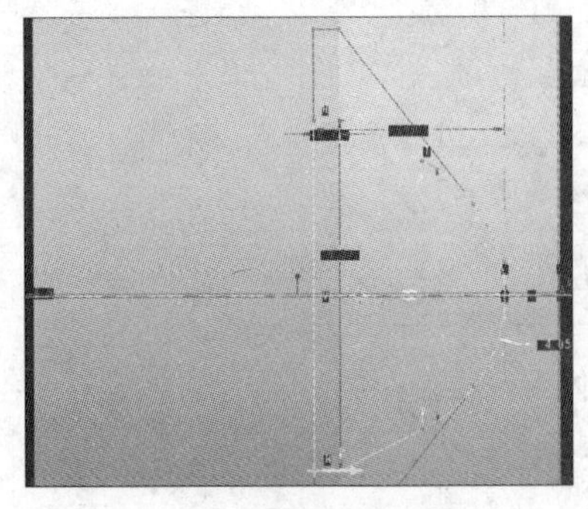

图 2.85 杆槽扫描截面

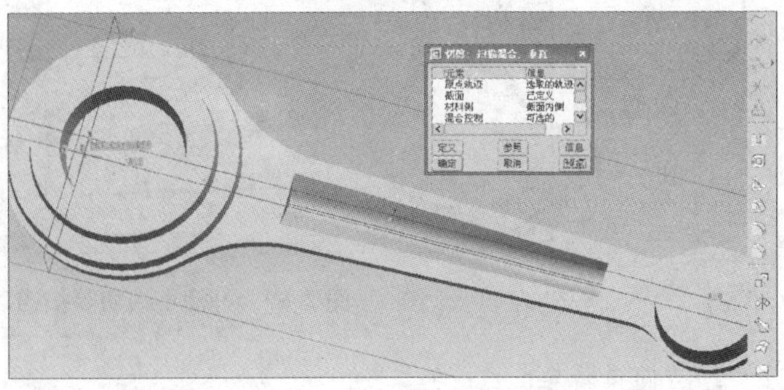

图 2.86 杆槽扫描混合切除

5. 杆槽端切除扫描

杆槽端部有过渡，也需要切除，用扫描切除特征完成。同样扫描需要给出一个草图轮廓和一条路径。草图轮廓需要封闭且无自身交叉现象，路径也是以草图来描述的。实体为【凸台/基体】扫描，空腔为【切除】扫描。

1）杆槽端扫描路径草图绘制

杆槽的端部可以看成是分别以杆槽大端草图和小端草图沿半径为 R20.30mm 的路径进行切除扫描。

2）绘制扫描截面草图

选择 right 面，绘出前面，按图 2.62 和图 2.63 的杆槽大/小端扫描路径，绘制杆槽大/小端扫描切除截面(图 2.87)，截面尺寸如图 2.59、图 2.60 所示。

图 2.87 杆槽大端切除截面

3）生成切除扫描特征

选择【插入】|【扫描】|【切除】命令，选择相应的扫描轨迹和扫描截面，生成杆槽大/小端切除扫描特征(图 2.88 和图 2.89)。

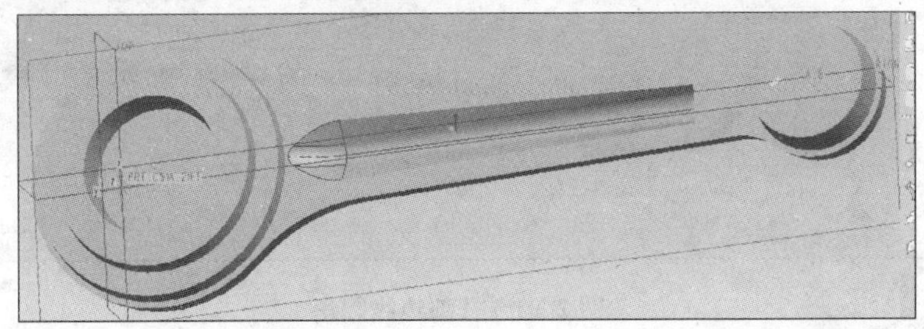

图 2.88 杆槽大端切除扫描后实体

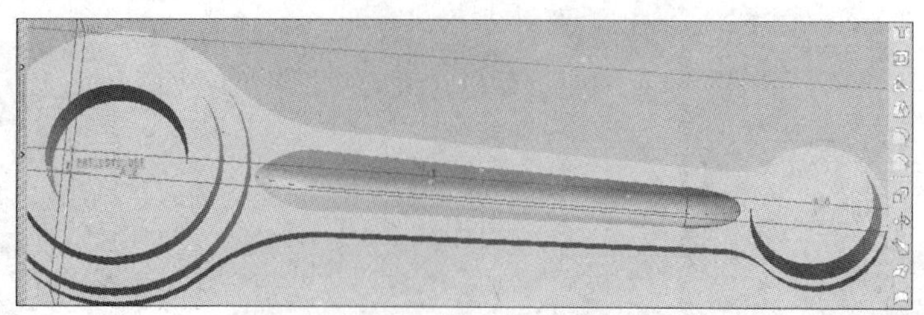

图 2.89　杆槽小端切除扫描后实体

6. 圆角特征

现在来生成圆角特征。特征工具栏中的命令是用来生成各种圆角的。

1）添加杆槽边线圆角

选择杆槽的边线环，选择【插入】|【特征】|【圆角】命令，圆角半径值 1mm，沿切线延伸(图 2.90)。

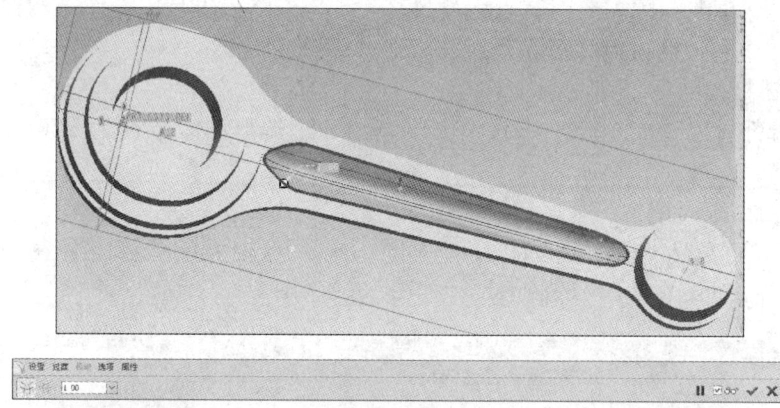

图 2.90　杆槽边线圆角

2）添加杆部边线圆角

选择【插入】|【特征】|【圆角】命令，圆角半径值 1mm，依次把杆部边线选中(图 2.91)。

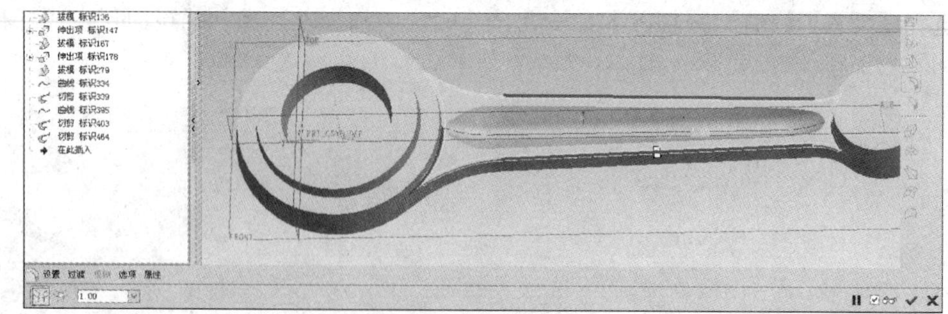

图 2.91　杆部边线圆角

3）添加端部圆角半径

选择【插入】|【特征】|【圆角】命令，圆角半径值 2mm，依次把端部边线选中(图 2.92)。

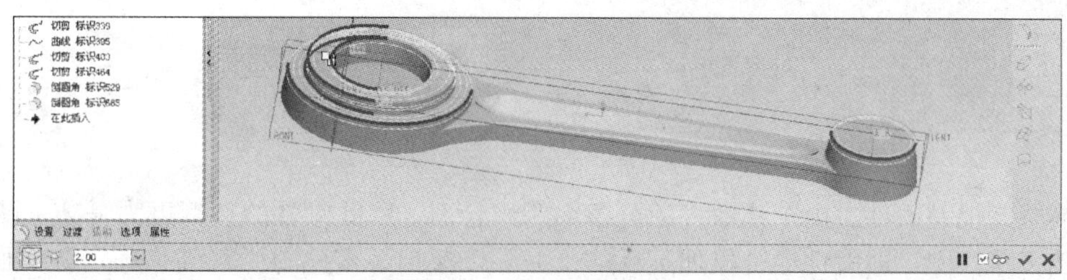

图 2.92　端部圆角

4）添加盲孔内圆角

选择【插入】|【特征】|【圆角】命令，圆角半径值 5mm，选中盲孔内边线(图 2.93)。

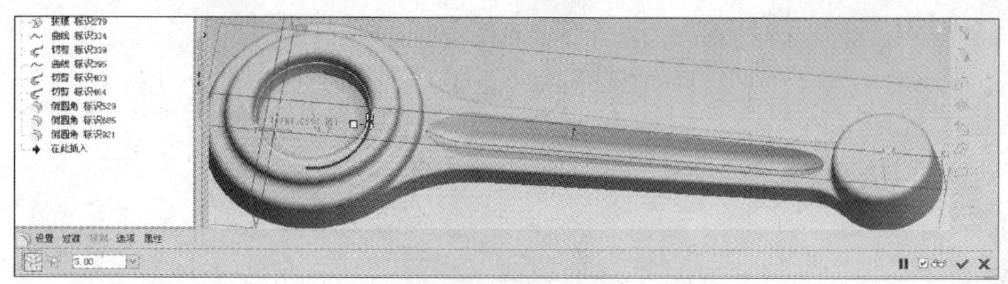

图 2.93　盲孔内圆角

7. 镜像特征

针对已经做好的连杆上半部分，采用特征镜像来完成整个锻件的建模。特征镜像需要选择镜像面和要进行镜像的特征。

在模型树中选中零件图标，镜像图标亮显，即处于活动状态，选择 front 面作为镜像面(图 2.94)，单击【确定】按钮。至此连杆热锻件的建模完成(图 2.95)。

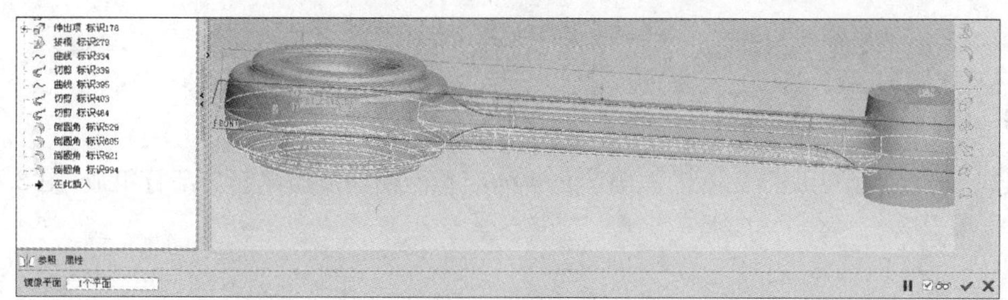

图 2.94　特征镜像

图 2.95　连杆热锻件图

2.8 换 挡 叉

换挡叉也是锻件。由于该锻件的分模面为组合面，因此锻件的造型更为复杂。图2.96是换挡叉零件图，即锻件经过机加工后的产品。以换挡叉零件图为基础，确定分模面，加上锻造余块、机加工余量、模锻斜度、圆角半径等将会得到其锻件图。以锻件图为基础，利用SolidWorks的模腔特征，可以生成锻件模腔。本节的任务是由锻件工程视图，建立相应的三维模型。

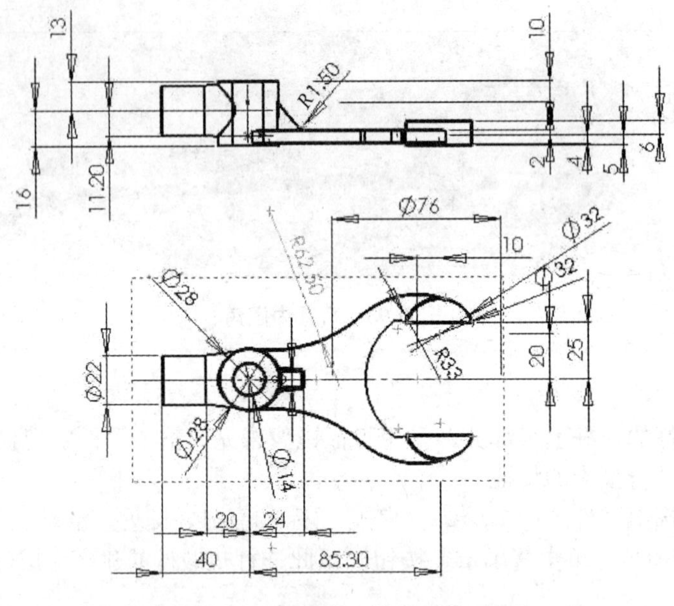

图2.96 换挡叉零件图

2.8.1 换挡叉零件结构分析

换挡叉零件由叉头、叉体、连接销孔、柄部、柄杆部及加强筋等部分组成(图2.97)。

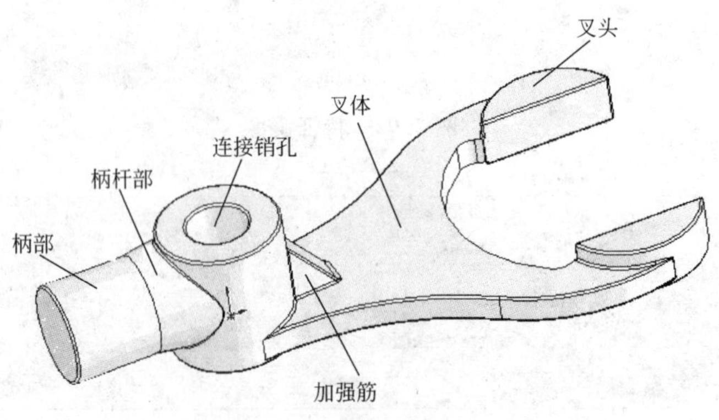

图2.97 换挡叉零件结构分析

2.8.2 换挡叉零件建模步骤

本节仅给出建模的思路，读者可以根据自己的分析完成建模。打开随书光盘中的“换挡叉零件图”，鼠标选择特征树上的特征，单击右键，选择【编辑特征】，可以方便地看到相应特征的参数和草图。

(1) 叉体、叉头、连接销、柄杆部、柄部依次通过“拉伸”特征可以得到。

(2) 连接销孔通过“拉伸切除”特征得到。

(3) 通过“筋”特征得到加强筋。

(4) 叉体和叉头过渡部分的拉伸。

(5) 倒圆角。

换挡叉零件建模的特征树与三维零件图如图 2.98 所示。

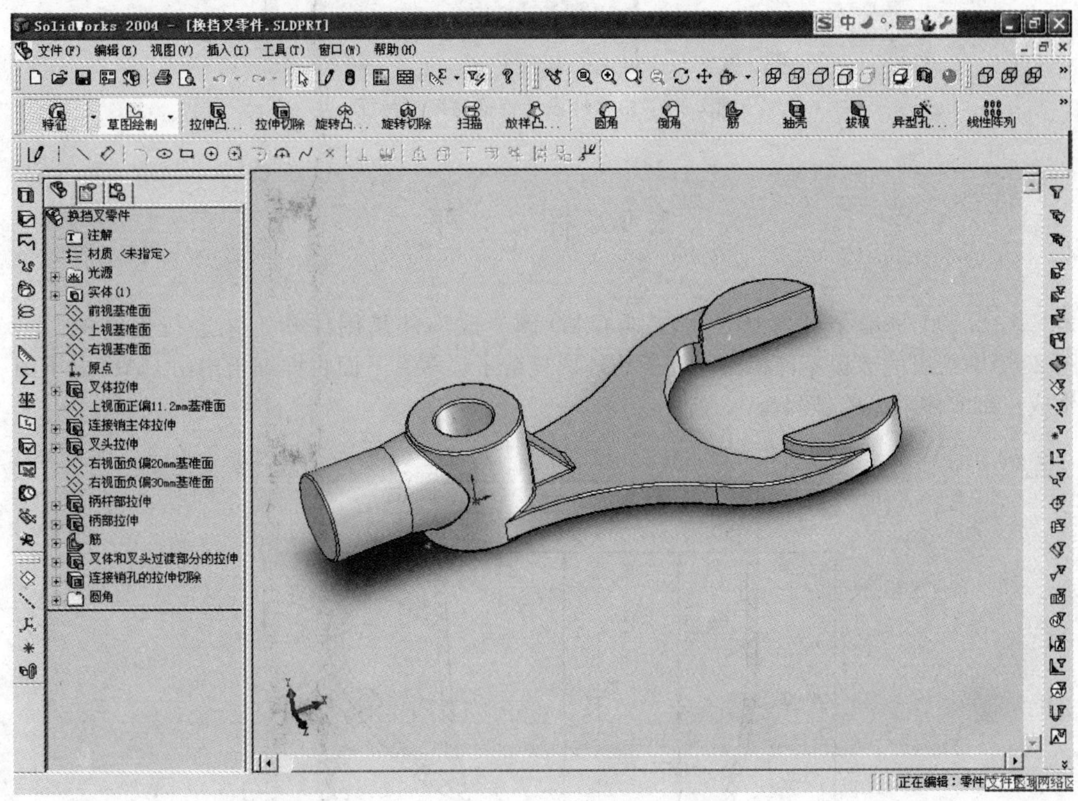

图 2.98 换挡叉建模的特征树和三维零件图

打开素材库中的“换挡叉零件图”，鼠标选择特征树上的特征，右击，选择【编辑特征】，可以方便地对相应特征的参数和草图进行编辑(图 2.99)。

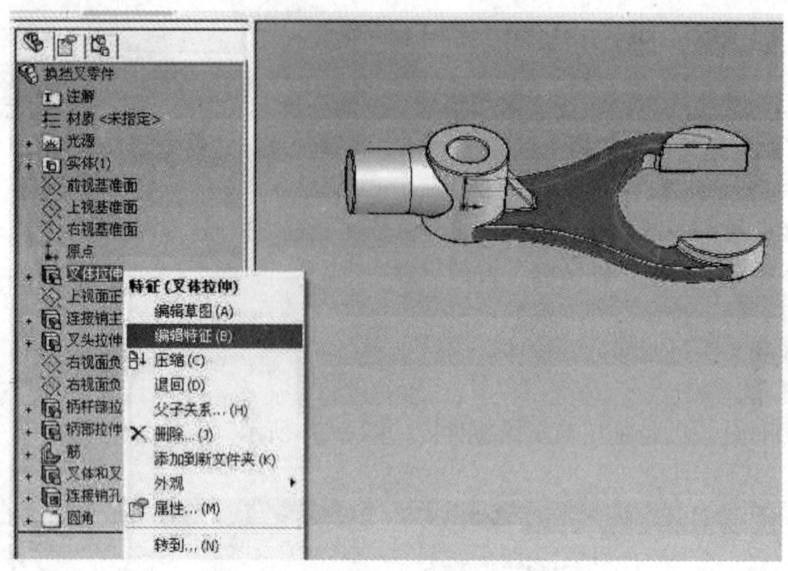

图 2.99　由零件设计特征树编辑特征

2.9　杯　　子

图 2.100 是一个塑料杯子的二维 CAD 图，该零件是用注塑工艺进行生产的。与图 2.40 中给出的卡板零件相比，杯子的外形复杂了很多。下面将详细给出由 CAD 电子图生成三维实体模型的步骤。

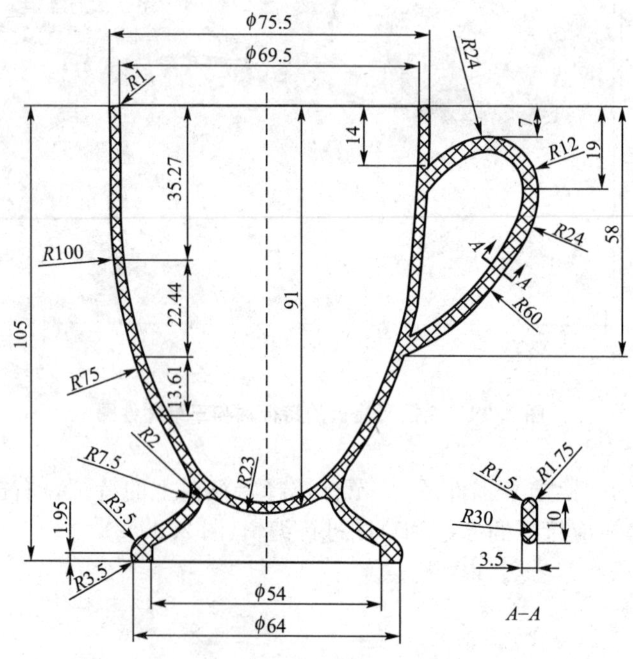

图 2.100　杯子产品图纸

2.9.1 数据文件准备

在 CAD 下将杯子的产品图另存为 DXF 格式，即所用 SolidWorks 版本可以输入的图纸格式，保存为“cup. dxf”，待调用(图 2.101)。

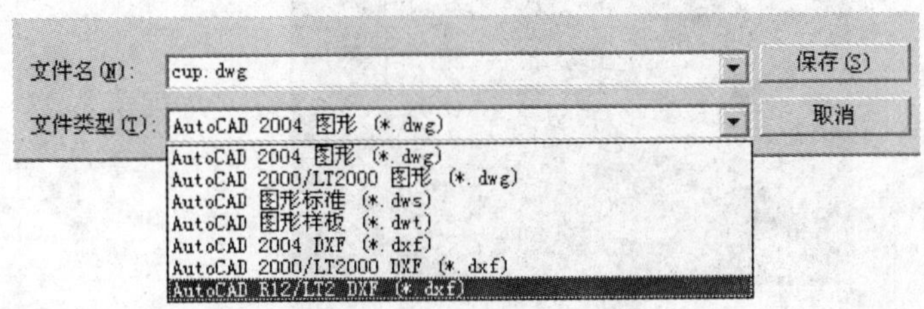

图 2.101 杯子数据文件准备

2.9.2 数据文件传输

启动 SolidWorks 软件，新建-零件图，选择【文件】|【打开】命令，打开“cup. dxf”文件。系统给出如图 2.102 所示的界面，选中【输入到零件】单选按钮，选择给出杯子轮廓尺寸的图层，选择“输入此图纸为”模型，单击【下一步】按钮。

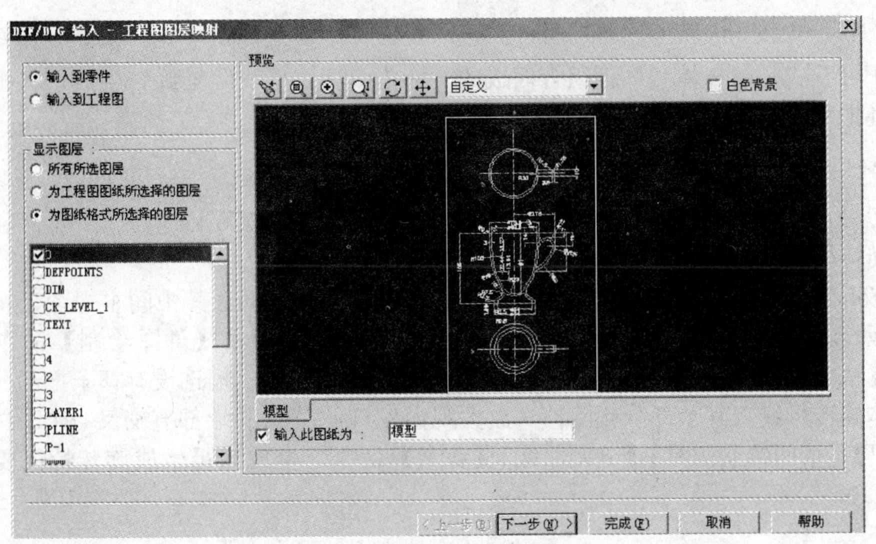

图 2.102 DXF 格式文件传输界面 1

在图 2.103 的界面上，选择数据的单位为“毫米”，选中【合并点】复选框，这表明在数据传输时距离在 0.001 毫米在内的点将被合并，输入此图纸到 2D 草图(系统默认，如果需要此图纸输入为 3D 草图，则需要选择)，单击【完成】按钮。将其保存为“杯子草图.SLDPRT”文件(图 2.104)。注意：此处的“杯子草图 .SLDPRT”文件是以 SolidWorks 零件图的格式保存的，从文件的扩展名就可以知道。与一般的零件图不同，该零件下面仅有一个杯子的二维草图，但是它是 SolidWorks 系统可以直接读取的。这样做的原因是杯子草图需要调用不止一次，这样能够提高建模效率。

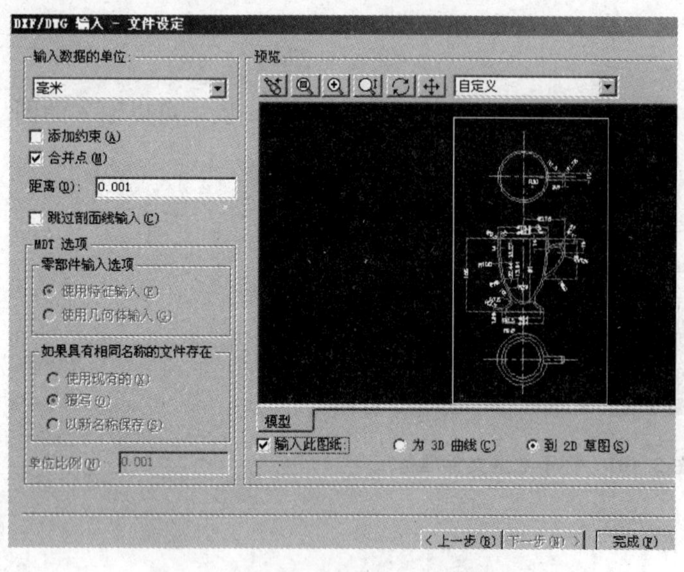

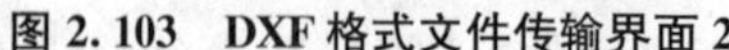

图 2.103　DXF 格式文件传输界面 2

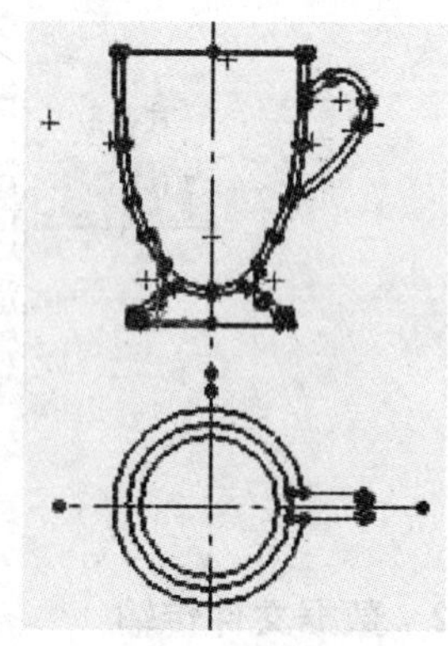

图 2.104　SolidWorks 中的杯子草图

2.9.3　杯子 SolidWorks 建模

1. 杯子零件结构分析

杯子可看成是由杯体和杯把组合而成的。杯体由杯体母线绕轴旋转生成；杯把由杯把截面沿杯把路径扫描生成。

2. 杯体生成

由 CAD 导入的杯子图纸尚需修改(编辑)才能满足 SolidWorks 生成旋转特征的要求。生成旋转特征要求：一个封闭的曲线，一根旋转轴。

在 SolidWorks 下，打开“杯子草图.SLDPRT”文件，框选其中间主视图，将其复制到剪贴板；新建-零件图，选择“前视基准面”，选择【插入】|【草图绘制】命令，选择【编辑】|【粘贴】命令，保存为“杯子.SLDPRT”(图 2.105)。框选没有杯子把部分的轮廓作为杯体旋转母线，其余部分删除掉。放大观察发现此草图的端部有交叉(图 2.106)，选择【工具】|【草图绘制工具】|【分割曲线】|【剪裁】命令，生成满足生成旋转特征要求的草图(图 2.107)。

图 2.105　杯体母线

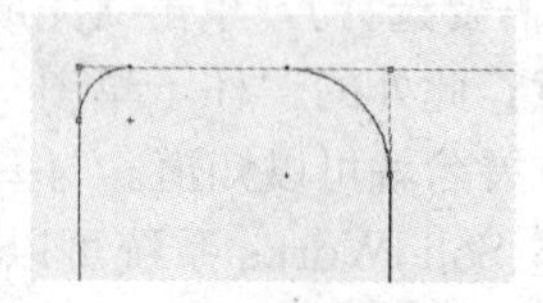

图 2.106　杯体母线端部的曲线交叉

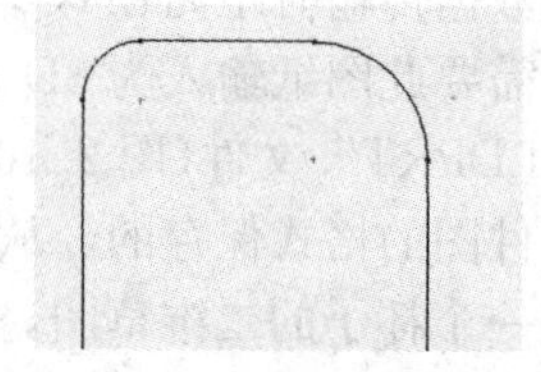

图 2.107　杯体母线裁剪后

选择【插入】|【凸台/基体】命令，选择中心线为旋转轴，选择杯体母线作为轮廓，得到杯子的三维实体(图 2.108)。

3. 杯把生成

1) 建立扫描路径

打开“杯子草图 .SLDPRT”文件，选择杯把内边线，选择【工具】|【草图绘制工具】|【等距实体】命令，设定等距量 1.75mm(从图 2.100 杯子零件图可知，杯把截面为 3.5mm，选其扫描路径在中间最方便)，作出杯把扫描路径(图 2.109)。

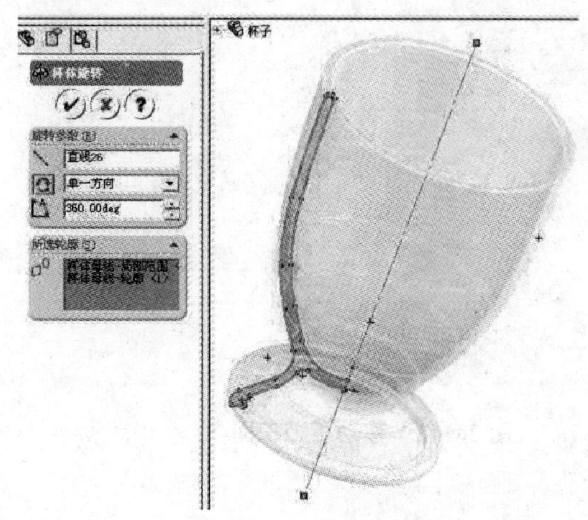

图 2.108 杯体旋转

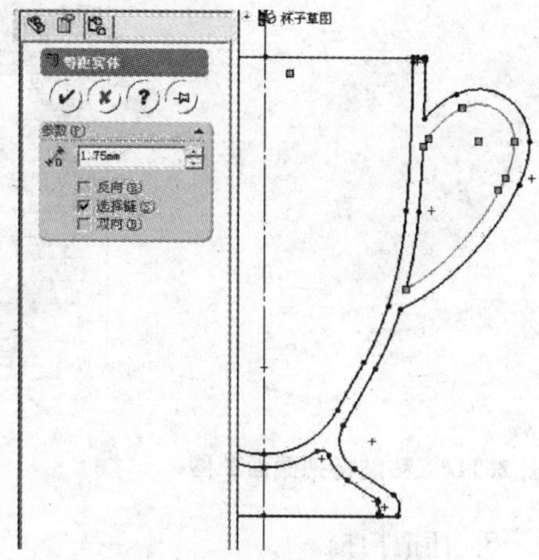

图 2.109 等距建立杯把扫描路径

框选整个杯子草图，将其复制到剪贴板；回到“杯子 .SLDPRT”文件，选择“前视基准面”，选择【编辑】|【粘贴】命令，把该草图命名为“杯把扫描路径”。

2) 建立杯把轮廓绘图基准面

选择【插入】|【参考几何体】|【基准面】命令，选择“垂直于曲线”(图 2.110)。

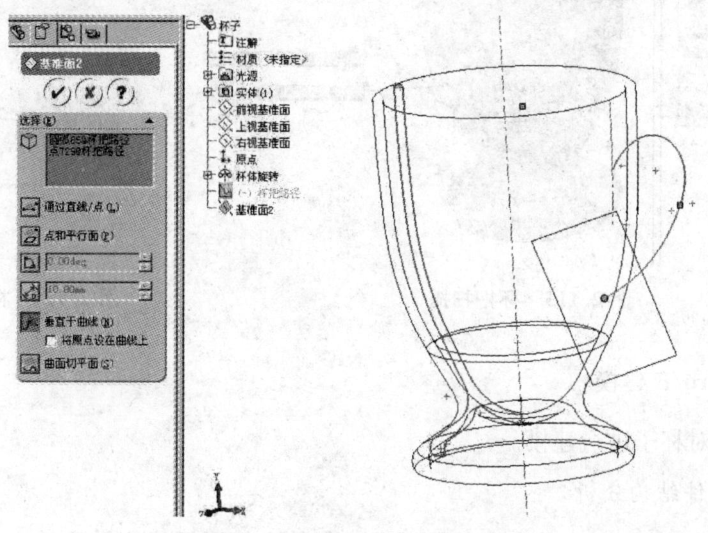

图 2.110 添加杯把截面绘图基准面

3）复制杯把截面草图

打开“杯子草图.SLDPRT”文件，选择【编辑】|【复制】命令，把杯把截面复制到剪贴板，选择“杯把截面绘图基准面”，粘贴杯把截面草图(图 2.111)。

4）移动杯把截面草图

选择【工具】|【草图绘制工具】|【移动或复制】命令，框选杯把截面草图，把杯把草图中心定义为基准点，鼠标拖动基准点，把杯把草图移动到扫描路径中心(图 2.112)。

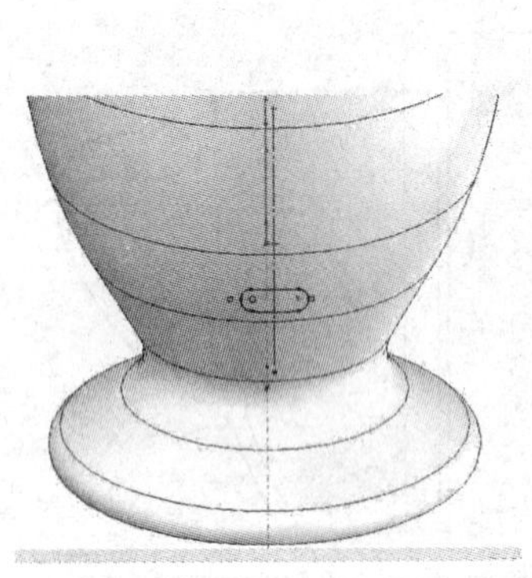

图 2.111　粘贴杯把截面草图

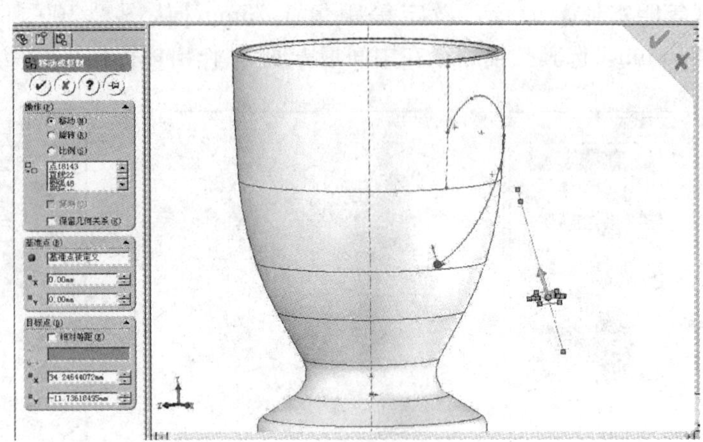

图 2.112　移动杯把草图

5）杯把扫描

选择【插入】|【凸台/基体】|【扫描】命令，选择“杯把截面”为扫描轮廓，选择“杯把路径”为扫描路径，生成扫描特征(图 2.113)。至此，杯子三维实体造型完成(图 2.114)。

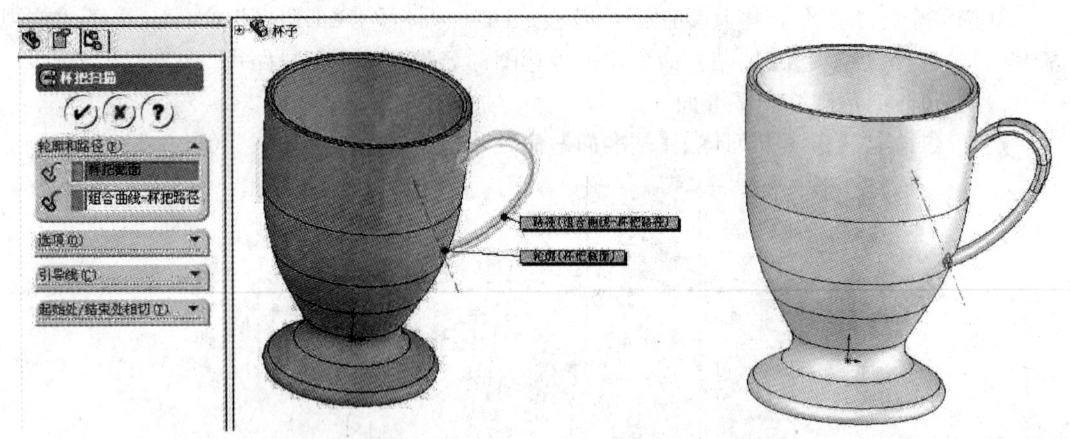

图 2.113　杯把扫描　　　　**图 2.114　杯子的三维模型**

2.9.4　杯子 Pro/E 建模

用 Pro/E 对杯子进行建模。

1. 杯子零件结构分析

杯子可看成是由杯体和杯把组合而成的。杯体由杯体母线绕轴旋转生成；杯把由杯把截面沿杯把路径扫描生成。

2. 杯体生成

Pro/E生成旋转特征的要求：一个封闭的曲线，一根旋转轴。

在Pro/E下，选择【插入】|【旋转】命令，单击【草绘绘制】按钮进入草绘界面，绘制杯体母线作为轮廓和中心线，中心线为旋转轴(图 2.115)，单击【确定】按钮完成。进入旋转界面，选择旋转角度360°，单击【确定】按钮完成，生成杯体的三维实体(图 2.116)。

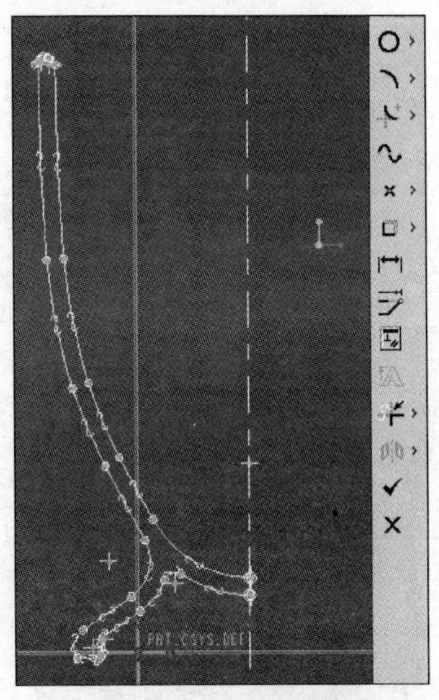

图 2.115 杯体母线及中心线

3. 杯把生成

1) 建立扫描路径

在工具栏中单击草绘的【基准曲线工具】按钮，进入草绘界面，选 front 面为草绘面，绘制杯把中心线为扫描轨迹(图 2.117)。

图 2.116 杯体旋转

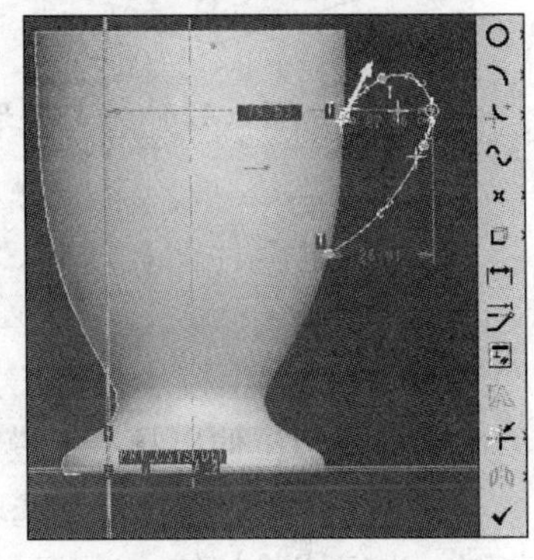

图 2.117 杯把扫描轨迹

2) 绘制扫描截面

选择【插入】|【扫描】|【伸出项】命令，选择扫描轨迹，绘制扫描截面(图 2.118)。

3) 杯把扫描成实体

截面绘制完成后，返回扫描界面，杯把扫描成三维实体(图 2.119)。

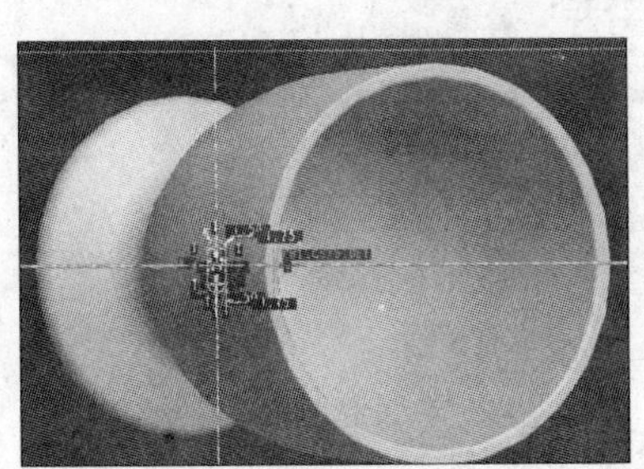

图 2.118 杯把扫描截面绘图

图 2.119 杯把扫描实体

2.10 模块系列零件设计

对结构相类似的零件，采取系列零件设计表进行系列零件设计，可以提高设计效率。

模锻可以在模锻锤上完成，也可以在其他模锻设备上完成。锤锻模的模块是一个带有燕尾、键槽、起重孔和检验面的通用件(图 2.120)，所有的模块都具有相同的结构(特征尺寸)，只是随着模锻锤公称吨位的不同，其尺寸值不一样。

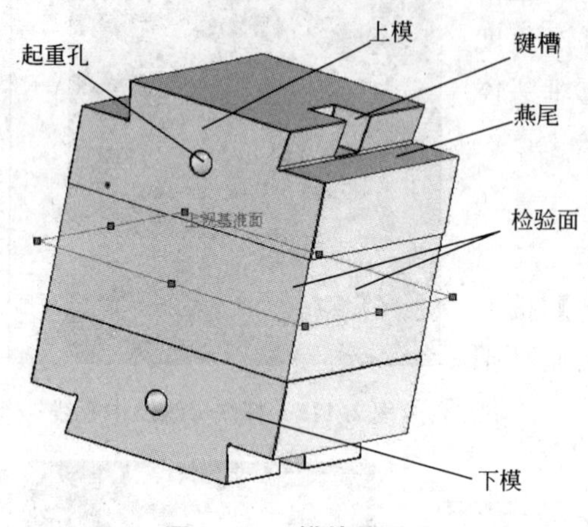

图 2.120 模块外形图

2.10.1 模块 SolidWorks 建模

上模与下模结构相对于上视基准面对称。采用“机加工”方式进行建模造型：光拉伸上模块外接长方体，再逐一将检验边、燕尾、键槽、起重孔拉伸切除生成，并且在需要的地方倒角和倒圆角，最后实行特征镜像完成下模。下面以 100～160kN 锻锤模块的数据为例，说明模块造型的步骤。

(1) 新建零件图。新建-零件图，将其另存为“100～160kN 锻锤模块 .SLDPRT”文件。

(2) 拉伸“上模块外接长方体”。选取“上视基准面”进入绘草图状态，以上模的长和宽作草图，拉伸出具有上模高度的长方体。

(3) 检验面切除拉伸。选取“上视基准面”进入绘草图状态，绘出检验面草图；选中草图，进行切除拉伸，选择【插入】|【切除拉伸】至“检验面高度设定值”(图 2.121)。

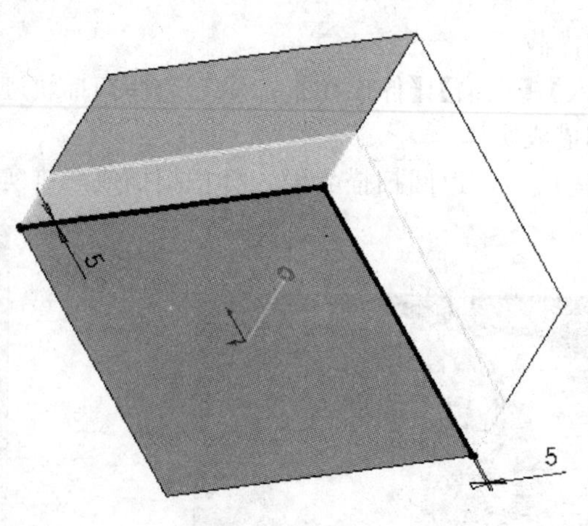

图 2.121 检验面切除拉伸

(4) 燕尾切除拉伸。鼠标选择上模前面为绘图基准面，绘出右侧燕尾草图；选择【工具】|【草图绘制工具】|【镜向】命令，生成左侧燕尾草图；选择【插入】|【切除拉伸】命令，完全贯穿(图 2.122)。

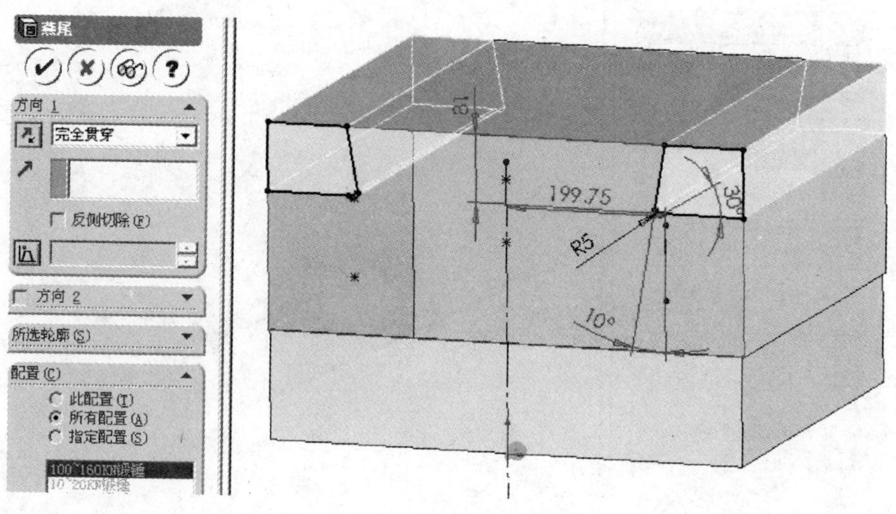

图 2.122 燕尾切除拉伸

(5) 键槽切除拉伸。鼠标选择燕尾上端面为绘图基准面，绘出键槽草图；选择【插入】|【切除拉伸】命令，拉伸至燕尾肩部平面(图 2.123)。

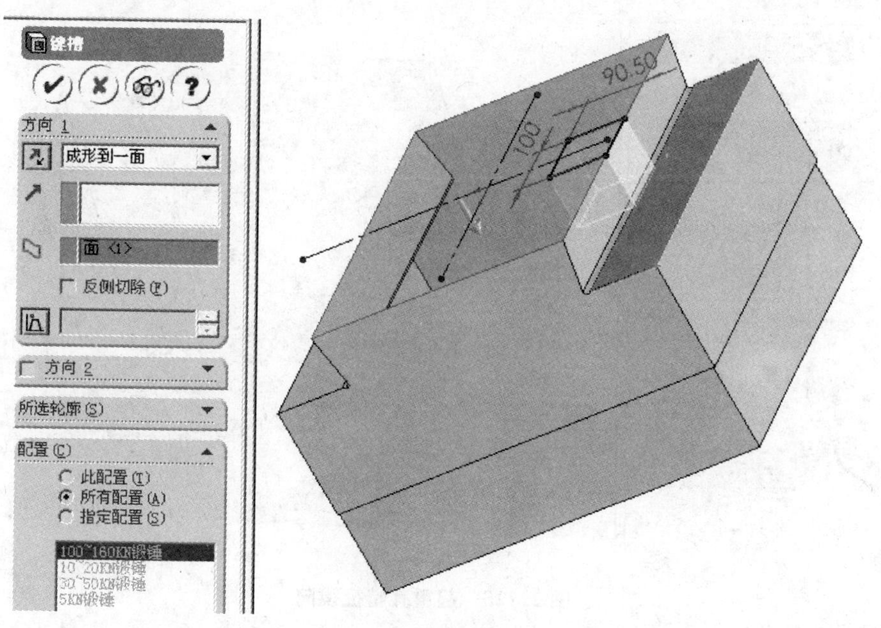

图 2.123 键槽切除拉伸

(6) 起重孔切除拉伸。鼠标选择上模前面为绘图基准面，绘出起重孔草图；选择【插入】|【切除拉伸】命令，拉伸至起重孔设计深度(图 2.124)。

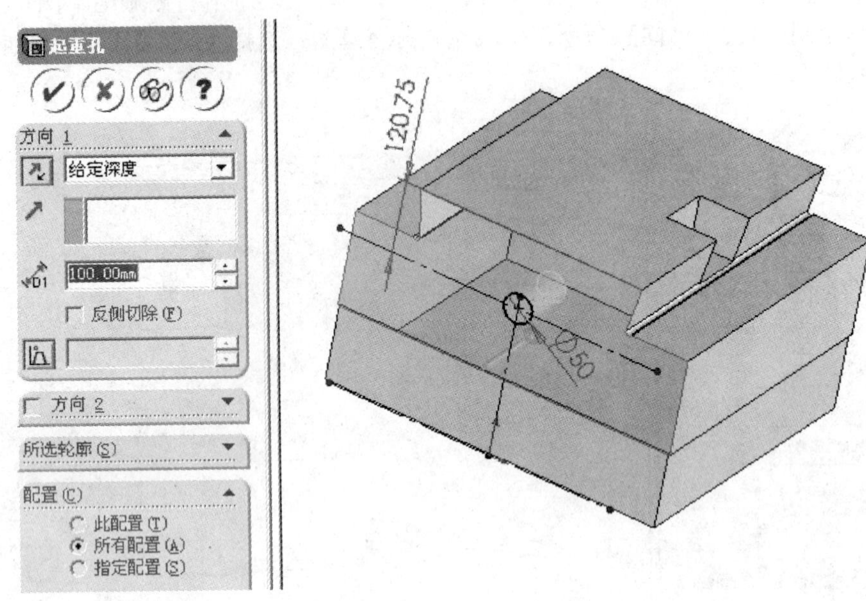

图 2.124　起重孔切除拉伸

(7) 起重孔镜向。选取“前视基准面”，选择【插入】|【阵列/镜向】命令，在对话窗口中激活“要镜向的特征”，在绘图区域选起重孔，获得起重孔镜向(图 2.125)。

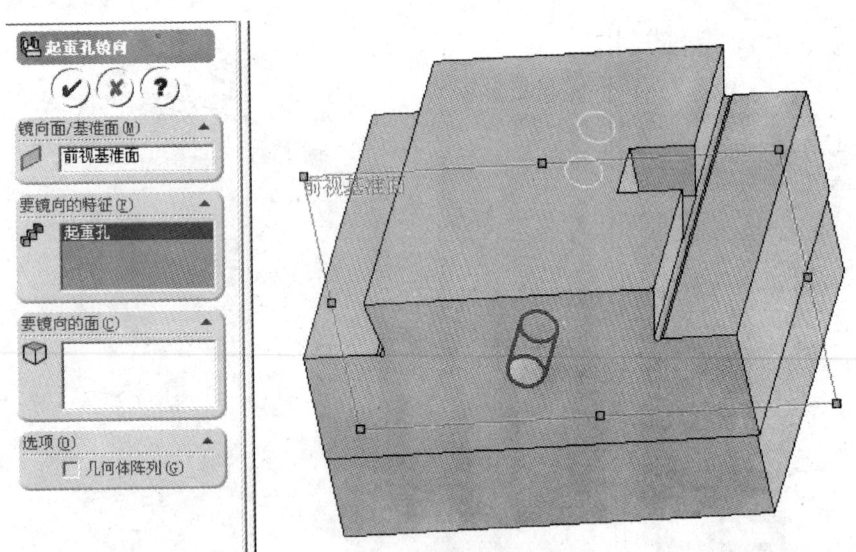

图 2.125　起重孔特征镜向

(8) 上模镜向。选取“上视基准面”，选择【插入】|【阵列/镜向】命令，在对话窗口中激活“要镜向的实体”，在绘图区域选上模，获得上模镜向(图 2.126)。

保存“100～160kN 锻锤模块.SLDPRT”文件。至此，模块造型完成。

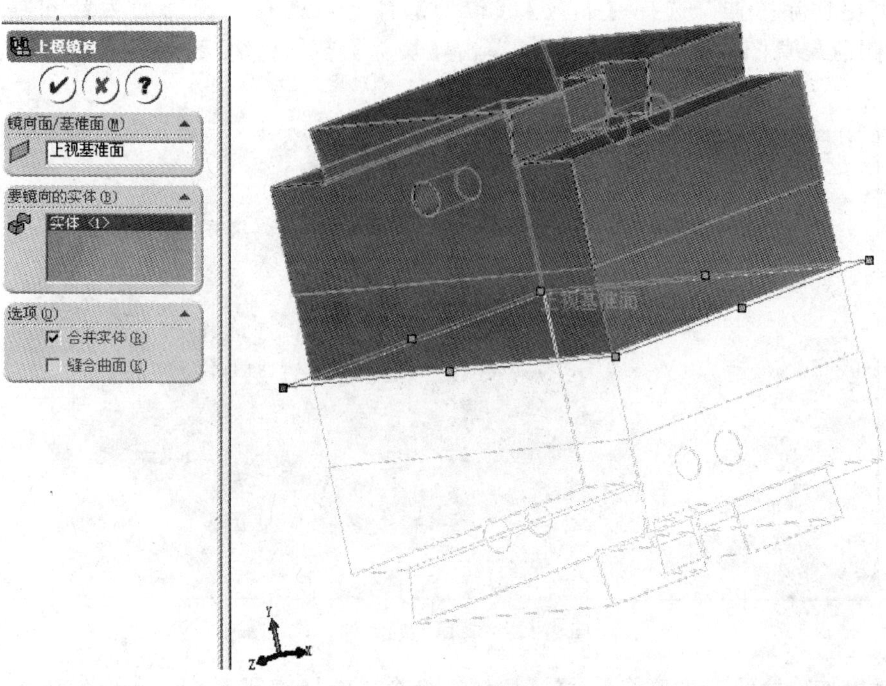

图 2.126 上模实体镜向

2.10.2 模块 Pro/E 建模

下面用 Pro/E 以 100～160kN 锻锤模块的数据为例，说明模块造型的步骤。

(1) 新建零件图。新建-零件图，另存为“duancuimukuai. PRT”。

(2) 拉伸“上模块外接长方体”。选 front 面进入草绘状态，以上模的长和宽作草图，拉伸出具有上模高度的长方体。

(3) 检验面切除拉伸。选择【插入】|【拉伸】命令，选 front 面进入绘草图状态，绘出检验面草图完成，进入拉伸界面，单击【切除】按钮；给定切除高度值(图 2.127)。

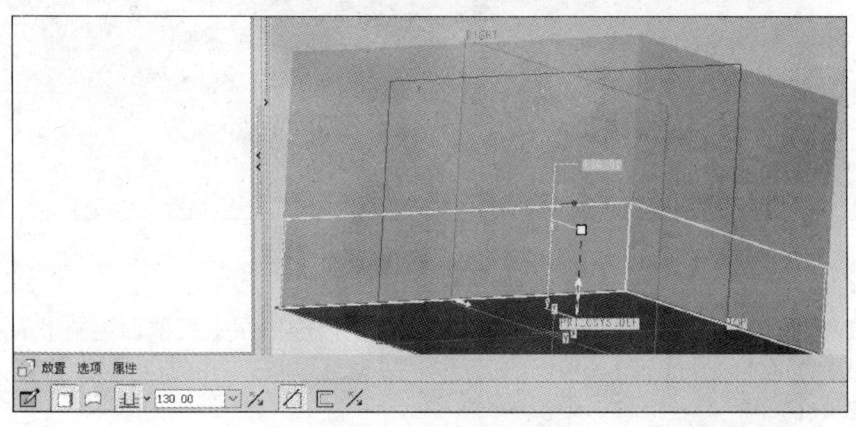

图 2.127 检验面切除拉伸

(4) 燕尾切除拉伸。选择【插入】|【拉伸】命令，选择上模前面为绘图基准面，绘出左右侧燕尾草图；进入拉伸界面，单击【切除】按钮，完全贯穿或者给定深度(图 2.128)。

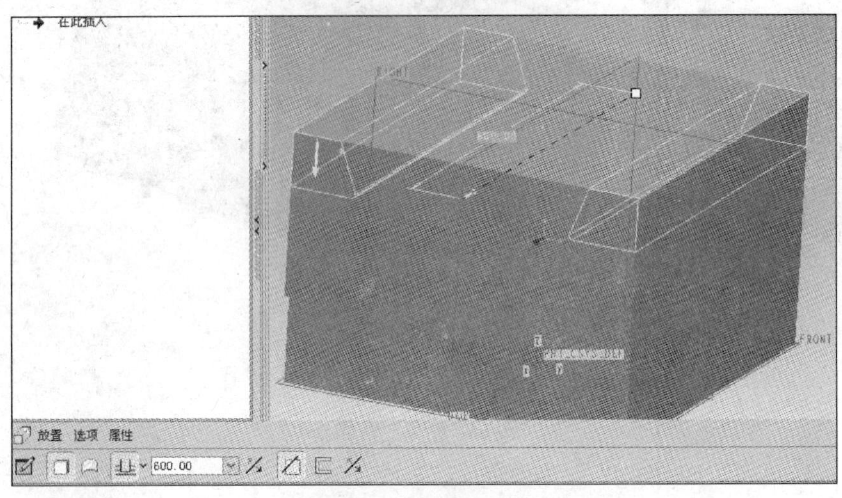

图 2.128 燕尾切除拉伸

(5) 键槽切除拉伸。选择【插入】|【拉伸】命令，选择燕尾上端面为绘图基准面，绘出键槽草图；进入拉伸界面，单击【切除】按钮，单击【拉伸到指定平面】按钮，选中燕尾肩部平面(图 2.129)。

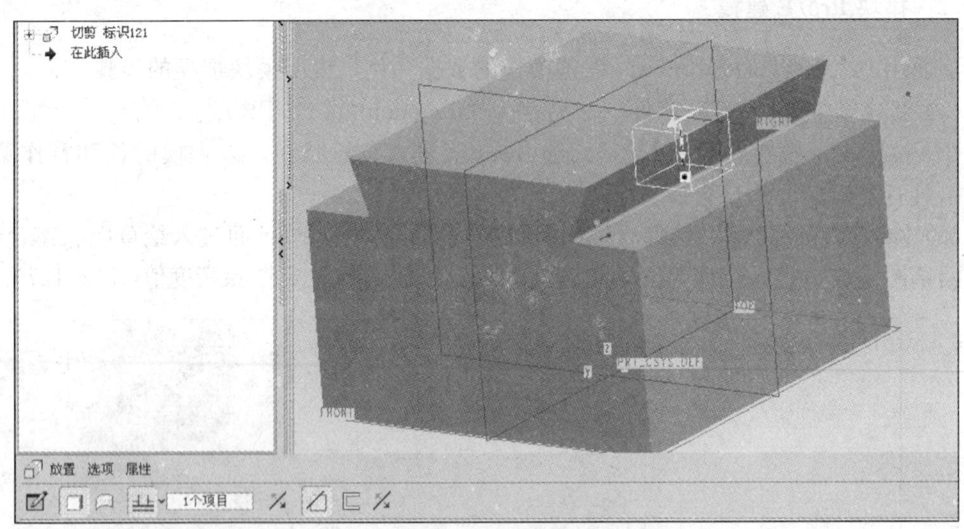

图 2.129 键槽切除拉伸

(6) 起重孔切除拉伸。选择【插入】|【孔】命令，选择在上模前面上打孔；孔轴线放置在模块的中间对称 top 面上，根据前面给定的孔尺寸来确定孔的位置，给定孔的直径和深度(图 2.130)。

(7) 起重孔特征镜向。选择【编辑】|【特征操作】命令，弹出菜单管理器，选择“复制”下拉列表中的“镜像”，选择要镜像的孔，选择 right 面为对称面，完成(图 2.131)。

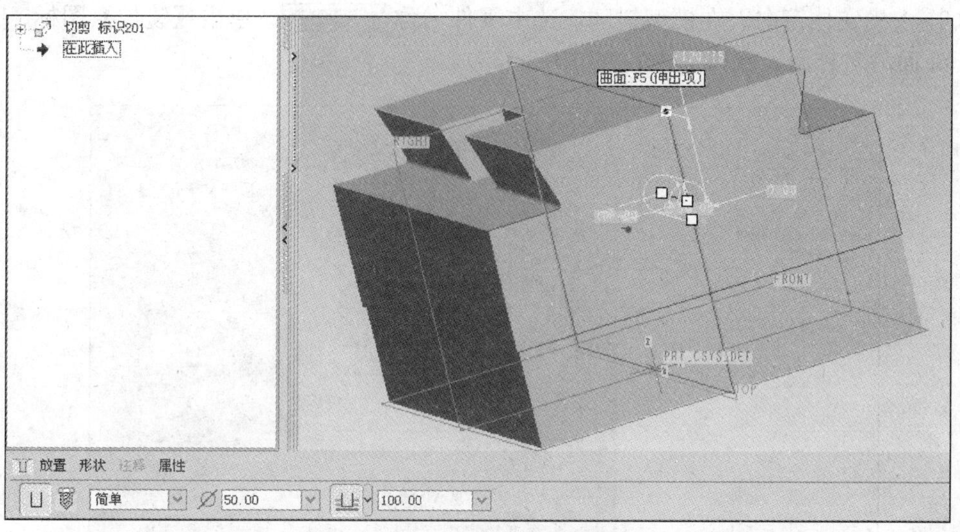

图 2.130 起重孔切除拉伸

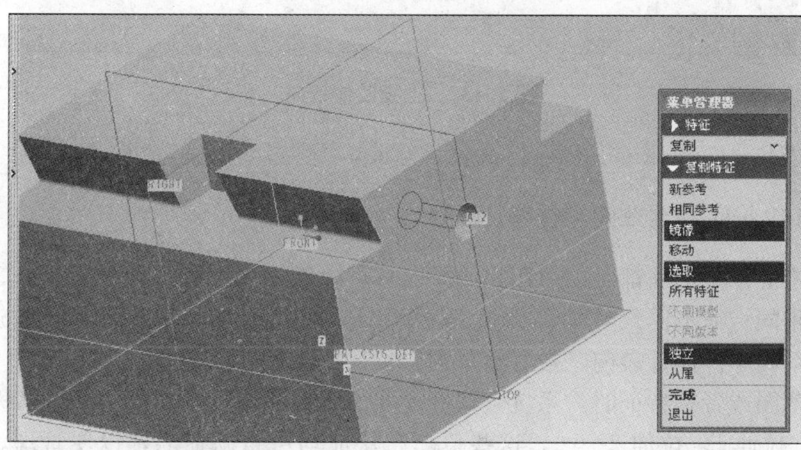

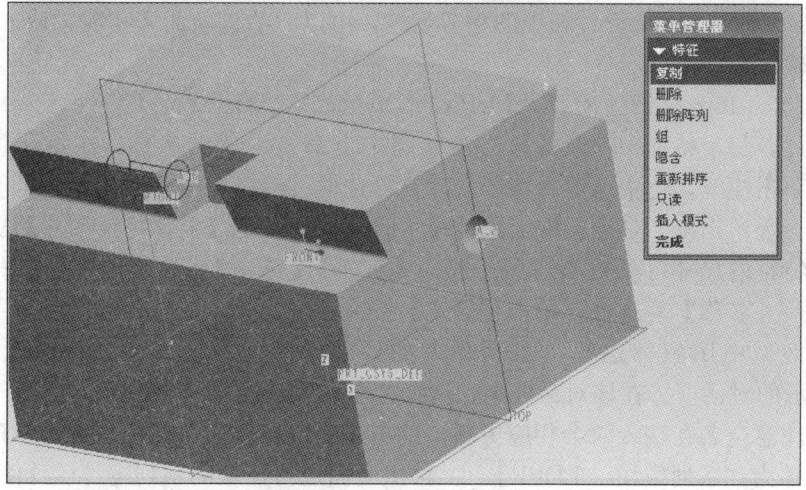

图 2.131 起重孔特征镜向

(8) 上模实体镜向。在模型树区，选中零件名称[MUKUAI.PRT]，单击【镜像】图标，选择 front 面为对称面，获得上模镜向(图 2.132)。

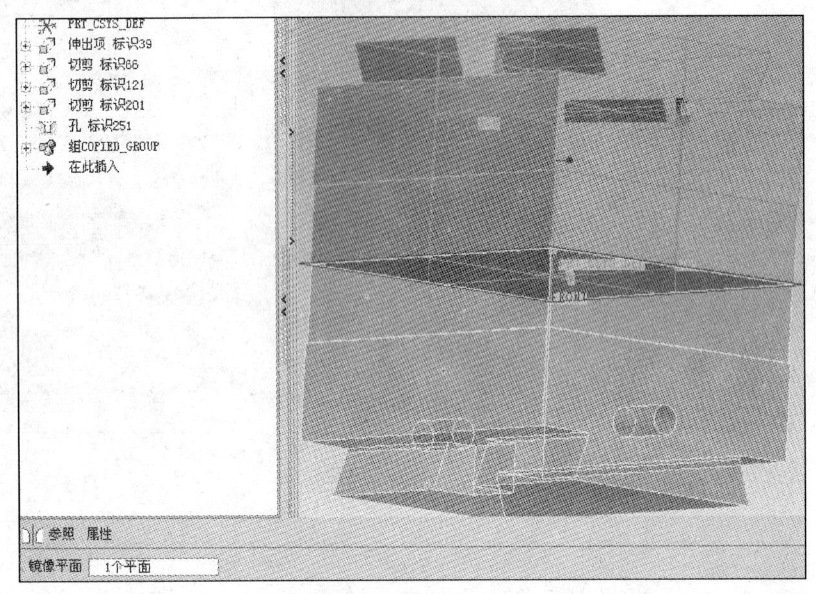

图 2.132 上模实体镜向

保存为“duancuimukuai. PRT”文件。至此，模块造型就完成了。

2.10.3 SolidWorks 命名草图、特征及尺寸

草图、特征以及尺寸都可以由用户给予名称，以便于区别和管理。

对具有相同特征不同尺寸的零件，SolidWorks 是用系列零件表的功能完成快速设计的。在使用系列零件设计表前，最好给草图、特征以及尺寸命名。

在建立草图或者是特征时，系统会按照建立的先后顺序给出草图的默认名称，草图 1、草图 2……，拉伸 1、拉伸 2……，这些草图和特征均可重新命名，以便管理。单击、暂停、单击 FeatureManager 设计树中的相应名称，可以激活重新命名功能。输入新名称后，按 Enter 键确认。

打开“100～160kN 锻锤模块 .SLDPRT”，对特征和草图命名。

不仅如此，每个特征中涉及的尺寸在系统中也都有默认的名称。在特征管理设计树中，用右键单击注解，选中【显示特征尺寸】复选框。这样在编辑草图或特征时所有尺寸值及名称将会显示出来。当希望取消尺寸显示时，取消选中【显示特征尺寸】复选框。

草图和特征的尺寸可以重新命名。选择【工具】|【选项】|【系统选项】|【一般】命令，选中【显示尺寸名称】复选框，单击【确定】按钮。

在图形区域中用鼠标选择欲重新命名的尺寸，单击右键，选择【属性】，出现如图 2.133 所示的对话框。在该对话框中，选择“名称”文本框中的文字，然后输入新名称“模块长”，注意全名在输入时会相应更新，单击【确定】按钮。把模块中涉及的所有尺寸均命名，另存为“系列模块 .SLDPRT”文件供后面进行模块的系列零件设计使用。

特别需要指出：必须添加各尺寸间的逻辑和约束关系，才能确保尺寸变化时，尺寸间的

相互关系保持存在。图 2.133 中的键槽中心线要平分模块长度，燕尾中心线要平分模块宽度，这在草图绘制时添加相应的“对称”的几何关系可以保证中心线总是位于模块中心。图 2.134 显示的已经添加的几何关系为“模块长度的两条线相对于键槽中心线”、“对称”。

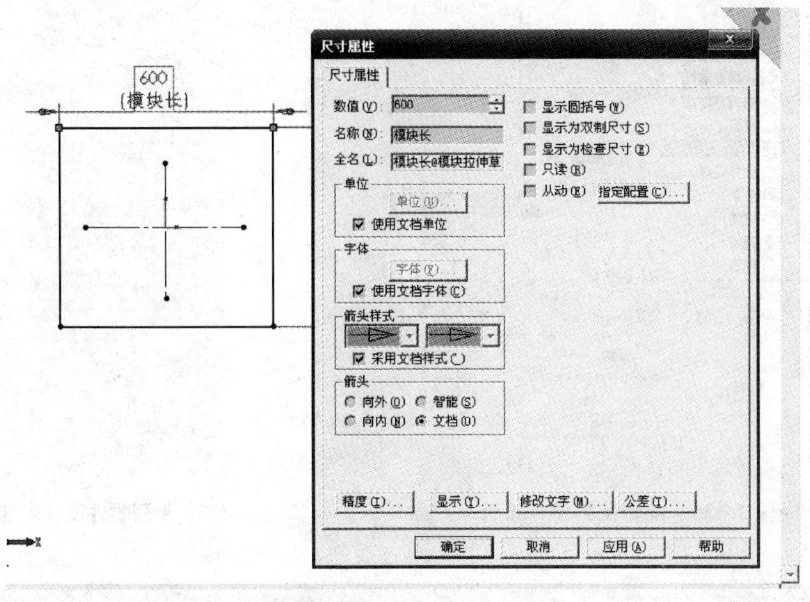

图 2.133 【尺寸属性】对话框

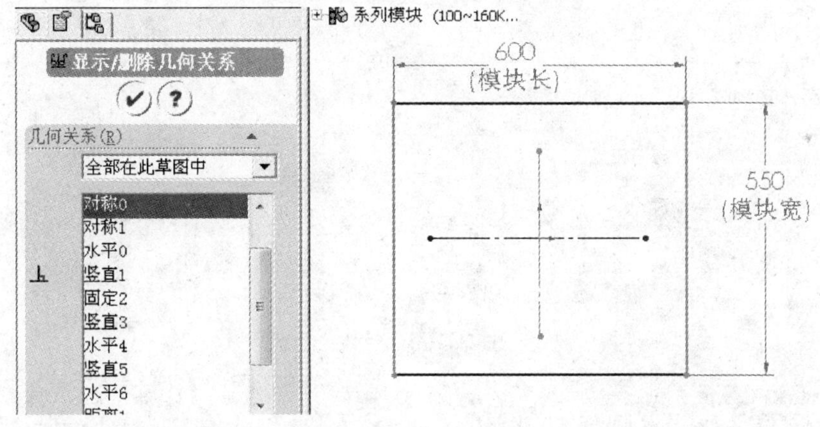

图 2.134 模块长度的两条线相对于键槽中心线“对称”关系

2.10.4 SolidWorks 系列零件设计表

打开“系列模块.SLDPRT”，插入“系列零件设计表”，出现如图 2.135 所示的对话框，选中【自动生成】、【允许模型编辑以更新系列零件设计表】单选按钮，选中【新参数】，【新配置】复选框，单击【确定】按钮(图 2.136)。

这时在 FeatureManager 设计树中，出现了“系列零件设计表”。右击“系列零件设计表”，选择“在单独窗口中编辑表格”，在弹出的 Excel 表格中依次增加“5kN 锻锤”，“10～20kN 锻锤”，“30～50kN 锻锤”行中的对应数据，增加数据后的表格如图 2.137 所示。

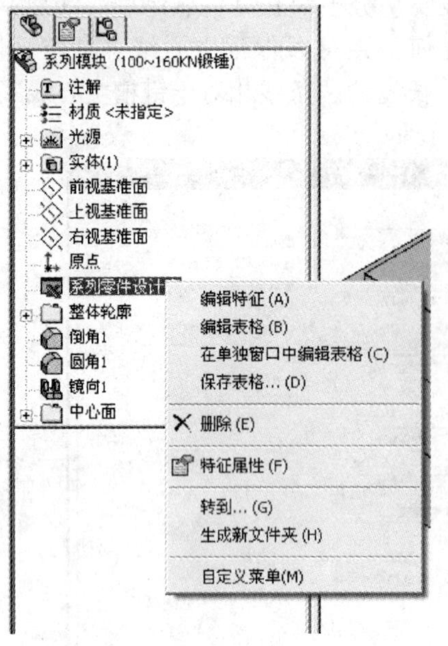

图 2.135　编辑系列零件设计表

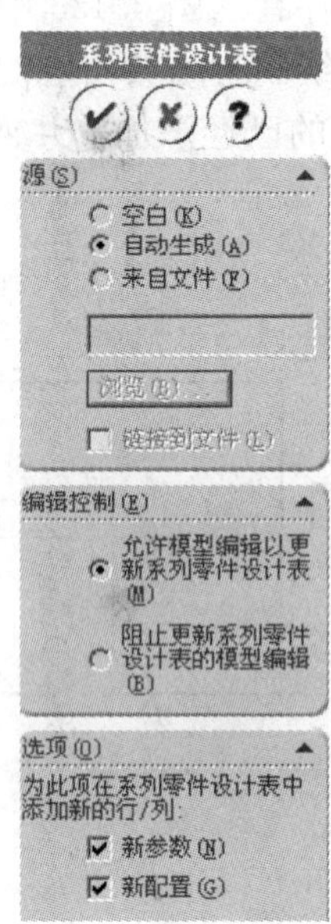

图 2.136　系列零件设计表选项

Microsoft Excel - 工作表 在 100-160KN锻锤模块.SLDPRT

系列零件设计表是为： 100-160KN锻锤模块

	B	C	D	E	F	G	H	I	J	K	L	M	N	O	P	Q	R	S	T	U
	$零件号	模块宽@模块拉伸草图	模块长@模块拉伸草图	D1@模块拉伸高度	检验边@检验面草图	D1@检验面	燕尾倾角@燕尾拉伸切除草图	应力槽倾角@燕尾拉伸切除草图	应力槽深@燕尾拉伸切除草图	燕尾半宽@燕尾拉伸切除草图	燕尾高@燕尾拉伸切除草图	键槽宽@键槽拉伸切除草图	键槽长@键槽拉伸切除草图	D1@键槽	起重孔高度@起重孔草图	起重孔直径@起重孔草图	D1@起重孔	D1@倒角1	D2@倒角1	D1@圆角1
5KN锻锤	$C	250	250	225	5	100	10	30	3	79.75	46	45	55.5	46	68.25	30	60	2	45	2
10~20KN锻锤	$C	300	400	250	5	110	10	30	3	99.75	51	50	60.5	51	75.75	30	60	2	45	2
30~50KN锻锤	$C	350	400	325	5	120	10	30	3	149.75	66	75	75.5	66	98.25	30	60	2	45	2
100~160KN锻锤	$C	550	600	375	5	130	10	30	3	199.75	81	100	90.5	81	120.75	50	100	2	45	2

图 2.137　添加系列模块尺寸表

在 FeatureManager 设计树顶部，单击 系列模块配置图标，可展开系列模块配置(图 2.138)，双击配置名称，可以在图形区域看到系列零件设计表生成的各个配置模型，图 2.139 是把 4 个模块模型拼合在一起的图形。

这里生成的锻模系列模块可供设计锻模时调用。

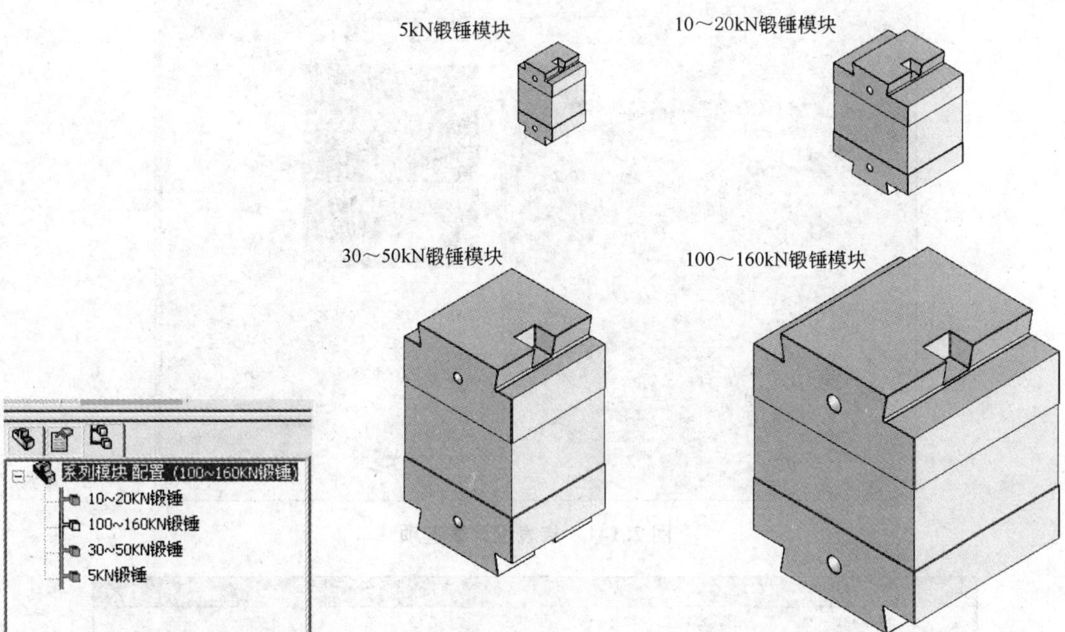

图 2.138 模块的配置

图 2.139 不同吨位锻锤的模块

2.10.5 Pro/E 族表设计

选择【文件】|【打开】“duanchuimukuai. PRT”，选择【工具】|【族表】，弹出“族表”对话框，出现如图 2.140 的对话框，选择“添加表列”，弹出“族项目”对话框(图 2.141)，单击零件上的尺寸，在项目上自动如添加点确定完成，进入图 2.142 的对话框，添加系列零件的名称和相应的尺寸，单击右上角的 Excel 图标，在弹出的 Excel 表格中依次增加“5kN 锻锤”，“10～20kN 锻锤”，“30～50kN 锻锤”行中的对应数据，增加数据后的表格如图 2.143 所示。完成后单击右上角的校验实例图标团，弹出“族树”对话框图 2.144，模型校验成功，族表的参数即可保存。

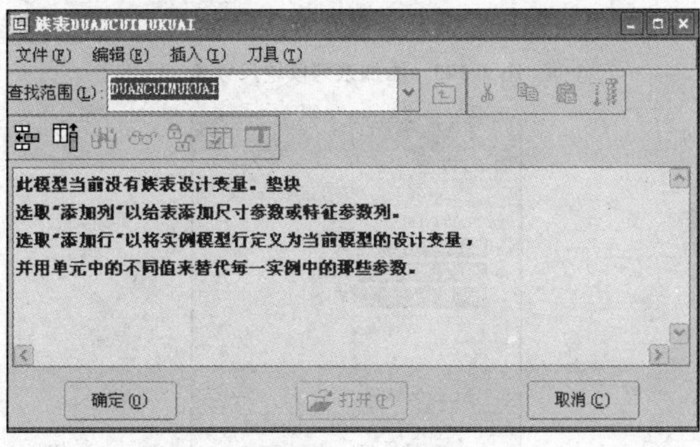

图 2.140 族表

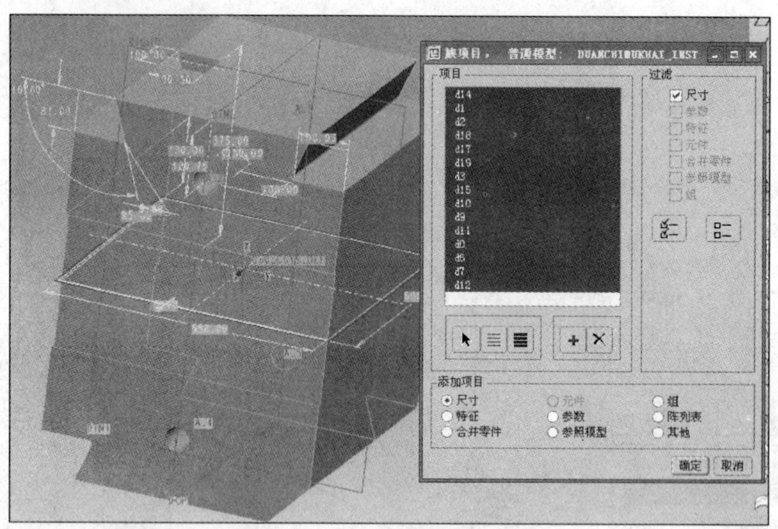

图 2.141　族表设计表选项

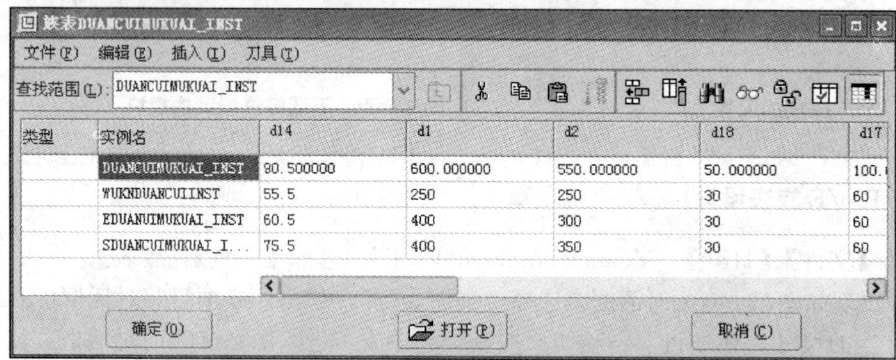

图 2.142　族表设计表选项

	A	B	C	D	E	F	G	H	I	J	K	L	M	N	O
1	Pro/E Family Table														
2															
3															
4	INST NAME	d14	d1	d2	d18	d17	d19	d3	d15	d10	d9	d0	d6	d7	d12
5	100~160KN 锻锤	90.5	600	550	50	100	120.75	130	100	5	81	375	5	5	100.03
6	5KN 锻锤	55.5	250	250	30	60	68.25	100	45	5	46	225	5	5	45.25
7	10~20KN 锻锤	60.5	400	300	30	60	75.75	110	60	5	51	250	5	5	100.25
8	30~50KN 锻锤	75.5	400	350	30	60	98.25	120	60	5	66	325	5	5	50.25

图 2.143　添加系列模块尺寸表

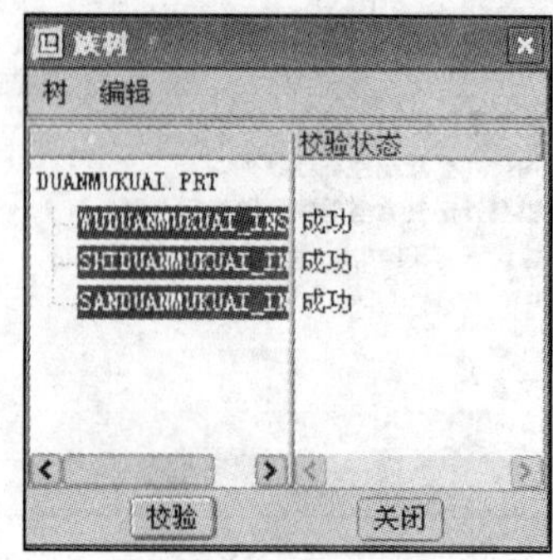

图 2.144　模型校验

选择【工具】|【族表】，弹出图 2.145 的对话框，选中不同的系列锻锤模型，单击【打开】按钮，即可打开所选的模型实例。

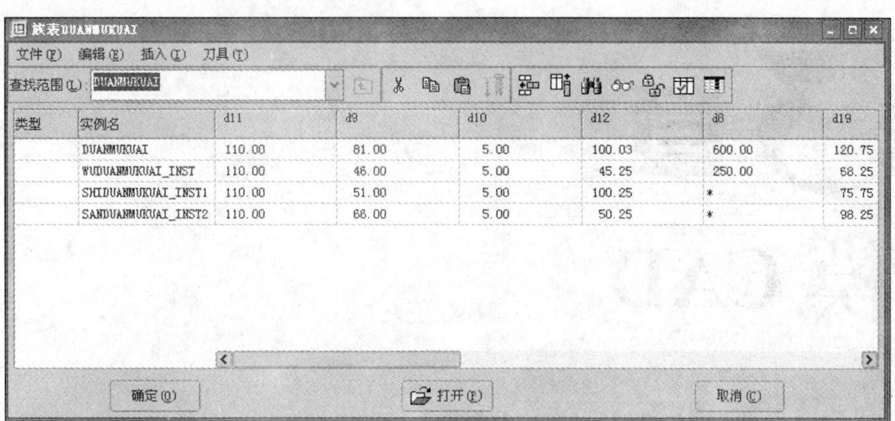

图 2.145　族表中查找实例

小　　结

本章通过对三通、支承座、连杆、换挡叉、卡板、杯子等产品的三维实体造型，以案例形式讲述了根据零件不同的结构，利用 SolidWorks 系统建立实体模型的方法，实现对零件的快速造型。了解系列零件设计方法的应用范围和操作步骤，为模具通用件的快速设计奠定基础。

思考题与作业

1. 找出身边的冲压件产品进行测量，建立相应三维实体模型，如不锈钢饮水杯、餐盒等。

2. 找出身边的注塑件产品进行测量，建立相应三维实体模型，如香皂盒、饮料瓶、储物箱等。

3. 采用系列零件设计表的方法，对上述产品进行系列化设计。

第3章 冲模 CAD

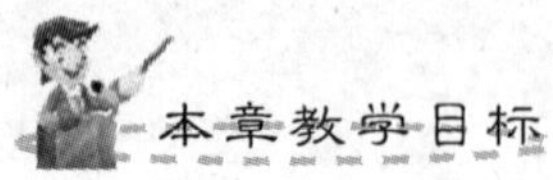

通过本章的学习，了解冲压工艺、冲模的分类、冲模的组成和冲模设计的主要内容，掌握冲裁模压力中心的计算，学会用系统进行毛坯排样和计算冲裁力，理解凸凹模刃口尺寸的计算原则与方法。本章用卡板作为典型冲裁件，引导读者掌握落料冲孔复合模的三维建模方法以及建立模具装配体的一般步骤。

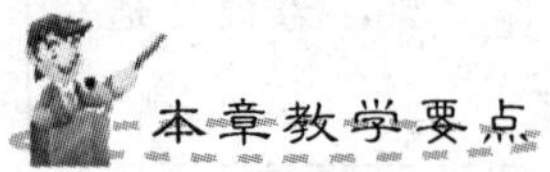

知识要点	掌握程度	相关知识
冲压工艺、冲模的分类、冲模的组成、冲模设计的主要内容	了解冲压工艺、冲模的分类、冲模的组成和冲模设计的主要内容	冲压工艺过程的力学分析
冲模压力中心的计算、毛坯排样、冲裁力的计算、凸凹模刃口尺寸的计算原则与方法	了解冲模压力中心求解的力学基础，掌握用 SolidWorks 计算冲模压力中心的方法	等效力系的计算，材料的机械性能
采用转换实体引用，减少草图误差	弄清草图尺寸间的独立和从属关系	误差的扩散与累积
添加配合关系、装配体特征、派生零部件	了解零件特征和装配体特征的区别	互换性与测量技术

导入案例

冲压加工是借助于常规或专用冲压设备的动力，使板料在模具里受到变形力并进行变形，从而获得一定形状、尺寸和性能的产品零件的生产技术。图 3.1 为一些冲压件的照片。冲压所使用的模具称为冲压模具，简称冲模。冲模是将板料(金属或非金属)批量加工成所需冲件的专用工具。每种冲压产品的制备都有相对应的模具，完成同一产品的模具结构形式多种多样。图 3.2 为冲裁模的照片。

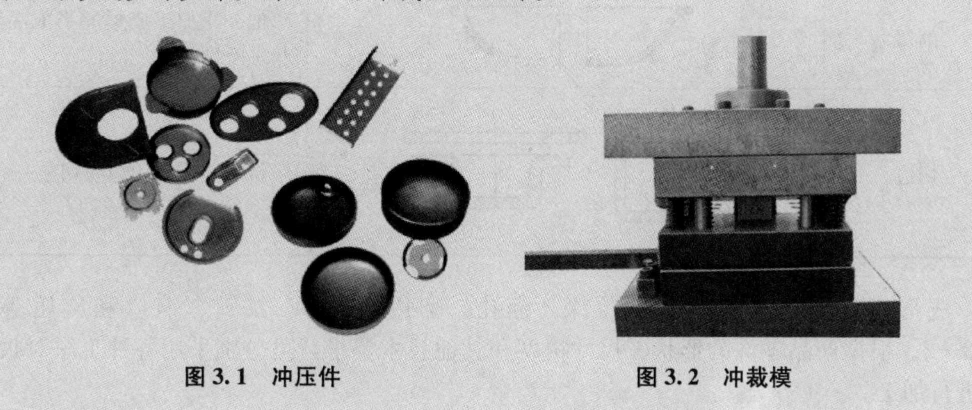

图 3.1　冲压件　　　　图 3.2　冲裁模

3.1 概　　述

冲压的特点是毛坯和产品在板料厚度方向几乎没有变形。

每种冲压产品的制备都需要相对应的模具，完成同一产品的模具结构可能因选择设备而不同，也可能因设计者而变化。

冲压工艺大致可区分为分离工序与成形工序两大类。分离工序又可分为落料、冲孔和切断等，见表 3－1。

表 3－1　分离工序

工序名称	简图	工艺特点
落料	废料　零件	用冲模沿封闭轮廓线冲切，冲下部分是零件
冲孔	零件　废料	用冲模沿封闭轮廓线冲切，冲下部分是废料

（续表）

工序名称	简图	工艺特点
切断	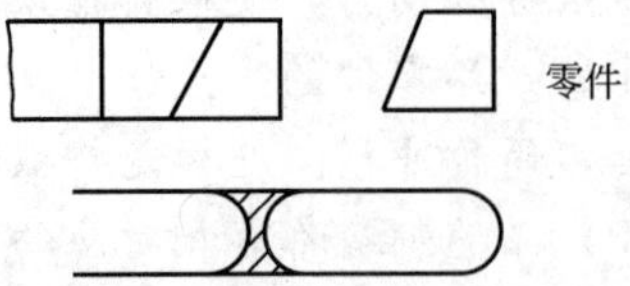 零件	用剪刀或冲模沿不封闭轮廓线切断，多用于加工形状简单的平板零件
剖切	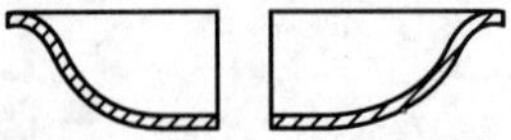	把冲压加工成形的半成品切成几个零件
切边	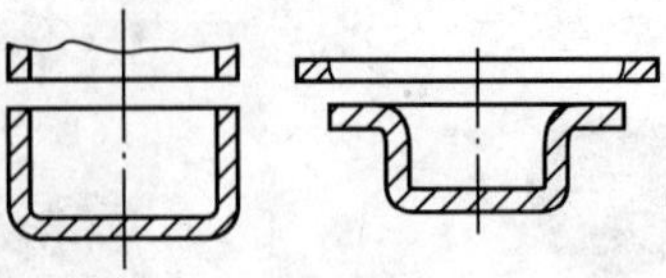	将成形零件的边缘切整齐

成形工序则可分为弯曲、拉深、翻孔、翻边、胀形、扩口、缩口和旋压等，见表3-2。根据产品零件的形状、尺寸精度和其他技术要求，可分别采用各种工序对板料毛坯进行加工。

表3-2　成形工序

工序名称	简图	工艺特点
弯曲	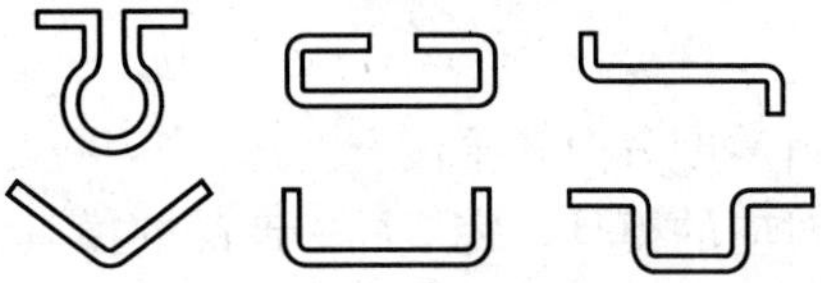	把板料在平面内弯成各种形状
扭曲	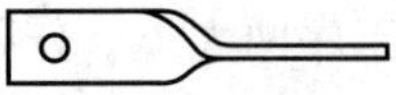	把冲裁件扭转一定的角度
卷圆	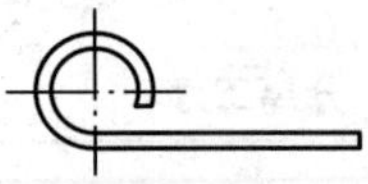	把板料端部卷成近圆形，用于加工类似铰链的零件
拉深	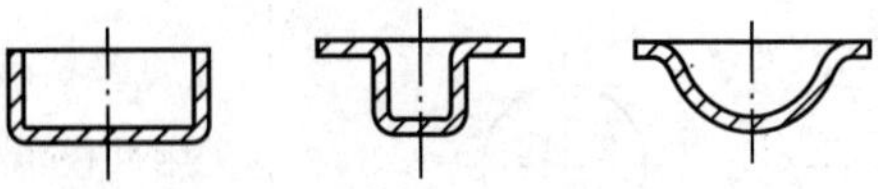	把平板毛坯加工成各种空心零件
变薄拉深	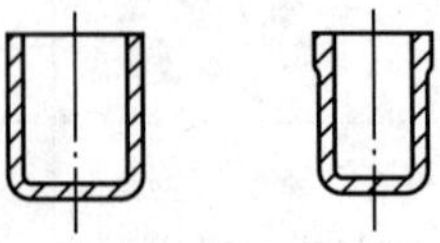	把拉深加工后的空心半成品进一步加工为侧壁厚度薄的零件
翻孔	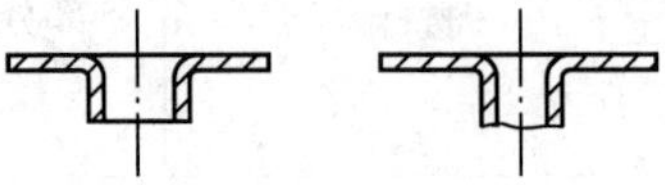	在板料或预先冲孔的板料半成品上制出竖立的边缘

（续表）

工序名称	简图	工艺特点
胀形	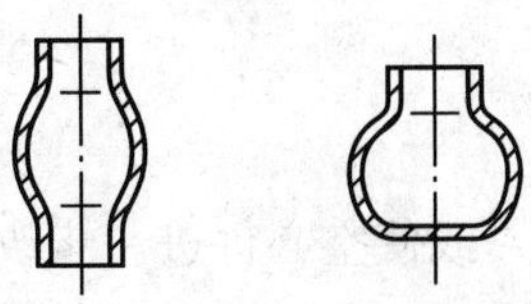 r	在两向拉应力作用下实现的变形，可以形成各种空间曲面的形状
翻边		把半成品的边缘按曲线或圆弧成形为竖立的边缘
扩口	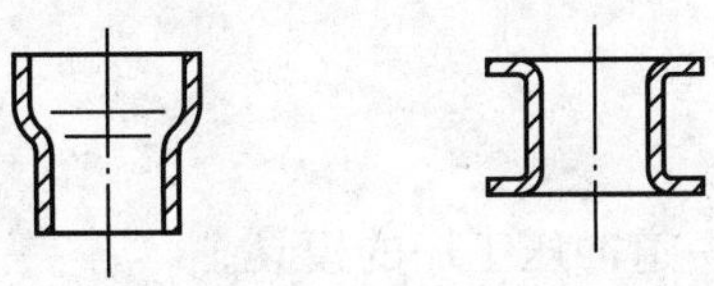	在空心毛坯或管状毛坯的某个部位使其径向尺寸扩大的变形方法
缩口	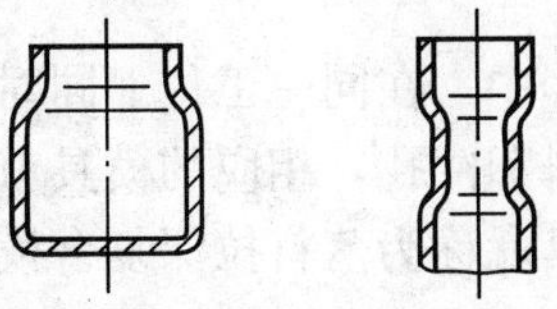	在空心毛坯或管状毛坯的某个部位使其径向尺寸缩小的变形方法
起伏	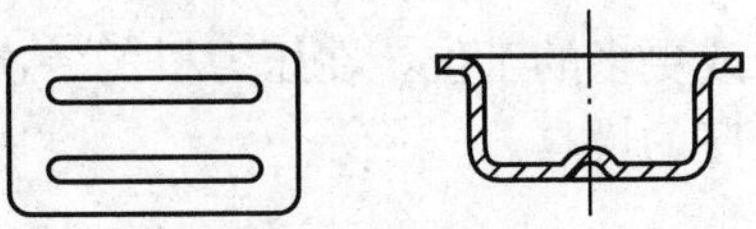	在板料毛坯或零件的表面上用局部成形的方法制成各种形状的凸起与凹陷
校形	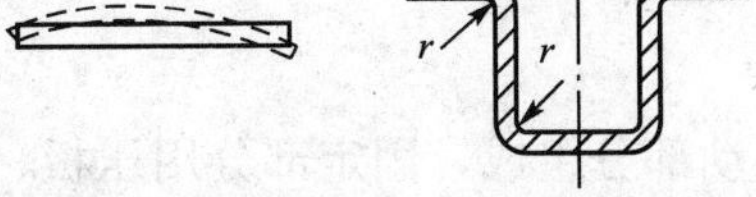 r r	提高已成形零件尺寸精度的加工方法

3.2 冲模的分类

冲模的分类方法有多种，常用的有根据工艺性质分类和根据工序组合程度分类。

3.2.1 根据工艺性质分类

1. 冲裁模

冲裁模是沿封闭或敞开的轮廓线使材料产生分离的模具，如落料模、冲孔模、切断模、切口模、切边模、剖切模等。

2. 弯曲模

弯曲模是使板料毛坯或其他坯料产生弯曲变形，从而获得一定角度和形状的工件所用的模具。

3. 拉深模

拉深模是把板料毛坯制成开口空心件，或使空心件进一步改变形状和尺寸的模具。

4. 成形模

成形模是将毛坯或半成品工件按凸、凹模的形状直接复制成形，而材料本身仅产生局部塑性变形的模具，如胀形模、缩口模、扩口模、起伏成形模、翻边模、整形模等。

3.2.2 根据工序组合程度分类

1. 单工序模

在压力机的一次行程中，只完成一道冲压工序的模具。

2. 复合模

只有一个工位，在压力机的一次行程中，在同一工位上同时完成两道或两道以上冲压工序的模具，比如可以一次行程完成落料和冲孔，相应的模具就称为落料冲孔复合模。而在一次行程完成落料和拉深，相应的模具就称为落料拉深复合模。

3. 级进模(也称连续模)

在毛坯的送进方向上，具有两个或更多的工位，在压力机的一次行程中，在不同的工位上逐次完成两道或两道以上冲压工序的模具。

3.3 冲模的组成

一般来说，冲模由固定部分和活动部分组成，固定部分用压板、螺栓紧固在压力机的工作台上。活动部分固定在压力机的滑块上。通常称紧固部分为下模，活动部分为上模。上模随着滑块做上下往复运动，与下模配合完成冲压工作。

任何一套冲模都由各种不同的零件组成。组成模具的零件个数因模具结构的复杂程度不同而变化。简单模具可以由几个零件构成，而复杂模具甚至可由上百个零件组成。组成模具的零件，根据其作用可分为两大类：工艺零件和结构零件。工艺零件直接参与完成工艺过程并和坯料发生作用。工艺零件包括工作零件(直接对毛坯进行加工的零件)，定位零件，压料、卸料及出件零件。结构零件不直接参与完成工艺过程，也不和坯料直接发生作用，只对模具完成工艺过程起保证作用或对模具的功能起完善作用，包括导向零件(保证上、下模之间的正确位置)、固定零件(用以承装模具零件或将模具安装固定到压力机上)、紧固零件及其他零件。冲模零件的分类详见表3-3。在这6种零件中，与冲压件形状密切相关的是工作零件、卸料零件和定位零件，而导向零件、固定零件、紧固件等往往是通用件和标准件。

表 3-3 冲模零件的分类

<table>
<tr><td rowspan="8">冲模零部件</td><td rowspan="3">工艺零件</td><td>工作零件</td><td>凸模
凹模
凸凹模</td></tr>
<tr><td>压料、卸料零部件</td><td>卸料板
压边圈
顶件器
推件器</td></tr>
<tr><td>定位零件</td><td>挡料销、导正销
导料板
定位板
侧压板
侧刃</td></tr>
<tr><td rowspan="3">结构零件</td><td>导向零件</td><td>导柱
导套
导板
导筒</td></tr>
<tr><td>固定零件</td><td>上、下模座
模柄
凸、凹模固定板
垫板
限位支承装置</td></tr>
<tr><td>紧固件及其他零件</td><td>螺钉
销钉
键
其他零件</td></tr>
</table>

3.4 冲模设计的主要内容

冲模设计实际上包括冲压工艺设计与模具设计，是进行冲压生产的重要技术准备工作。冲压工艺与模具设计应结合工厂的设备、人员等实际情况，从零件的质量、生产效率、生产成本、劳动强度、环境的保护以及生产的安全性各个方面综合考虑，选择和设计出技术先进、经济上合理、使用安全可靠的工艺方案和模具结构。

3.4.1 冲压工艺设计

冲压工艺设计是指针对某一具体的冲压工件，根据其材料、结构特点、尺寸精度要求以及生产批量，按照现有设备和生产能力，拟定出一套经济合理、技术上切实可行的冲压加工工艺方案。

合理的冲裁工艺方案应该表现在以下 4 个方面。

(1) 能满足生产批量要求。因为模具费用不低，所以冲裁件的生产批量在很大程度上决定着冲裁工艺方案。一般来说，小批量与试制生产采用简易模或单工序冲裁模；中批量与大批量生产采用复合模或级进模甚至自动模。

(2) 冲裁工序顺序安排要合理。对多工序冲裁和连续冲裁的工序安排，必须做到定位可靠，工艺稳定，先冲部分为后冲部分提供可靠的定位，后冲部分不影响先冲部分的质量。对多工序在几副模具上冲裁时，要考虑定位基准的一致性，以减少定位误差。冲裁大小不同、相距较近的孔时，为了减少孔的变形，应先冲大孔和一般精度的孔，后冲小孔和精度较高的孔。

(3) 模具强度要足够，模具制造的工艺性要好。如采用复合模冲裁，要考虑凸凹模壁厚强度问题；采用级进模冲裁就应考虑排样与凹模强度、模具装配与调整方面的关系；等等。

(4) 冲裁操作方便、安全。例如很小的多工序冲裁件采用单工序冲裁，操作就不方便。

同一个冲压件往往有多种工艺方案，因而必须根据各方面的因素和要求，通过分析比较进行优化设计，最终确定出最佳方案。冲压工艺设计一般以冲压工艺卡的形式进行表达，在编制工艺卡的过程中，不仅要求工艺设计人员本身具备丰富的工艺设计知识和冲压实践经验，而且还要在工作中与产品设计、模具设计人员、模具制造以及冲压生产人员紧密配合，及时采用先进经验并采纳合理化建议，将其贯穿到工艺规程中。

冲压工艺设计一般包括如下内容。

1. 零件及其冲压工艺性分析

根据冲压件产品图，分析冲压件的形状特点、尺寸大小、精度要求、原材料尺寸规格和力学性能，并结合可供选用的冲压设备规格以及模具制造条件、生产批量等因素，分析零件的冲压工艺性。良好的冲压工艺性应保证材料消耗少、工序数目少、占用设备数量少、模具结构简单而寿命高、产品质量稳定、操作简单的要求。

2. 确定工艺方案

在冲压工艺性分析的基础上，找出工艺与模具设计的特点与难点，根据实际情况提出各种可能的冲压工艺方案，内容包括工序性质、工序数目、工序顺序及组合方式等。

3. 主要工艺参数计算

工艺参数指制定工艺方案所需要的数据，如各种成形系数(拉深系数、胀形系数等)、零件展开尺寸以及冲裁力、成形力等。计算有两种情况，第一种是工艺参数可以计算得比较准确，如零件排样的材料利用率、冲裁压力中心、工件面积等；第二种是工艺参数只能作近似计算，如一般弯曲或拉深成形力、复杂零件坯料展开尺寸等，确定这类工艺参数一般是根据经验公式或图表进行粗略计算，有些需通过试验调整；有时甚至没有经验公式可以应用，或者因计算太繁杂而导致无法进行，如复杂模具零件的刚性或强度校核、复杂冲压零件成形力计算等，这种情况下一般只能凭经验进行估计。

4. 选择冲压设备

根据要完成的冲压工序性质和各种冲压设备的力能特点，考虑冲压加工所需的变形力、变形功及模具闭合高度和轮廓尺寸的大小等主要因素，结合工厂现有设备情况来合理选定设备类型和吨位。常用冲压设备有曲柄压力机、液压机等，其中曲柄压力机应用最广。冲裁类冲压工序多在曲柄压力机上进行，一般不用液压机；而成形类冲压工序可在曲柄压力机或液压机上进行。

3.4.2 模具设计

模具设计包括模具结构形式的选择与设计、模具结构参数计算、绘制模具图等内容。

1. 模具结构形式的选择与设计

根据拟定的工艺方案，考虑冲压件的形状特点、零件尺寸大小、精度要求、生产批量、模具加工条件、操作方便与安全的要求等选定与设计冲模结构形式。

2. 模具结构参数计算

确定模具结构形式后，需计算或校核模具结构上的有关参数，如模具工作部分(凸、凹模等)的几何尺寸、模具零件的强度与刚度、模具运动部件的运动参数、模具与设备之间的安装尺寸、选用和核算弹性元件等。

3. 绘制模具图

模具图是冲压工艺与模具设计结果的最终体现，一套完整的模具图应该包括模具和使用模具的完备信息。模具图的绘制应该符合国家制定的制图标准，同时考虑模具行业的特殊要求与习惯。模具图由总装配图和非标准件的零件图组成。

总装配图主要反映整个模具各个零件之间的装配关系，包括能够说明模具构造的视图，主要是主视图、俯视图以及必要的剖面和剖视图，并注明主要结构尺寸，如闭合高度、轮廓尺寸等。习惯上俯视图由下模部分投影而得，同时在图纸的右上角绘出工件图、排样图，右下方列出模具零件的明细表，写明技术要求等。零件图一般根据模具总装配图测绘，也应该有足够的投影和必要的剖面、剖视图以将零件结构表达清楚。此外，要标注零件加工所需的所有结构尺寸、公差、表面粗糙度、热处理及其他技术要求。

对于一个完整的生产过程，冲压工艺与模具设计是密不可分的，两者相互联系，相互影响，因此前述各过程可能需要交叉、反复进行。若方案有变化，则需重新进行设计计算。

在进行冲裁工艺设计和模具设计时，总是希望尽可能利用CAD系统中的功能来完成相关任务。

本章以第2章图2.40中的卡板作为典型件为例，讲述如何利用SolidWorks三维CAD系统实现冲模压力中心、工件面积、材料利用率以及冲裁力等工艺分析的相关计算，进行冲模三维实体建模。

3.5 冲裁模压力中心的计算

3.5.1 压力中心的定义

冲裁时，凸模与凹模产生相对运动，板料在凸模和凹模间隙所形成的冲裁线区域内先是受到挤压，然后受到剪切，最后发生分离(图3.3)。在冲裁过程中，在板料剪切区域内有空间力系存在。

冲裁力系合力的作用点称为模具的压力中心。

如果模具的压力中心与压力机滑块的中心不一致，在冲裁过程中就会有附加的力矩产生。该力矩将会导致冲压时产生偏心载荷，导致模具以及压力机滑块与导轨的急剧磨损，降低模具和压力机的使用寿命。偏载严重时，甚至会损坏模具和设备，造成事故。因此在进行模具结构设计时，应使模具的压力中心与压力机滑块中心相重合。

如果冲裁件的轮廓沿两个轴均对称，那压力中心自然与冲裁件图形的几何中心相重合。如果冲裁件的轮廓不对称(图 3.4)，冲裁力系合力的作用点将在冲裁件的某个部位，需要用力学中的等效力原理进行计算。

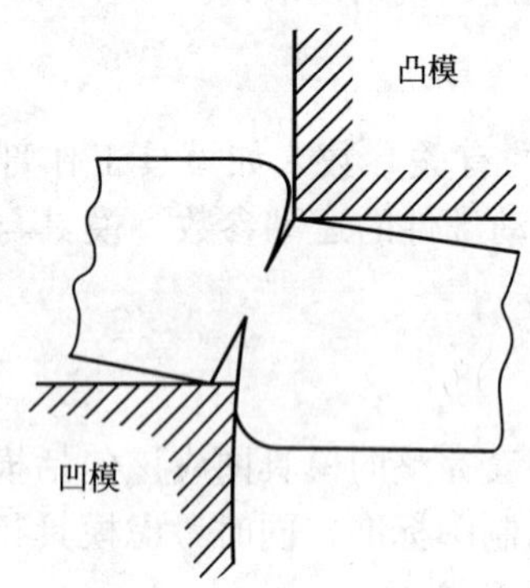

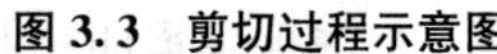
图 3.3　剪切过程示意图

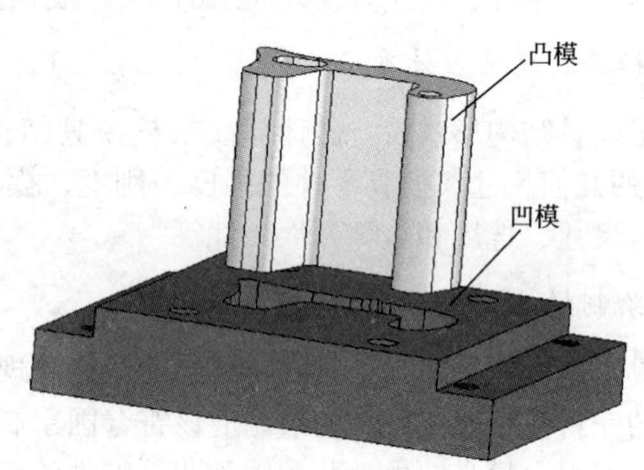

图 3.4　剪切线轮廓复杂的落料件

3.5.2　压力中心计算的力学原理

冲裁过程中，模具受到的变形力可以看作是空间力系。该力系的合力作用点可以采用空间平行力系和合力作用线(平面投影为作用点)的求解方法，即根据“各分力对某轴力矩之和等于其合力对同轴之矩”的力学原理求得。只有当该中心与压力机滑块的中心相重合时，才能使设备不承受附加力矩，使凸凹模之间的间隙保持均匀。因此在进行模具设计时，首先要计算冲裁压力中心，以便确定冲裁轮廓线在凹模板上的位置。

3.5.3　压力中心的求解方法

冲模压力中心的求解可以直接从求空间力系合力的定义，靠积分方法来求解；也可以通过采用把冲裁线分段，分别求出每段的压力中心，再叠加在一起的办法来计算。

1. 积分计算法

冲裁件的轮廓线都是封闭曲线。绝大多数的冲裁件，沿冲裁轮廓的断面厚度不变，当材料性能均匀时，可认为冲裁力沿轮廓均匀分布，则各部分的冲裁力与轮廓线的长度成正比。冲裁轮廓线所围成冲裁件的压力中心坐标计算公式为

$$\begin{cases} x_c = \dfrac{\int_L x f_1 \sigma_b t \, \mathrm{d}s}{\int_L f_1 \sigma_b t \, \mathrm{d}s} = \dfrac{\int_L x \, \mathrm{d}s}{\int_L \mathrm{d}s} \\ y_c = \dfrac{\int_L y f_1 \sigma_b t \, \mathrm{d}s}{\int_L f_1 \sigma_b t \, \mathrm{d}s} = \dfrac{\int_L y \, \mathrm{d}s}{\int_L \mathrm{d}s} \end{cases} \tag{3-1}$$

式中　f_1为常系数；σ_b为冲裁件的抗拉强度(对给定的变形温度、一定的材料来讲，该值为常数)；t 为料厚；L 为冲裁线；ds 为沿冲裁线选的弧微分。

式(3－1)是普遍适用的，但是在应用时需要有冲裁曲线的函数表达式 $L(x, y)$。

注意：由于对厚度均匀且力学性能各向同性的板料，$f_1\sigma_b t$ 为常数，如果用密度 ρ 将之代换不会影响式(3－1)的计算结果，而此时式(3－1)的物理意义就变成了冲裁剪切线的质心；如果把 $f_1\sigma_b t$ 换成重度 ρg，则式(3－1)的物理意义就变成了冲裁剪切线的重心。因此工程上往往不严格区别质心和重心。

对于对称的冲裁件，其压力中心就是冲裁线所围图形的几何中心。

2. 分段计算法

对大多数冲裁件来说，其冲裁轮廓线可以看作是由若干线段和圆弧组成的。对于线段，其质心就是该直线的中点。

对于圆心角为 α 且圆弧起点与 X 轴平行的一段圆弧，可以定义为标准圆弧(图 3.5)，用式(3－1)可以方便地计算出其质心的坐标，计算结果见式(3－2)。

$$\begin{cases} x_c = \dfrac{r\sin\alpha}{\alpha} \\ y_c = \dfrac{r\cos\alpha}{\alpha} \end{cases} \tag{3-2}$$

当圆弧圆心(x_a，y_a)与冲裁件整体坐标原点不重合时，圆弧的起点与 X 轴有一个角度 θ_a(图 3.6)，这时需要进行局部坐标与整体坐标的变换。圆弧质心在整体坐标系中的坐标为：

$$\begin{cases} X_c = x_a + \sqrt{x_c^2 + y_c^2}\cos\left(\theta_a + \arccos\dfrac{x_c}{\sqrt{x_c^2+y_c^2}}\right) \\ Y_c = y_a + \sqrt{x_c^2 + y_c^2}\cos\left(\theta_a + \arccos\dfrac{x_c}{\sqrt{x_c^2+y_c^2}}\right) \end{cases} \tag{3-3}$$

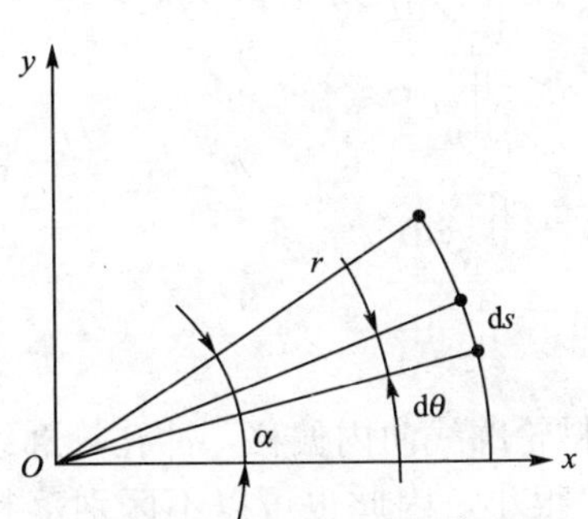

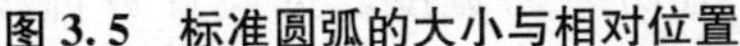
图 3.5　标准圆弧的大小与相对位置

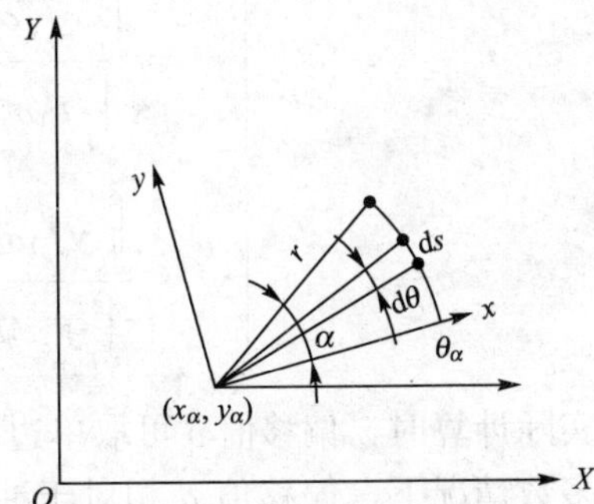

图 3.6　标准圆弧与整体坐标的相对关系

当把冲裁线分割成若干段线段和圆弧后(图 3.7)，其压力中心的坐标就可以由线段和圆弧的压力中心叠加得到。如果分别已知每条线段或圆弧的整体质心坐标(x_i，y_i)和长度 l_i，则冲裁模压力中心 X_c、Y_c 的坐标为

$$
\begin{cases}
X_c = \dfrac{\sum_{i=1}^{n} l_i x_{ci}}{\sum_{i=1}^{n} l_i} \\
Y_c = \dfrac{\sum_{i=1}^{n} l_i y_{ci}}{\sum_{i=1}^{n} l_i}
\end{cases}
\quad (3-4)
$$

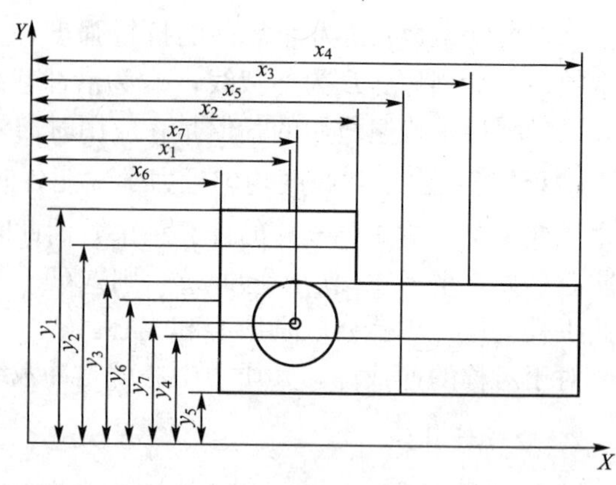

图 3.7　分段计算压力中心

式中　l_i——第 i 段线段或圆弧的长度；

x_{ci}——质心的整体 x 坐标；

y_{ci}——质心的整体 y 坐标。

如果冲压件形状复杂，那么用上述两种方法计算冲模压力中心将非常烦琐且不准确。随着 CAD 技术的发展，完全可以借助于 CAD 系统的功能进行冲模压力中心的计算。

3. CAD 系统快速求解

每种 CAD 系统在计算冲模压力中心时的具体步骤有差别，但实质是相同的。

在所有的二维 CAD 系统中几乎都有计算平面图形质心的功能，借助于此功能则可方便地进行冲模压力中心的计算。

通过上节的分析已经知道：对厚度均匀且力学性能各向同性的冲裁剪切线曲线的质心与冲模压力中心是等同的。怎么建立平面图形的质心和冲裁线曲线的质心间的联系呢？或者说两者在什么条件下的位置是相同的呢？

其实，冲裁力是作用在剪切线附近的区域内的，即冲裁线有一定宽度。在冲裁轮廓线基础上给出一个等距偏移 δ，$\delta\mathrm{d}s$ 就可以构成一个微分面元 $\mathrm{d}F$，剪切线 L 就形成了面域 D。只要冲裁板料厚度均匀且力学性能均匀，$f_1\sigma_b t$ 就可以提到积分号外面，该面域 D 的质心也是冲裁压力中心。

$$
\begin{cases}
x_c = \dfrac{\int_L x f_1\sigma_b t\delta\,\mathrm{d}s}{\int_L f_1\sigma_b t\delta\,\mathrm{d}s} = \dfrac{\int_L x\delta\,\mathrm{d}s}{\int_L \delta\,\mathrm{d}s} = \dfrac{\iint_D x\,\mathrm{d}F}{\iint_D \mathrm{d}F} \\
y_c = \dfrac{\int_L y f_1\sigma_b t\delta\,\mathrm{d}s}{\int_L f_1\sigma_b t\delta\,\mathrm{d}s} = \dfrac{\int_L y\delta\,\mathrm{d}s}{\int_L \delta\,\mathrm{d}s} = \dfrac{\iint_D y\,\mathrm{d}F}{\iint_D \mathrm{d}F}
\end{cases}
\quad (3-5)
$$

在实际计算时，偏移值 δ 可取单边冲裁间隙。落料轮廓线向内偏移，冲孔轮廓线向外偏移。多数情况下，偏移值 δ 相对于冲裁件几何尺寸很小，因此也可以不区别落料与冲孔，以冲裁线为基准，分别向两侧偏移 0.5δ 来给出剪切线的宽度，据此计算冲模压力中心。

对三维 CAD 系统，可以利用计算其实体质心功能来计算冲模的压力中心。在作出封闭剪切线之后，需要拉伸出具有一定高度的厚度为 δ 的薄壁件，求其质心的 x 坐标和 y 坐标，它们就是冲模的压力中心坐标。

3.5.4 压力中心的求解举例

为了便于读者学习，本节采用“2.6 卡板”来进行案例教学。

1. 调入卡板二维 CAD 草图

启动 SolidWorks 系统。

建立一个新的零件图。为了便于文件管理，给新建的零件图命名并且保存，另存为“卡板.SLDPRT”文件，保存在自己选择的子目录下。

在绘制草图之前，首先选择绘图基准面，在特征树下用鼠标选择“前视基准面”作为绘图基准面。为充分利用已经存在的数据，也避免重新绘制草图带来的误差，尽量对那些已经制作了电子版的二维草图，采用直接导入的办法传输数据，选择【插入】DXF/DWG 命令，在相应的文件夹下，浏览到“卡板.dxf”文件，单击【打开】按钮，出现如图 3.8 所示的对话框：选中【输入到 2D 草图】单选按钮，单位为“毫米”，选择【添加约束】复选框，设定距离为“0.01 毫米”（表明数据传输时位置公差值），选中【合并点】复选框，单击【完成】按钮(图 3.8)。

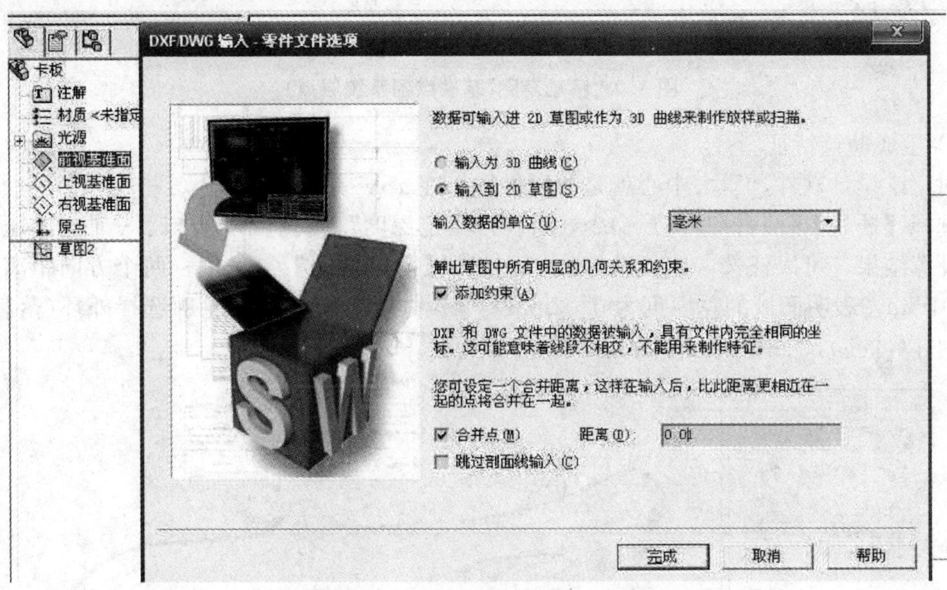

图 3.8 调入 CAD 草图对话框

2. 计算冲模压力中心

利用 SolidWorks 系统快速计算冲模压力中心，需要定位草图，以便使压力中心的计算结果与卡板的相对位置相关联，再生成薄壁特征以便系统能够自动进行质心计算。

1) 草图定位

选择【工具】|【草图绘制工具】|【移动/复制】命令，用鼠标框选待复制的草图，选择【工具】|【草图绘制工具】|【定义基准点】命令，用鼠标在草图上选择基准点，此处选择草图右下端的圆心为基准点；这时选定的草图就由基准点来定位，用鼠标拖动基准点，整个草图可以移动。

在SolidWorks系统中，质心的计算是相对于系统坐标原点的。为了方便地把系统计算出的质心与冲裁件的相对位置联系起来，将基准点(右下角)与系统原点(左下角)相重合(图3.9)。

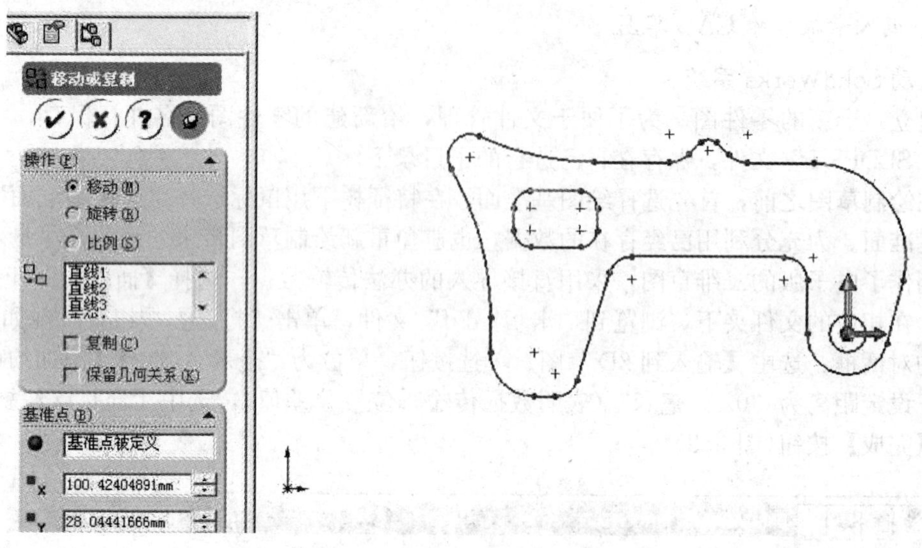

图3.9　移动草图(基准点到系统原点)

2）生成薄壁特征

对三维设计软件，压力中心就是薄壁件质心在 xoy 平面的坐标。

选择【插入】|【凸台/基体】命令，选择“给定深度”，其值不影响 x、y 轴方向压力中心的计算结果，可以任选，此处选10mm；选中【薄壁特征】复选框，两个方向距离均选择0.01mm，表明面域的总厚度为0.02mm，卡板是复合模，草图轮廓选择外环(落料)和两个内环(冲孔)，如图3.10所示。

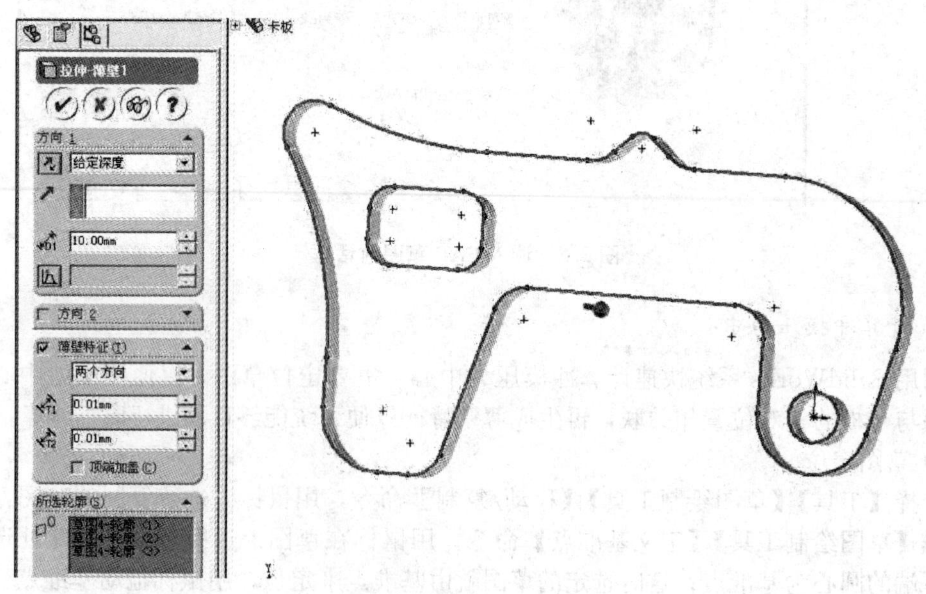

图3.10　薄壁拉伸

3）质量特性

选择【工具】|【质量特性】命令，单击要分析的实体“卡板”，重心为：$X_c=-32.28$，$Y_c=14.28$（相对于系统原点即右端圆心），如图3.11所示。$X_c=-32.28$表明卡板的质心在圆心左边32.28mm，$Y_c=14.28$表明卡板的质心在圆心上边14.28mm。

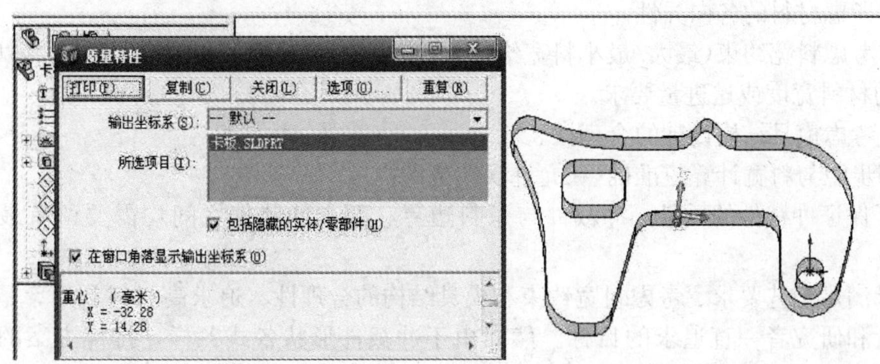

图3.11 压力中心(重心)的计算结果

3.6 毛坯排样

在冲压零件的成本中，材料的费用占有相当的比重(普通冲压占60%～80%)，提高材料利用率是降低冲压零件成本的重要途径，而材料利用率的高低主要取决于冲压零件的排样。同时毛坯排样的结果又是后续的工步排样以及凹模、卸料板等模具零件设计的基础，因此毛坯排样是冲模工艺设计的重要环节。

3.6.1 冲裁件面积

冲裁件面积是计算冲裁材料利用率的依据，对简单形状的零件，用面积计算公式就可求出结果。对复杂形状，则在建立冲裁件模型的基础上，利用SolidWorks的截面属性，可以方便地获得其面积数据。

打开“卡板.SLDPRT”零件图，选中卡板表面，选择【工具】|【截面属性】命令，得到卡板面积为$A=1945\text{mm}^2$(图3.12)，此数值可供工艺计算使用。

图3.12 面积计算结果

3.6.2 排样方案确定

毛坯排样一般应满足以下要求。

(1) 具有较高的材料利用率。

(2) 考虑材料的各向异性。

(3) 考虑料宽约束(最大/最小料宽给定)或步距约束(最大/最小步距给定)，以满足用户特定的材料宽度或送进量要求。

(4) 考虑模具结构设计的合理性。

(5) 步距与料宽计算应准确(在允许误差范围内)。

为了保证冲裁件的质量，冲裁件与条料边界、两个冲裁件之间均需要留有最小搭边值 a。

寻求满足工艺要求、考虑料宽约束和模具结构的合理性、追求高材料利用率是冲压工艺设计者和研究者一直追求的目标。然而由于冲裁件形状各式各样，排样方案的多样性(直排、斜排、错排、双排等)，因此从理论上难以完全解决排样问题。排样的困难主要在于在不同形状不同排样方式条件下，如何给出确定最小搭边值的数学描述。

虽然理论上解决所有冲裁件排样问题非常困难，但是采用作图法对选出冲裁件特定的排样方式计算出材料利用率却不难，下面是一种可行的方法。

1. 复制冲裁件草图

打开已经设计好的“卡板.SLDPRT”文件，在特征管理树上选“拉伸1”选项，单击右键，选择【编辑草图】命令，用鼠标框选整个卡板草图，选择【编辑】|【复制】命令——这时在粘贴板就复制了卡板草图。

重新建立一个零件图，选中“前视基准面”，选择【编辑】|【粘贴】命令，把卡板草图粘贴到新零件图的前视基准面上，另存为“卡板排样图.SLDPRT”文件。

2. 确定步距和边值

对可能的排样方案，利用系统中的“等距曲线”功能，给冲裁件外边界加上0.5倍的最小搭边值，然后作出冲裁线的外接矩形轮廓，并标注出外接轮廓的件长 b 和件宽 c (图3.13)。

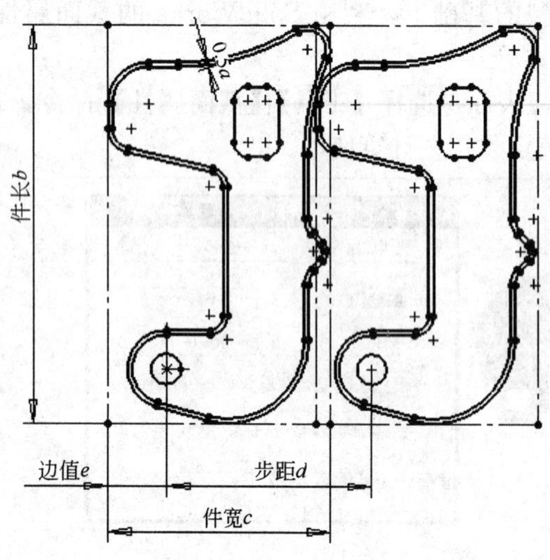

图3.13 排样设计

框选加上0.5倍搭边的等距曲线(即最外轮廓)，选择【工具】|【草图绘制工具】|【移动/复制】命令，然后添加冲裁线相切的几何关系。

标注出两个冲裁件轮廓相同部位的尺寸，即冲裁步距 d，再标注出边值 e(图3.13)。

3. 条料尺寸

对大多数冲压来讲，板材的宽度是条料的长度。板材的宽度一般在900～1800mm之间。条料的宽度是通过车间的剪板机来确定的。

设条料的长度为 W，条料的宽度为 B。单排冲裁时，条料的宽度 B 为

$$B=b+a \tag{3-6}$$

式中 b——冲裁件沿条料宽度方向的外接矩形边长；

a——最小搭边值。

4. 冲裁件个数 n

沿条料长度方向可以生产的冲裁件数，则由式(3-7)来计算：

$$W\leqslant nd+e+a \tag{3-7}$$

5. 材料利用率 η

条料的面积很容易计算，而单个冲裁件的面积 A 在前面已经算出，则材料利用率为

$$\eta=\frac{nA}{BW} \tag{3-8}$$

比较不同排样方案的材料利用率，选用其中最高者，就可以得到材料利用率。

3.7 冲裁力的计算

冲裁力是选择压力机公称吨位和进行模具设计的依据。压力机的吨位必须大于冲裁所需要的载荷。在冲裁过程中，冲裁力随凸模行程不断发生变化，准确地计算冲裁力并非易事，但是可以认为冲裁力是在冲裁件沿周边撕裂的情况来做计算。

3.7.1 冲裁力的计算公式

用普通平刃口模具冲裁时，其冲裁力 F 一般按式(3-9)计算：

$$F=kLt\tau_b \tag{3-9}$$

式中 F——冲裁力，N；

L——冲裁件周边长度，mm；

t——材料厚度，mm；

τ_b——材料抗剪强度，MPa；

k——考虑到实际生产中，模具间隙值的波动和不均匀、刃口的磨损、板料力学性能和厚度波动等因素的影响而给出的修正系数，一般取 $k=1.3$。

由于大多数手册上仅有材料的抗拉强度 σ_b，而金属材料的抗剪强度 τ_b 约为抗拉强度 σ_b 的1/2，如果取 $k=2$(k 一般取1.3，这里系数 k 放大成了2)，则冲裁力的计算也可用下面的公式近似计算：

$$F=Lt\sigma_b \tag{3-10}$$

由于冲裁件的料厚是已知的，材料的抗拉强度是可以查到的，只要能够得到冲裁线长度，冲裁力的计算就容易了。

3.7.2 冲裁线的长度

冲裁线的长度可以从 SolidWorks 系统中方便地得到。打开“卡板.SLDPRT”文件，在特征管理树上选择“拉伸 1”，单击右键，选择【编辑草图】命令，框选整个卡板草图，选择【工具】|【测量】命令，可得到冲裁线的长度为 327mm(图 3.14)。

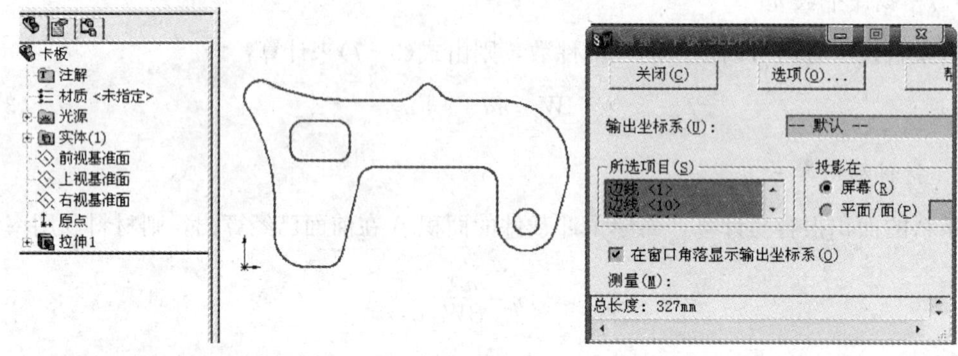

图 3.14 冲裁线的测量

3.7.3 冲裁力

如果卡板的材料为 Q345，则其抗拉强度 σ_b 为 470～630MPa，取其平均值为 550MPa，卡板的厚度为 1mm，图 3.14 中冲裁线的长度为 327mm，将这些相关的值代入式(3-10)中，则冲裁力 F 为

$$F=180\text{kN}$$

3.8 凸凹模刃口尺寸的计算

模具刃口尺寸精度是影响冲裁件尺寸精度的首要因素，模具的合理间隙值也要靠模具刃口尺寸及其公差来保证。因此，正确确定凸、凹模刃口尺寸和公差，是冲裁模设计中的重要工作。

3.8.1 凸、凹模尺寸特点

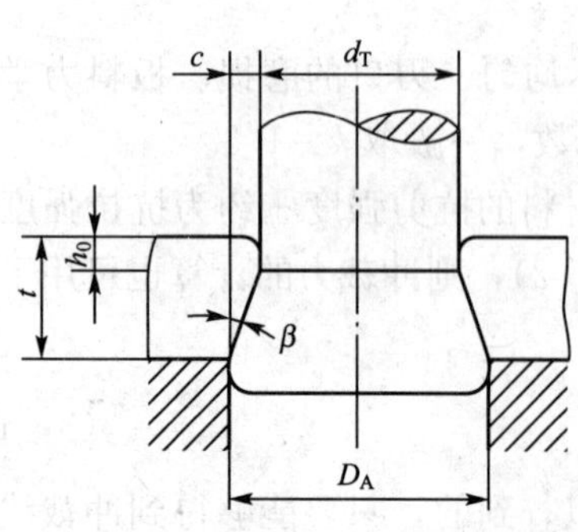

图 3.15 落料件与冲孔件的锥度

由于凸、凹模之间存在间隙，因此落下的料或冲出的孔都是带有锥度的(图 3.15)，且落料件的大端尺寸等于凹模尺寸，冲孔件的小端尺寸等于凸模尺寸。

因此在测量与使用中，落料件是以大端尺寸为基准，冲孔孔径是以小端尺寸为基准。这是因为落料件与其他零件发生配合连接时，大端尺寸为控制尺寸，而冲孔件的控制尺寸则为小端尺寸。

冲裁过程中，凸、凹模要与冲裁零件或废料发生摩擦，凸模愈磨越小，凹模越磨越大，其结果是间隙越用越大。

由此在决定模具刃口尺寸及其制造公差时，确定凸、凹模刃口尺寸应首先区分落料和冲孔工序，并遵循3.8.2节的尺寸计算原则。

3.8.2 尺寸计算原则

根据凸、凹模尺寸的特点，在确定凸、凹模刃口尺寸应首先区分落料和冲孔工序。

(1) 设计落料模先确定凹模刃口尺寸，以凹模为基准，间隙取在凸模上，即冲裁间隙通过减小凸模刃口尺寸来取得。设计冲孔模先确定凸模刃口尺寸，以凸模为基准，间隙取在凹模上，冲裁间隙通过增大凹模刃口尺寸来取得。

(2) 根据冲模在使用过程中的磨损规律，设计落料模时，凹模基本尺寸应取接近或等于工件的最小极限尺寸；设计冲孔模时，凸模基本尺寸则取接近或等于工件孔的最大极限尺寸，这样凸、凹模在磨损到一定程度时，仍能冲出合格的零件。

3.8.3 尺寸计算方法

由于冲模加工方法不同，刃口尺寸的计算方法也不同。冲模加工方法基本上可分为两类：凸模、凹模分别加工和凸模、凹模配合加工。

对于形状复杂或料薄的工件，为了保证凸、凹模之间的间隙值，必须采用配合加工。所谓配合加工就是先做好其中的一件为基准件，然后以此基准件来加工另外一件，使它们之间保持一定的间隙。因此只是在基准件上标注尺寸和制造公差，另一件仅标注基本尺寸并注明配作的间隙值。模具制造公差将不受间隙限制，一般可取为制件制造公差的1/4。这种加工方法不仅容易保证凸、凹模间隙很小，还可以放大基准件的制造公差，使制造容易，故目前一般工厂都采用此方法加工模具。

对落料件来讲，应该选凹模为基准件；对冲孔件来讲，则应该选凸模为基准件。

模具在工作过程中会发生磨损，对于一个形状复杂的工件，模具工作部分在工作过程中的磨损情况不同，基准件的刃口尺寸要根据磨损趋势分别进行考虑。根据模具磨损后尺寸的变化趋势，可以把尺寸分为3类。

A类：磨损后尺寸增加；B类：磨损后尺寸减小；C类：磨损后尺寸不变。图3.16是一个落料件凹模尺寸分类示意图，图3.17是一个冲孔件凸模尺寸分类示意图。

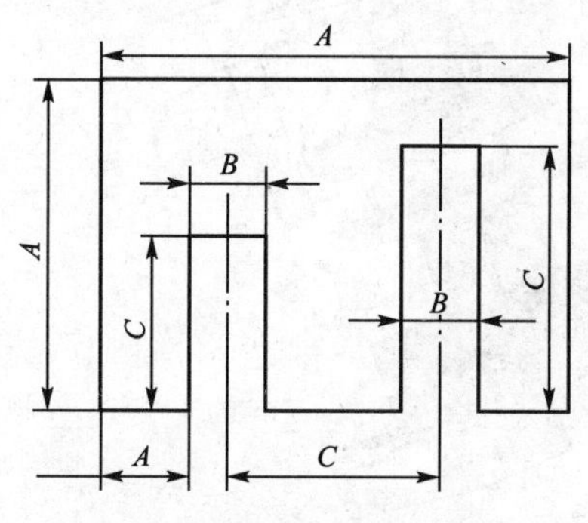

图3.16 落料件凹模尺寸分类

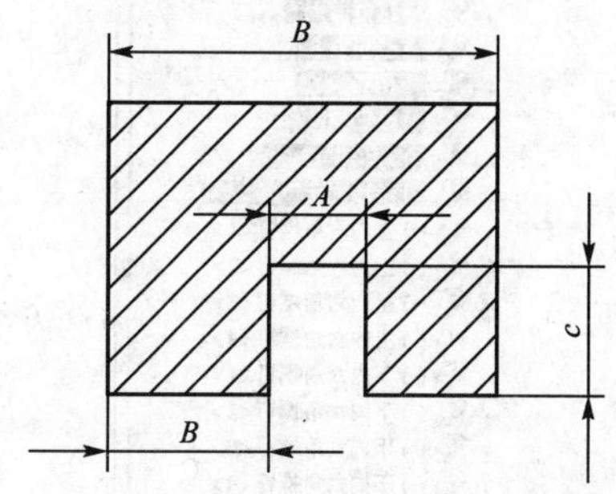

图3.17 冲孔件凸模尺寸分类

对于复杂形状的落料件和冲孔件，其基准件的刃口尺寸可按下面的公式进行计算：

$$
\begin{aligned}
A &= (A_{\max} - x\Delta)_{0}^{+\delta} \\
B &= (B_{\min} + x\Delta)_{-\delta}^{0} \\
C &= (C_{\min} + x\Delta)_{-\delta}^{+\delta}
\end{aligned}
\tag{3-11}
$$

式中 A、B、C——基准件尺寸，mm；

$A_{\max}$、$B_{\min}$、$C_{\min}$——基准件相应部位的极限尺寸，mm；

Δ——冲裁件公差，mm；

δ——基准件制造偏差，mm，对 A、B 类尺寸可取 $\delta=\Delta/4$，对 C 类尺寸可取 $\delta=\Delta/8$。

凸凹模刃口尺寸的计算需要把尺寸进行分类，再根据冲裁件公差和基准件制造偏差进行计算，而制造偏差值又与加工精度和尺寸的大小有关。通用 CAD 系统目前尚难解决此问题。

下面的卡板落料冲孔复合模的三维建模中未涉及凸凹模刃口尺寸的计算。

3.9 卡板落料冲孔复合模的三维建模

3.9.1 卡板复合模的组成

为了让读者对卡板复合模有一个整体印象，这里先把这套模具的装配爆炸图展示出来(图 3.18)，同时也把该套模具装配图的零件明细表列于表 3-4 中。从图 3.18 和表 3-4 中可以看出：除了零件序号为 8～14 的 7 个零件与冲裁件直接相关外，其余零件均为标准件及通用件。

因此冲模的三维建模主要就是冲模中工作零件和形状相关零件的建模与装配。

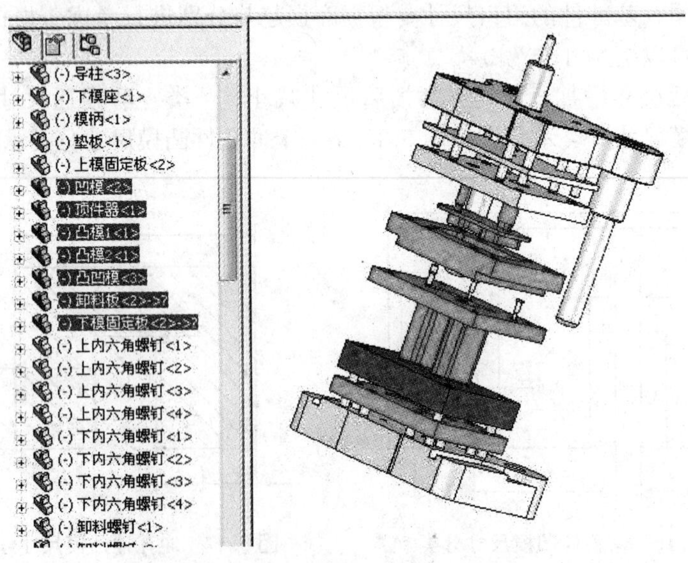

图 3.18 卡板落料冲孔复合模组成

表 3-4 卡板落料冲孔复合模明细表

序号	零件名称	说明	数量	序号	零件名称	说明	数量
1	上模座		1	13	卸料板	形状相关零件	1
2	导套		2	14	下模固定板	形状相关零件	1
3	导柱		2	15	上内六角螺钉		4
4	下模座		1	16	下内六角螺钉		4
5	模柄		1	17	卸料螺钉		4
6	垫板		1	18	橡胶		1
7	上模固定板		1	19	上圆柱销		4
8	凹模	工作零件	1	20	下圆柱销		4
9	顶件器	形状相关零件	1	21	导料销		2
10	凸模 1	工作零件	1	22	活动档料销		1
11	凸模 2	工作零件	1	23	打杆		1
12	凸凹模	工作零件	1				

3.9.2 凹模

参照《冲压工艺学》和《冲压设计资料》的相关要求，将卡板的尺寸进行分类，并且计算出相应的凹模尺寸。凹模的建模采用机加工法。除了刃口部分，凹模几何形状都很简单。在产品草图上对3类尺寸进行重新标注，就可以获得刃口草图。不过在导入刃口草图后要注意使冲模压力中心与凹模的模块中心重合。图3.19是凹模的三维模型图(参看随书光盘，凹模.SLDPRT)。

做凹模上的螺纹孔需要首先绘制出螺纹孔的中心位置，命名为“螺纹孔草图”(图3.20)；然后选择【插入】|【特征】|【钻孔】|【向导】命令(图3.21)，进行插入螺纹孔的操作。出现图3.22所示的螺纹孔选项后，选择ISO M10×1.5、完全贯穿，单击【下一步】按钮，单击螺纹孔草图上的4个角点，就可生成凹模上的4个螺纹孔。

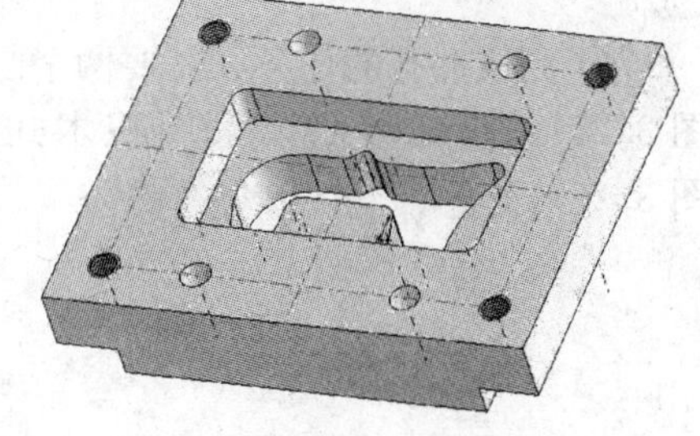

图 3.19 凹模

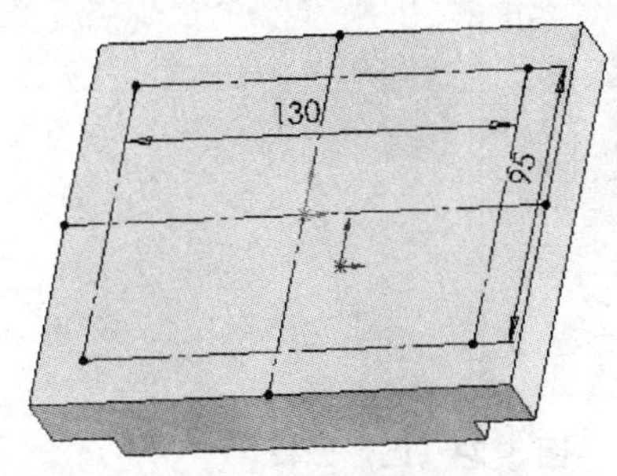

图 3.20 螺纹孔草图

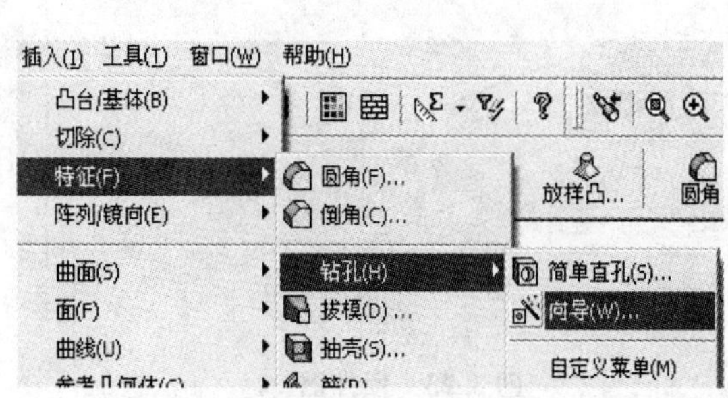

图 3.21 螺纹孔菜单

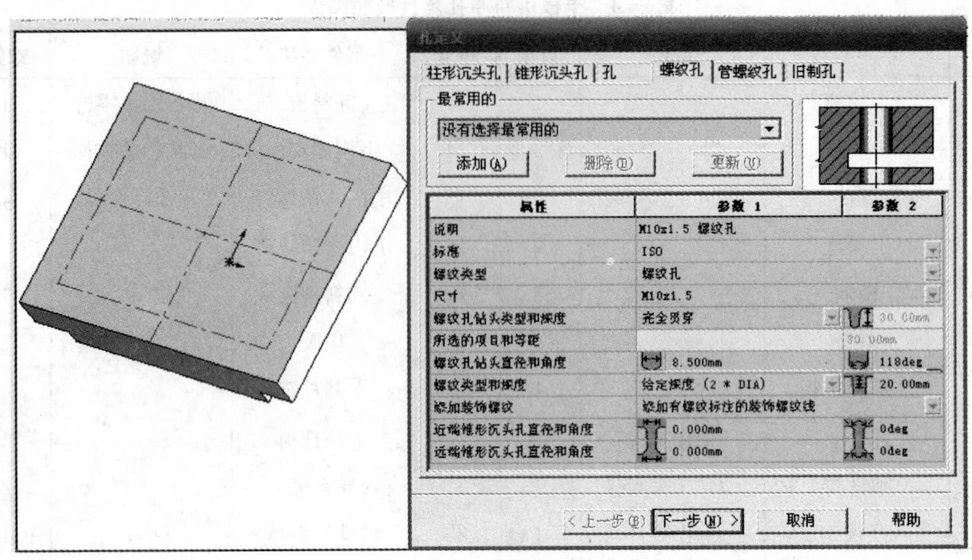

图 3.22　螺纹孔选项

3.9.3　顶件器

顶件器的任务是将制件从凹模中顶出，其外轮廓与冲裁件相同，中间要留下两个冲孔凸模的安装和活动空间。为了保证顶件器的正常工作，顶件器与凹模和凸模都是间隙配合。顶件器工作部分拉伸草图、切除拉伸草图都要用草图复制或转换实体引用来尽量避免数据手动输入产生的误差。图 3.23 是顶件器外形图。

3.9.4　凸模

为了完成冲孔的任务，需要两个凸模：圆凸模和非圆凸模。圆凸模采用草图旋转成形(图 3.24)，非圆形凸模采用积木式建模，一个旋转特征(图 3.25)，一个拉伸特征(图 3.26)。

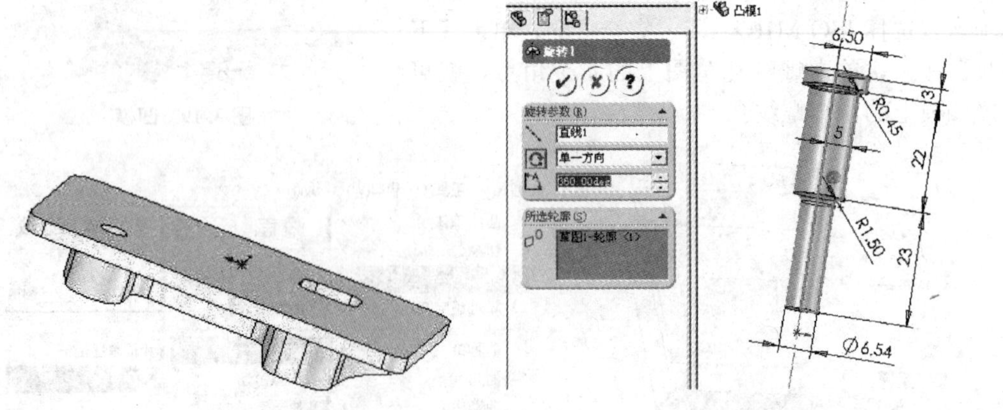

图 3.23　顶件器　　　　图 3.24　圆形凸模

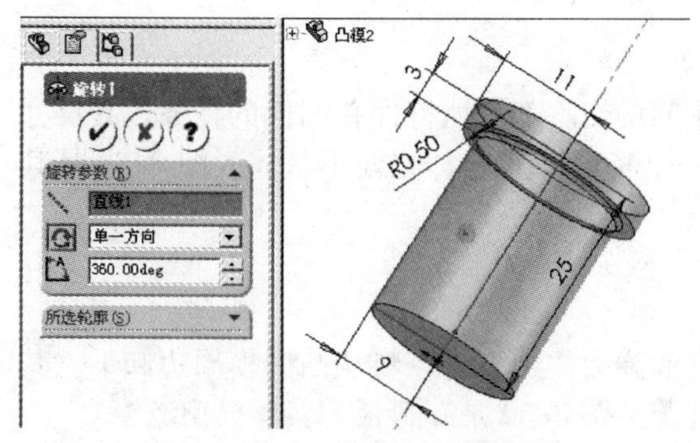

图 3.25 非圆形凸模旋转

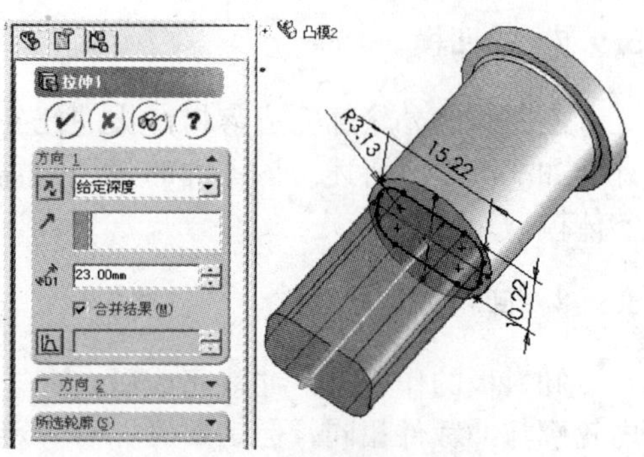

图 3.26 非圆形凸模拉伸

3.9.5 上模固定板

上模固定板的作用是：把两个凸模按照图纸的要求装在一起，通过螺栓与上模座连接，销钉则是保证固定板与模座之间的定位。图 3.27 是上模固定板的三维实体，可以看到：其上有 4 个销钉孔，4 个螺栓孔，还有 2 个凸模固定台肩孔，但是还没有打料杆孔(以后在装配体特征中拉伸切除)。

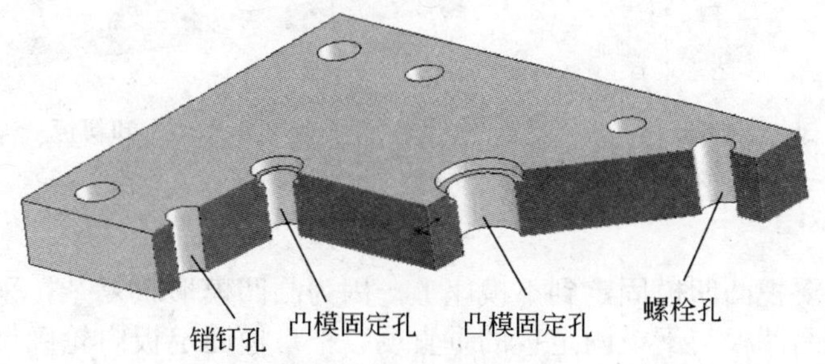

图 3.27 上模固定板实体

3.9.6 上模座

上模座是标准件，其上有模柄孔、导套孔，还有 4 个销钉孔、8 个螺栓孔(图 3.28)。

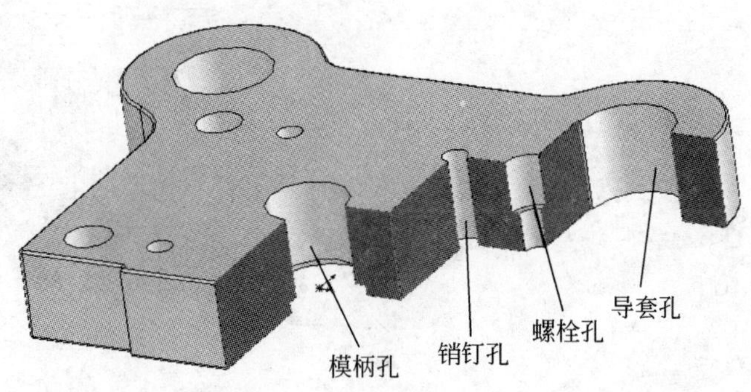

图 3.28 上模座实体

3.9.7 凸凹模

凸凹模的外轮廓完成落料冲头的任务，中间的切除部分执行冲孔凹模的任务，其尺寸计算如 3.8.2 节所述。该零件的建模只需要一个特征来完成，此处不赘述。图 3.29 是其实体模型。

3.9.8 卸料板

卸料板的作用是：冲裁完成后，在橡胶板的弹力作用下将废料从凸凹模周边卸下。其内轮廓与冲裁件相同，但是要确保有一定的间隙。图 3.30 是卸料板的实体模型。

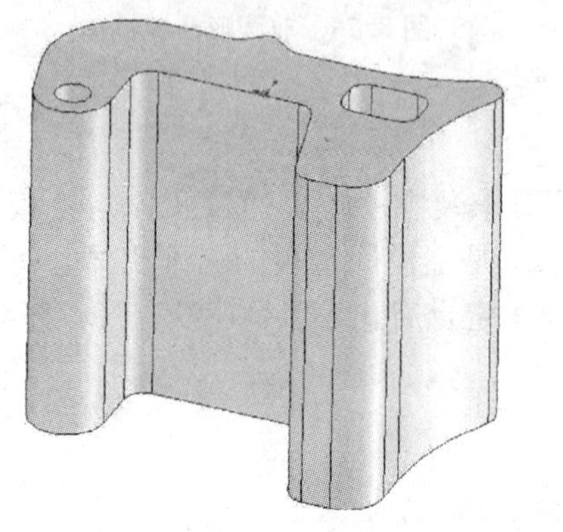

图 3.29 凸凹模

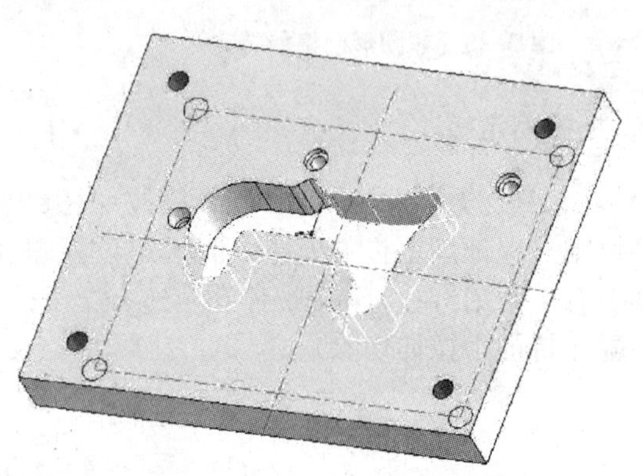

图 3.30 卸料板

3.9.9 下模固定板

下模固定板是要把凸凹模固定到下模座上。因为凸凹模形状复杂，采用线切割加工比较方便。为了确保凸凹模与下模固定板的垂直度，把下模固定板内轮廓做得与凸凹模外轮廓相同，两个轮廓间为过渡配合，其外形如图 3.31 所示。

3.9.10 下模座

下模座是标准件，其上有导套孔，还有 4 个销钉孔、8 个螺栓孔(图 3.32)。请注意：下模座的相应位置现在还没有供废料漏下的废料孔。

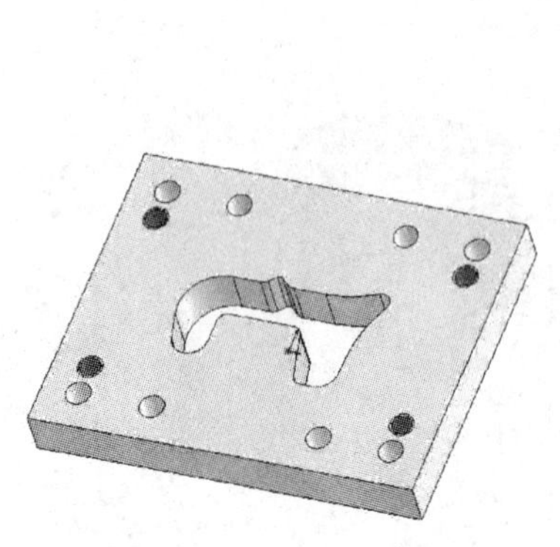

图 3.31 下模固定板

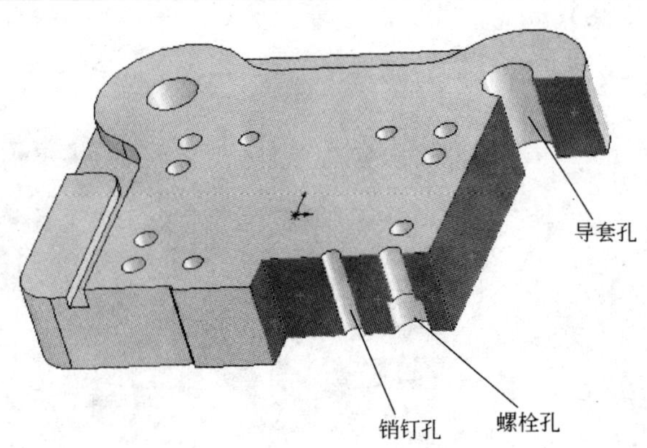

图 3.32 下模座实体

3.10 模具装配

在实际生产中，采用模具三维建模的最大优势是：在设计阶段就可以完成模具各个零件的虚拟制造与装配，可以及时发现并且消除模具设计中存在的问题，从而缩短模具制造周期，降低模具生产成本。下面给出卡板模具装配体的建模步骤。

3.10.1 新建装配体

新建一装配体，另存为“卡板模具装配体.SLDASM”。

在特征设计树上，用鼠标选择前视基准面，从标准视图工具栏下拉列表中选择“正视于”，让前视基准面正视于绘图区(图3.33)，然后保存文件。

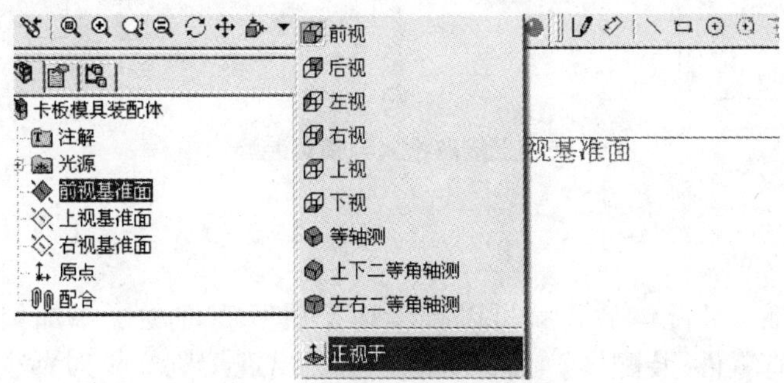

图3.33 前视基准面正视于绘图区

3.10.2 插入第一个零件

打开“上模座.SLDPRT”零件图。

打开“卡板模具装配体.SLDASM”装配体。选择【窗口】|【纵向平铺】命令(图3.34)。

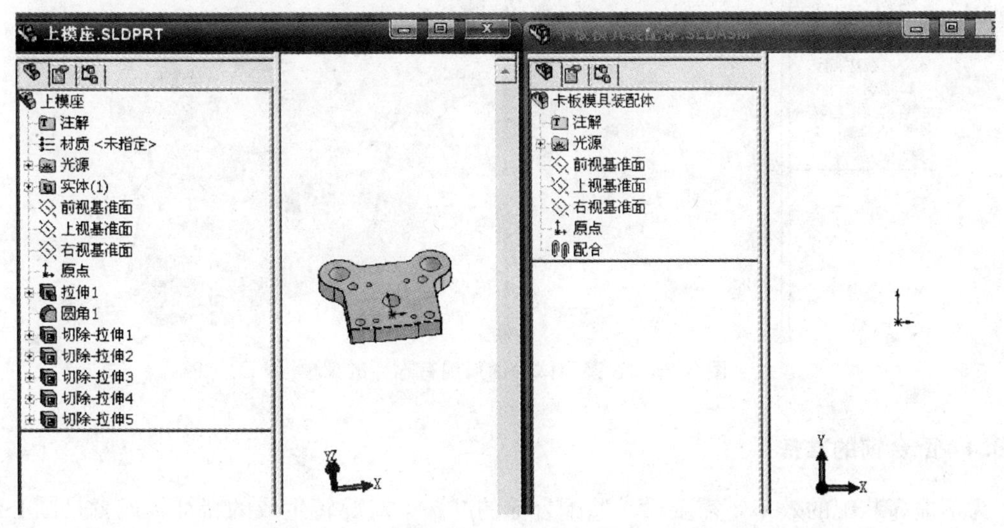

图3.34 上模座与卡板模具装配体窗口纵向平铺

鼠标在上模座特征设计树中选“上模座”，将其拖动到“卡板模具装配体”中，并且定位(图 3.35)。需要注意的是系统默认第一个拖入装配体的零件为固定(不能旋转、不能平移)。如果需要改变装配体上零件的状态，则需要在装配体设计树上，用鼠标选择零件，单击右键，在弹出的快捷菜单中可以修改其在装配体中的状态——浮动或固定。

图 3.35　上模座拖入到模具装配体中

3.10.3　添加零件

把第一个零件拖入装配体后，就可以顺序地把后续零件逐个添加到其中。选择【插入】|【零部件】|【现有零件/装配体】命令(图 3.36)，出现浏览文件对话框后，找到“导套.SLDPRT”所在位置，单击【确定】按钮。

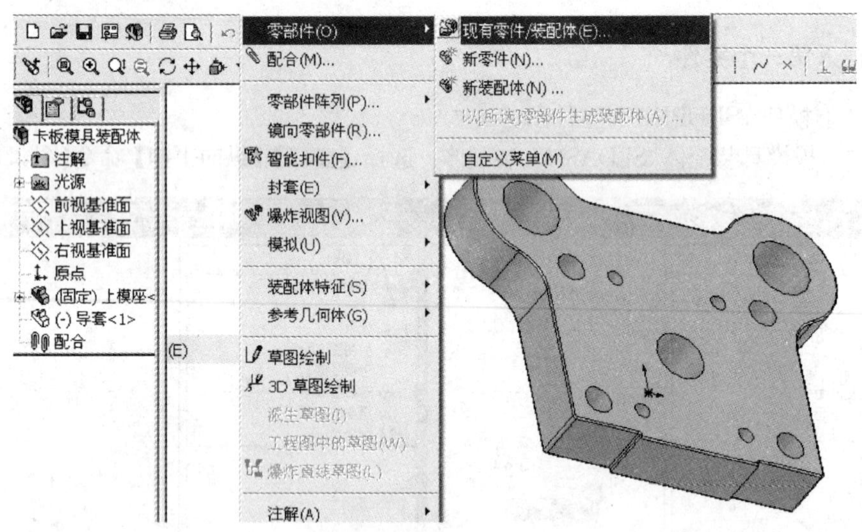

图 3.36　在装配体中插入现有零件的菜单

3.10.4　配合前的准备

为了提高装配的效率，需要做一些配合前的准备。对旋转生成的特征，或者是圆心经过拉伸后，就形成了所谓的“临时轴”。这些临时轴可以作为装配时的特征线，但是这些

轴通常是隐藏的。选择【视图】|【临时轴】命令，就可以显示出所有拖入装配体中零件的临时轴(图 3.37)。

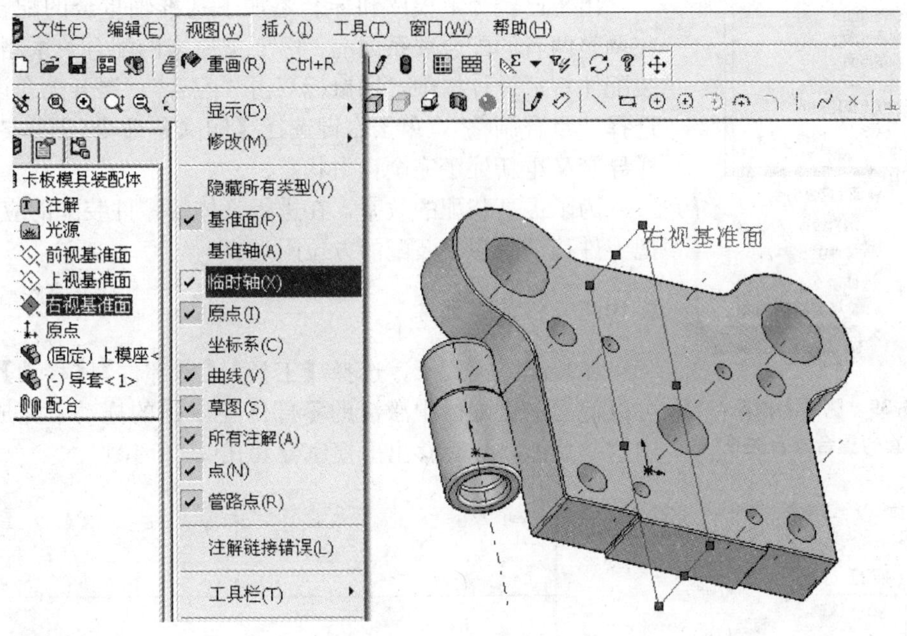

图 3.37 显示临时轴

3.10.5 添加配合

选择【插入】|【配合】命令，先用鼠标在弹出的对话框内选择【配合选择】，然后在绘图区域内依次选择需要加入配合的两个特征，就可以加入两个不同零件间的配合关系。图 3.38 就是为上模座和导套添加基准轴重合的配合关系。

进一步观察会发现，图 3.38 中上模座的孔与导套是同轴了，但是与所希望的配合关系相差了 180°，这表明求解基准轴重合的配合关系时，系统有内在的计算公式，在多解的条件下保留使零件的移动和旋转位移最小的解。

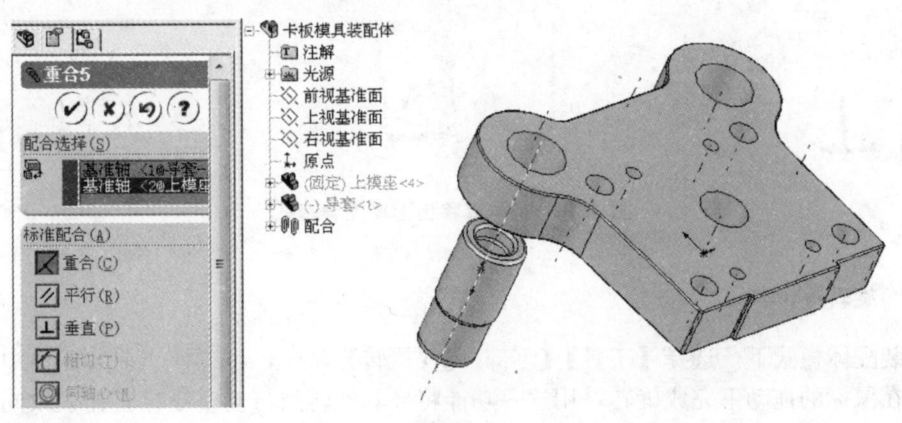

图 3.38 为上模座和导套添加基准轴重合的配合关系

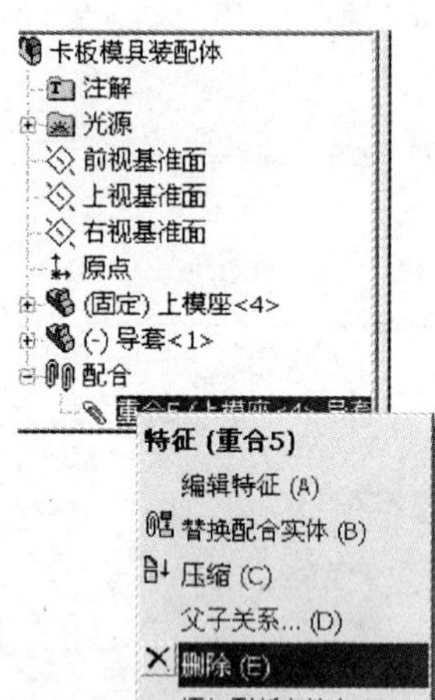

图 3.39　删除上模座与导套的重合配合关系

3.10.6　删除配合

由于已经为上模座和导套添加了基准轴重合的配合关系，在调整两者的配合关系之前，需要把原来的配合关系删除。在装配体特征设计树中，用鼠标双击“配合”，展开配合设计树，选择“重合调整”，单击右键选择【删除】命令(图 3.39)，这样导套又重新处于完全自由状态。

为了提高装配的效率，在进行具体的零件装配前应该首先把零件移动到期望装配的方位附近。

3.10.7　移动零部件

在装配体模式下，选择【工具】|【零部件】|【移动】命令，可以使当前装配体中激活的零部件在鼠标的拖动下完成移动，用这一功能将导套移出上模座导套孔(图 3.40)。

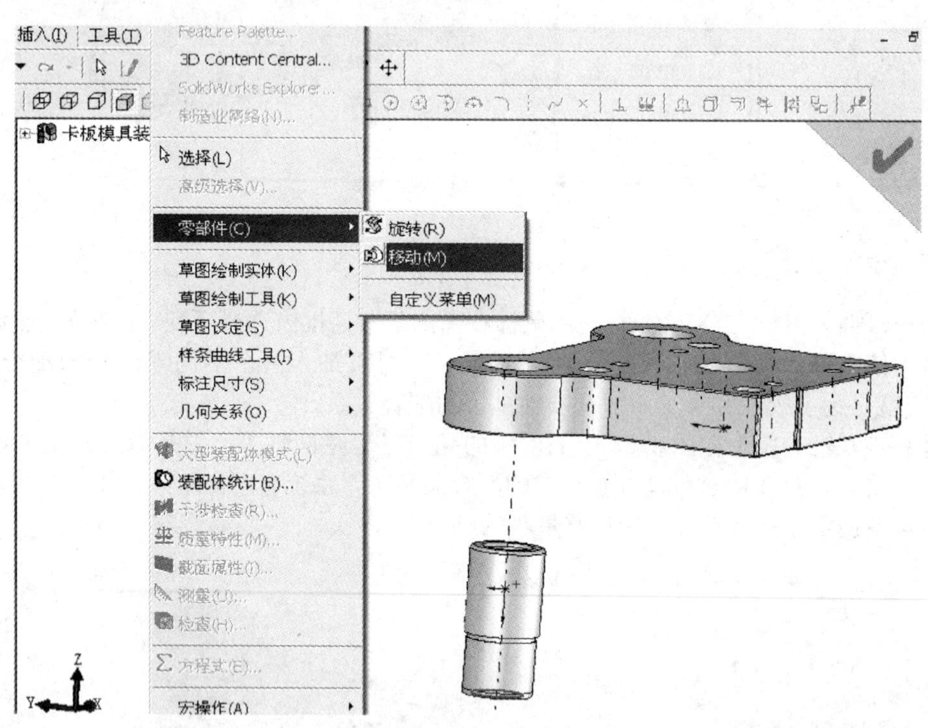

图 3.40　把导套移出上模座导套孔

3.10.8　旋转零部件

在装配体模式下，选择【工具】|【零部件】|【旋转】命令，可以使当前装配体中激活的零部件在鼠标的拖动下完成旋转，用这一功能将导套旋转到与上模座导套孔大致同向对齐的位置(图 3.41)。

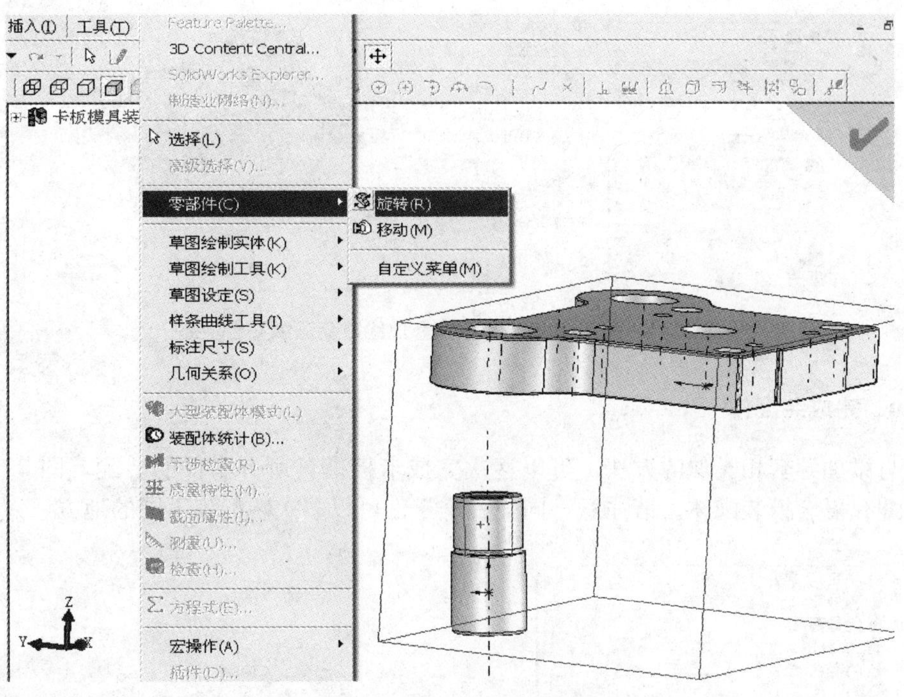

图 3.41　旋转导套到合适位置

3.10.9　重新添加配合关系

选择【插入】|【配合】命令，重新为上模座和导套添加基准轴重合的配合关系(图 3.42)。试比较图 3.38 与图 3.42 的不同。

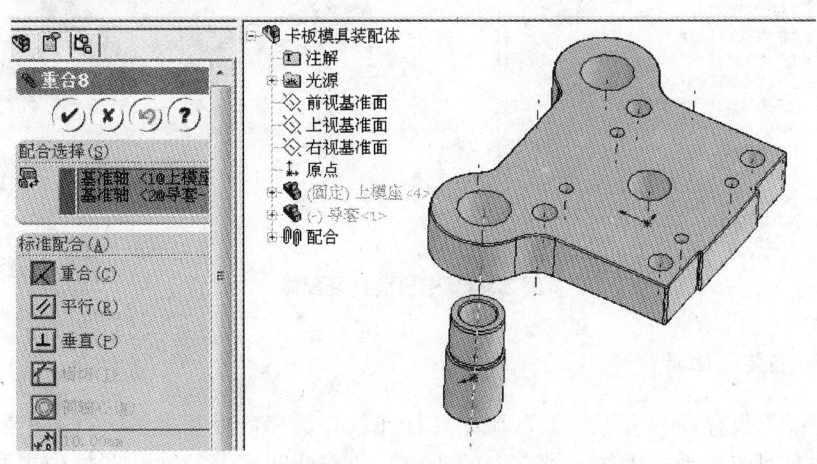

图 3.42　为上模座和导套重新添加基准轴重合关系

选择【插入】|【配合】命令，重新为上模座端面和导套边线添加重合的配合关系(图 3.43)，此时上模座与导套的装配关系是所期望的。

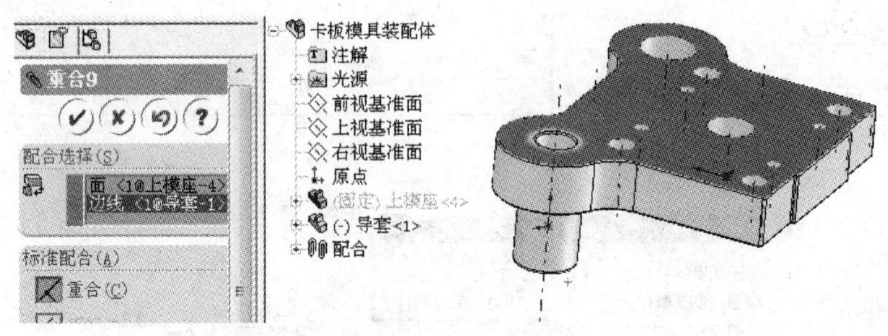

图 3.43　为上模座端面和导套边线重新添加重合关系

3.10.10　完成装配体

用与添加导套相类似的方法，可以逐次完成卡板模具所有零件的装配，图 3.44 是卡板落料冲孔复合模装配体。请注意，同样一个零件可以多次装配到不同的地方。

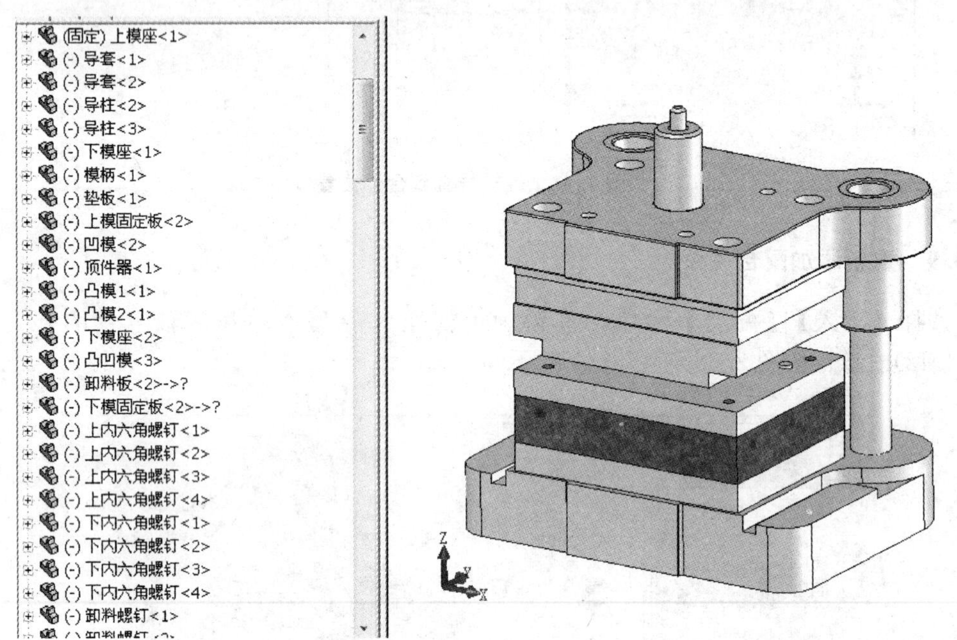

图 3.44　卡板模具装配体

3.10.11　添加装配体特征

某些特征不仅存在一个零件上，比如打杆孔就要贯穿垫板和上模座。有的特征需要与另外的零件有对应关系，比如下模座上的废料孔要与凸凹模上的冲孔凹模位置相对应，这些特征就可以归为装配体特征。用装配体特征来添加这样的特征，不仅可以提高设计效率，也可以提高设计质量。因为特征数量减少了，绘制的草图数量相应减少，同时也杜绝了孔的几何尺寸不一致和位置不匹配的现象。

选择上模固定板上表面作为绘图基准面，选择【插入】|【草图绘制】命令，绘出打杆

孔草图，选择【插入】|【装配体特征】|【切除】|【拉伸】命令(图 3.45)，调出【打杆孔切除-拉伸】对话框(图 3.46)，【给定深度】24mm(因为上模固定板的厚度为 24mm)。注意：图 3.46 所示的【打杆孔切除-拉伸】对话框中，左上端“打杆孔切除-拉伸”是为了方便特征管理在装配体特征树下对特征重命名后得到的，其名称可由设计者任意给定，一般都采取容易理解和联想的方式命名。

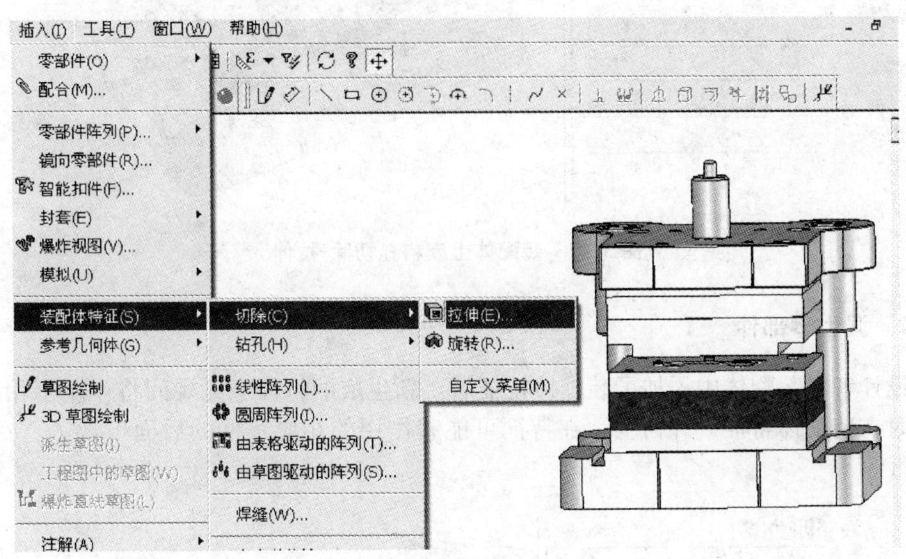

图 3.45 装配体特征下拉菜单

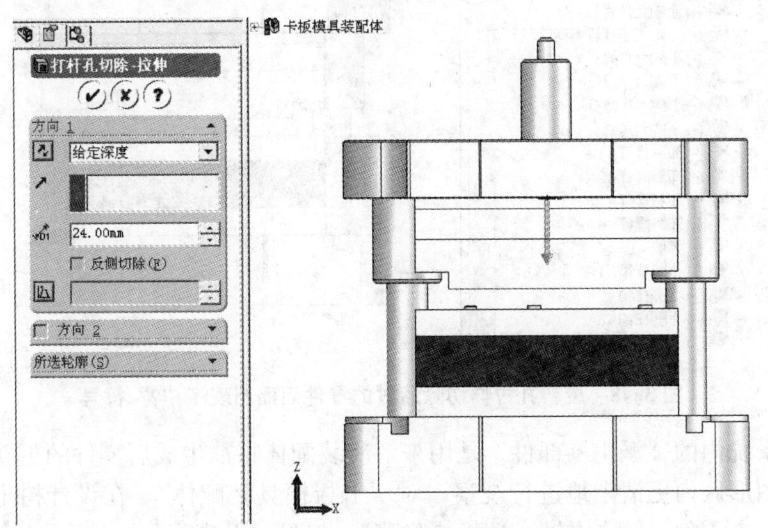

图 3.46 装配体上打杆孔切除-拉伸

从图 3.30 的“下模座实体”中可以清楚地看到下模座上尚未打通废料孔。

选择绘图基准面，选择【插入】|【草图绘制】命令，绘出废料孔草图，选择【插入】|【装配体特征】|【切除】|【拉伸】命令，选择【完全贯穿】，把两个废料孔打出来(图 3.47)。

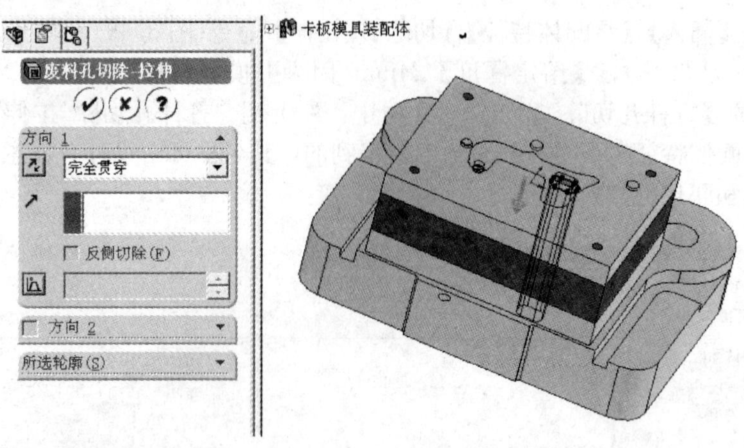

图 3.47　装配体上废料孔切除-拉伸

3.10.12　派生零部件

当设计者在装配体中添加了装配体特征后，新生成的特征毫无疑问将作用于相应的零件。这时在装配体特征设计树上，在特征可能起作用的相应零件的后面出现了“?”符号(图 3.48)。

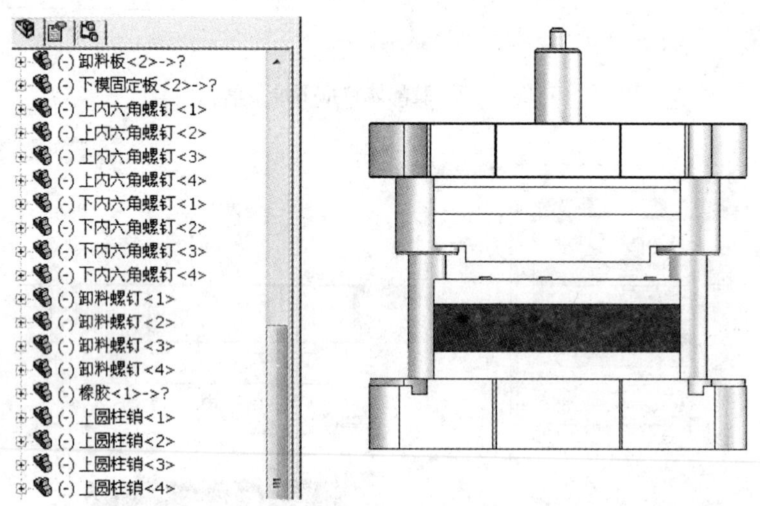

图 3.48　废料孔拉伸切除通过的零件后面出现了“?”符号

装配体系统内的“派生零部件”是用来解决装配体特征生成后零件的更新问题的。

为了在图形区内更清晰地进行观察，对“卡板模具装配体”，在设计树上用鼠标依次选择上模的各个零件，单击右键，选择【隐藏】，仅显示下模部分。

由于卸料板(图 3.30)、下模固定板(图 3.31)和橡胶均已经开了落料孔，废料孔贯穿的部分恰为中空部位，因此可以忽略系统的提示。

在设计树上用鼠标依次选择下模座零件，选择【文件】|【派生零部件】命令(图 3.49)，生成一个带有装配体特征的“下模座＜1＞@卡板模具装配体”，选择【文件】|【另存为】命令，另存为“下模座派生.SLDPRT”(图 3.50)。

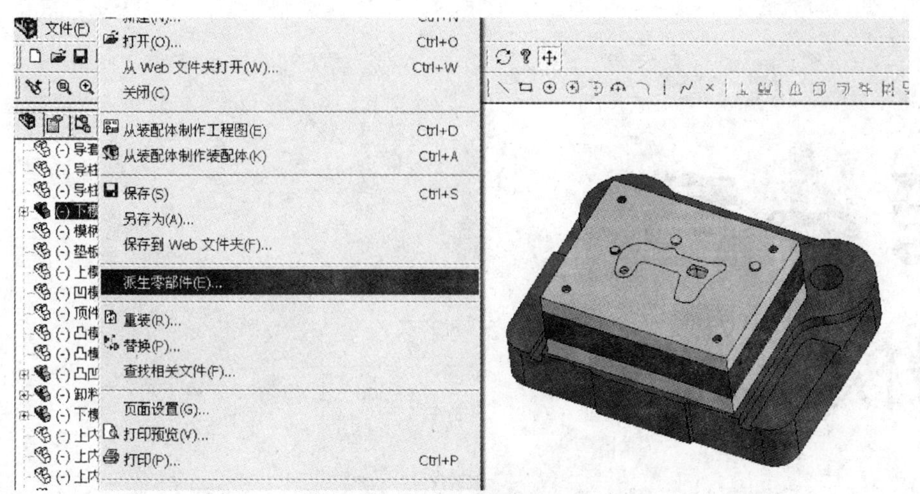

图 3.49　装配体派生下模座零件

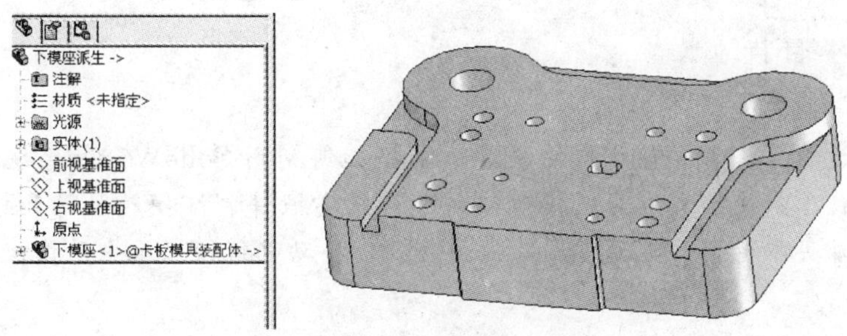

图 3.50　派生出的下模座零件

比较图 3.50 与图 3.32 可以清楚地看到下模座派生前后的差别。由于下模座属于通用件，所以保留没有装配体特征的原始状态是有意义的，可以供其他模具设计时调用。

顺便指出，当下模座完成由装配体进行的零件派生后，设计特征树上“下模座”树叉后的“?”符号随即消失。

小　　结

本章简单介绍了冲压工艺、冲模的分类、冲模的组成等问题。通过卡板冲模设计，给出了如何利用系统的功能来求出冲裁模压力中心和冲裁力，如何巧妙进行排样毛坯排样和优选。通过卡板落料冲孔复合模的三维建模，展示了建立模具装配体的一般步骤。

思考题与作业

1. 试选一个外形复杂的冲裁件，用 SoliWorks 绘出其外形，并计算出压力中心。
2. 对上题中给出的冲裁件，用本章给出的方法进行冲压工艺设计与模具设计。

第4章 锻模CAD

通过本章的学习，了解锻件图的设计，掌握如何利用 SolidWorks 系统获得锻模设计需要的基本参数。以换挡叉为典型模锻件，进行轴类锻件制坯模膛设计和模膛结构设计，完成锻模的三维实体造型，实现模具的曲面分割，自动进行锻模承击面校核。

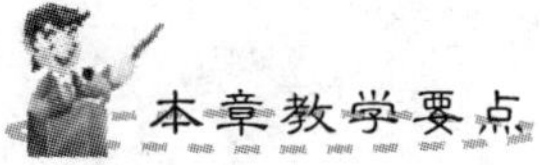

知识要点	掌握程度	相关知识
锻模分类、锻模的设计流程、锻件的设计	了解锻模分类、熟悉锻模设计流程	零件结构与应力
利用 SolidWorks 获得锻模设计的参数	掌握用 SolidWorks 计算锻件长度、质量、体积、周边长度、最大投影面积	材料的物理性能
利用 SolidWorks 进行锻模制坯模膛的设计	掌握用 SolidWorks 获取截面图的方法，与 Excel 结合进行直径图的计算	计算方法
用 SolidWorks 进行锻模的结构设计与三维实体造型	掌握用 SolidWorks 模膛中心计算的方法，学会用锻模过渡装配体生成锻模型腔	锻造工艺学
模具分割与承击面校核	模具曲面分割	机械零件设计

导入案例

利用模具使坯料发生体积变形而获得锻件的锻造方法称为模锻，相应的锻件叫模锻件，图4.1是一些常见的模锻件。完成模锻成形使用的模具叫锻模(图4.2)，是金属体积成形时所用模具的统称。

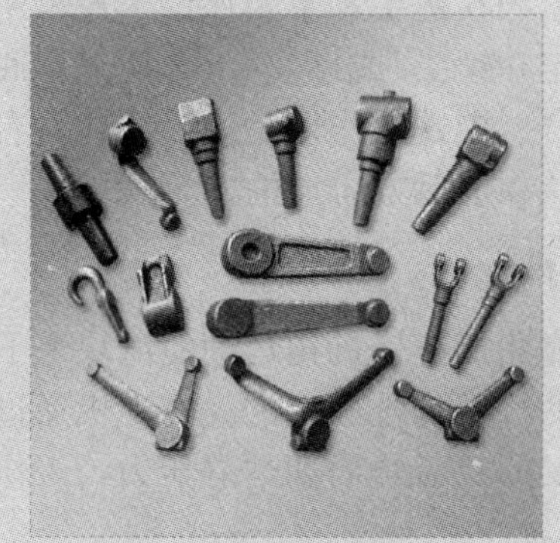

图4.1 常见模锻件

图4.2 锻模

4.1 概　述

模锻是在专用模锻设备上利用模具的约束，依靠材料的塑性使毛坯成形的工艺方法。模锻工艺中使用的模具称为锻模。锻模装在特定的锻压设备上，当设备受到驱动并且带着模具实现闭合时，坯料就形成与模具型腔轮廓完全一致的锻件。

4.1.1 锻模的分类与结构特点

按照模锻所使用锻压设备的不同，模锻工艺过程可以分为锤上模锻、热模锻压力机模锻、螺旋压力机模锻、平锻机模锻等，不同模锻设备使用的锻模结构有很大的不同。

1. 锤锻模

在模锻锤上进行模锻时使用的模具叫锤锻模。模锻锤是定能量设备，其能量来自锤上运动着的落下部分，包括锤头、锤杆、活塞及上模块。锻锤的公称吨位由落下部分的总重量给出。由于能量可以累积，因此可以通过多次锤击完成全体变形，可以用小吨位设备干大活。模锻时，每个工步都需要一次或多次锤击，尤其是终锻工步，锤击最为猛烈，所以模块尺寸要求较大，以保证有足够大的承击面来吸收剩余能量，即保证上下模具的贴合面不会产生塑性变形。

由于模锻锤提供的是冲击载荷，锤锻模在结构上有如下特点。

(1) 模具与设备采用燕尾、键和楔连接。

(2) 没有顶出装置，锻件模锻斜度比较大。

(3) 锻件的公差比较大。

(4) 模具上没有导向装置。

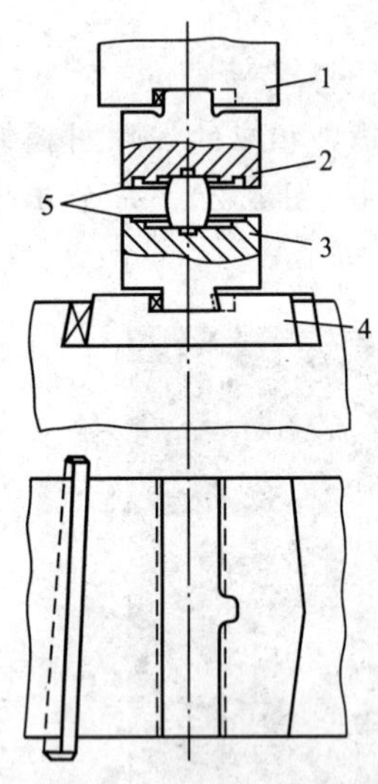

图 4.3　锤锻模结构

1—锤头　2—上模　3—下模　4—模座　5—分模面

(5) 依靠上下模打靠来控制锻件尺寸，因此需要足够的承击面。

(6) 模膛充填性能好。

(7) 一般是整体结构。

锤锻模由上下两个模块组成，如图 4.3 所示。两模块借助燕尾、楔铁和键块分别紧固在锤头和下模座的燕尾槽中。燕尾的作用主要是使模块固定在锤头(或砧座)上，使燕尾底面与锤头(或砧座)底面紧密贴合。楔铁的作用是使模块在左右方向定位。键块的作用是使模块在前后方向定位。

2. 热模锻压力机锻模

热模锻压力机是依靠曲柄连杆机构运动使滑块上下往复运动进行成形，滑块每次的行程都是固定的。电动机通过飞轮释放能量，因而滑块上所受的载荷是周期性静压力，工作时振动和噪声都较小。

热模锻压力机上模锻和锤上模锻相比，振动小、噪声小、劳动条件好、操作安全，对操作工人技术要求低。

热模锻压力机锻模在结构上有如下特点。

(1) 模具与设备间靠螺栓和压板进行连接。

(2) 由于热模锻压力机的导向精度高，而且上下都有顶出器，以及模具采用导柱导套结构等原因，锻件的余块、余量、公差和模锻斜度都可以减小。

(3) 行程固定，靠调节连杆长度来控制锻件高度方向尺寸，不需要承击面。

(4) 模膛充填性能较差，不适合于完成制坯工序。

(5) 各个工步的模膛分别加工在单个的、易于更换的镶块上，然后将这些镶块紧固在通用模架(夹持器)上。采用带镶块的组合模具，可节约大量模具钢。

3. 摩擦压力机锻模

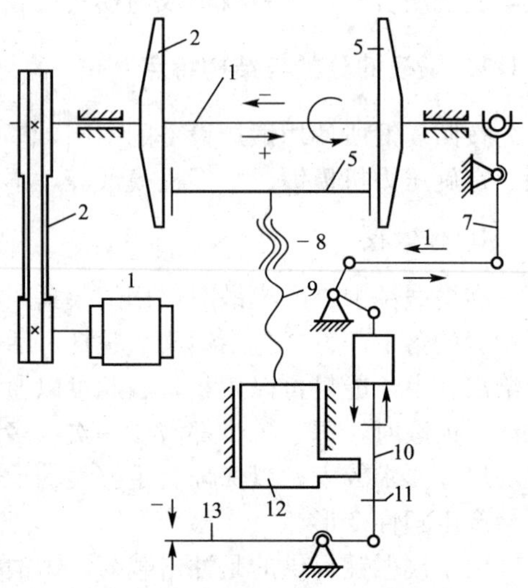

图 4.4　摩擦压力机传动系统

1—电动机　2—传送带　3、5—摩擦盘　4—轴　6—飞轮　7、10—连杆　8—螺母　9—螺杆　11—挡块　12—滑块　13—手柄

图 4.4 为摩擦压力机的传动系统简图。飞轮 6 靠两个摩擦盘(3 和 5)传动。两个摩擦盘装在传动轴 4 上，轴的左端有三角皮带轮，由电动机 1 通过三角皮带 2 直接带动传动轴和摩擦盘转动；轴的右端有拨叉，压下操作手柄 13，通过连杆 7 和连杆 10 可把传动轴拉向左(或向右)，从而使左摩擦盘压紧飞轮(或右摩擦盘压紧飞轮)，或者两摩擦盘均与飞轮脱离。当滑块和飞轮位于行程最高点时，压下手柄 13，传动轴右移，左摩擦盘 3 压紧飞轮 6，通过螺母 8 和螺杆 9 的传动，驱动滑块 12 向下。随着飞轮向下运动，摩擦盘与飞轮接触点的半径也逐渐

增大，使飞轮不断加速，从而积聚大量的旋转动能。在滑块将接触锻件时，滑块上的限程板与挡块11相接触，使传动轴左移，飞轮此时与两个摩擦盘均不接触。当滑块接触锻件后，飞轮在所积蓄的动能作用下，继续旋转，并且通过螺旋副对锻件产生巨大的压力，使锻件变形，直至飞轮的旋转动能消耗殆尽。

螺旋压力机的打击速度低(约3～4m/s)，每分钟的打击次数少。摩擦压力机兼有锻锤和压力机双重工作特性，模具可以采用组合式结构。摩擦压力机一般都具有下顶料装置。可以进行无飞边模锻等工艺过程。

4. 平锻机锻模

平锻机的滑块是在水平方向运动的，因此而得名。它是曲柄压力机类设备，滑块行程固定，近似静压力成形，有良好的导向装置。平锻机模锻工艺过程与热模锻压力机的主要区别在于平锻机具有两个分模面，锻造过程中坯料水平放置。平锻机一般有3个、4个或5个工步。主要完成局部镦粗成形(又称顶镦)。

由于各种模锻设备的工作特点不同，锻模的结构差别较大，但是模膛设计类似，其中锤锻模设计最具有代表性。因此本章以锤锻模设计为例，介绍采用SolidWorks进行锻模设计的方法。

4.1.2 锻模的设计流程

锻造成形有两大任务：外表要形成产品的形状，内部要满足产品的性能。与锻模设计密切相关的概念有产品图、(冷)锻件图、热锻件图、模膛等。

1. 产品图

模锻件产品图指的是必须采用模锻工艺才能满足产品机械性能要求的零件图。

2. 锻件图

一般情况下，产品图不能完全满足模锻的工艺性，因此在锻模设计之前首先要对产品图进行工艺性修改，形成锻件图。锻件图设计时不考虑温度，又称冷锻件图。锻件必须能够被加工成满足产品图要求的零件。锻模的设计基于产品图。锻件图要确保锻件可以从锻模中取出，并且使金属在锻模中的流动合理，进而有较长的锻模使用寿命，通过进一步的机加工可以生产出完全满足图纸要求的产品。

与产品图相比，锻件图主要有以下不同。

(1) 增加了分模面。

(2) 沿拔模方向加上了模锻斜度。

(3) 对不能锻出的凹档和孔加上了余块。

(4) 对需要后续机加工的部位加上了机加工余量。

(5) 增加了锻造圆角。

3. 热锻件图

由于锻件出模膛时的温度一般都很高，黑色金属的终锻温度往往高于950℃，是热锻件。热锻件冷却到室温要收缩。在冷锻件图的基础上加了热收缩量就得到热锻件图。黑色金属的热收缩率一般情况可以取1.5%。

4. 模膛

锻件最后从锻模脱离的模膛叫终锻模膛，任何锻模都要有终锻模膛。模锻件的几何形状和尺寸靠终锻模膛保证。终锻模膛的尺寸就是热锻件图的尺寸，因为锻件在高温下是脱离锻模的。

预锻模膛和制坯模膛则为了逐步改变坯料的形状，合理地分配坯料，以适应锻件横截面积和形状的要求，使金属能较好地充满模膛。不同形状的锻件采用的制坯工步不同。锤上锻模所用的制坯模膛主要有拔长模膛、滚压模膛、弯曲模膛、预锻模膛等。预锻模膛设计的好坏直接关系到锻件能否成形。一般情况下，预锻模膛的设计不是唯一的。

5. 锻模

在两块能够装到模锻设备上的模块上，把各个模膛按照一定的位置加工出来，再加上飞边槽、钳口等，就形成了锻模。

4.2 锻件的设计

由于各种模锻设备的工作特点不同，锻模的结构差别较大，但是模膛设计类似，其中锤锻模设计最具有代表性。因此本节选换挡叉锤锻模作为锻模 CAD 的例子。

“换挡叉”是本书 2.8 节中的一个三维建模零件图的一个例子。下面将对该零件进行锻件设计。

锻件的设计要基于零件图。打开已经建立的换挡叉三维模型：打开“换挡叉零件.SLDPRT”，另存为“换挡叉锻件图”，单击【确定】按钮。开始换挡叉锻件图的设计。

4.2.1 确定分模面

分模面不仅要确保锻件能够从模膛中取出，还要尽可能减少后续机加工余量，以达到降低成本的目的。

换挡叉的最大轮廓线不在一个平面内，也就是说分模面是曲面。首先要绘制出分模面草图。

在特征树下，用鼠标选择“前视基准面”，选择【工具】|【草图绘制工具】|【直线】命令，按照最大轮廓线的位置，用鼠标拖动的办法，绘出分模面在前视面上的投影草图，由于分模面垂直于前视面，因此集聚成一条折线(图 4.5)。

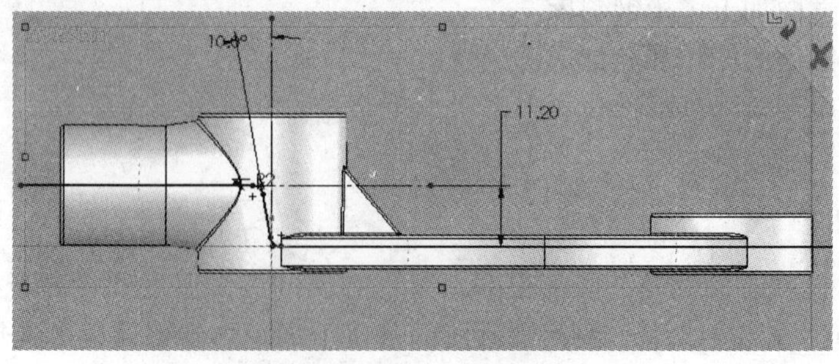

图 4.5 分模面草图

分模面草图经过曲面拉伸可以生成分模面：选择【插入】|【曲面】|【拉伸曲面】命令，选择“分模面草图”，进行分模面拉伸，两个方向拉伸(图 4.6 中选择两个方向均为45mm，是出于视觉上的考虑，因为这样可看到锻件完全位于该分模面之内。其实面是没有大小的，可以任意选择拉伸的距离)。

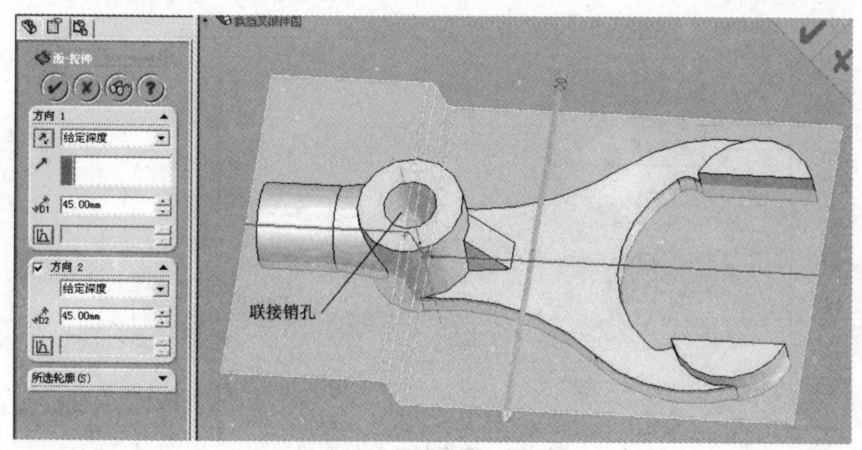

图 4.6　分模面拉伸

4.2.2　余块

锻件的余块指的是那些在零件上存在，但是锻件上锻不出来的孔和凹档而附加的部分。图 4.6 中联接销孔直径为 14mm，根据锻造工艺的要求，一般直径小于 30mm 的孔不锻出，因此需要加上余块。

选择“上视基准面”，选择【插入】|【草图绘制】命令，进入草图绘制状态。选择联接销孔边界，选择【工具】|【草图绘制工具】|【转换实体引用】命令，完成余块草图。选择【插入】|【凸台/基体】|【拉伸】命令，朝两个方向分别拉伸到联接销上下端面(图 4.7)。

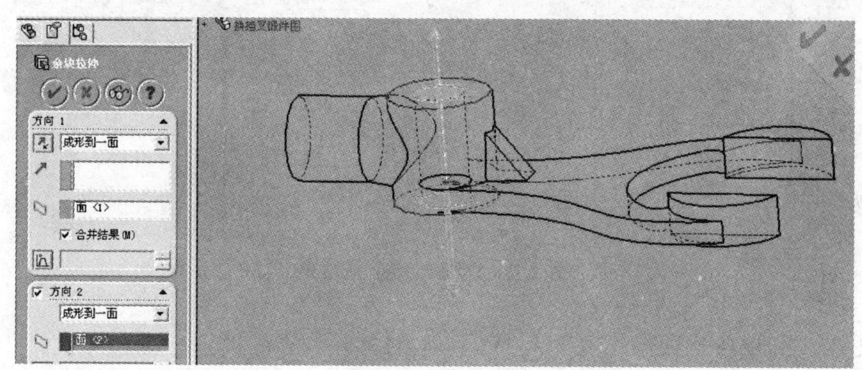

图 4.7　余块拉伸

4.2.3　机加工余量和模锻斜度

除了加强筋处外，换挡叉到处需要机加工，因此要加机加工余量。

1. 柄杆部直径加余量

可以通过编辑零件特征尺寸的方法加余量。在特征树下，鼠标选择“柄杆部拉伸”特征，单击右键，选择【编辑草图】，双击 ϕ20.40 尺寸，改为 ϕ24mm(图 4.8)，就在柄杆部直径处加上了余量。

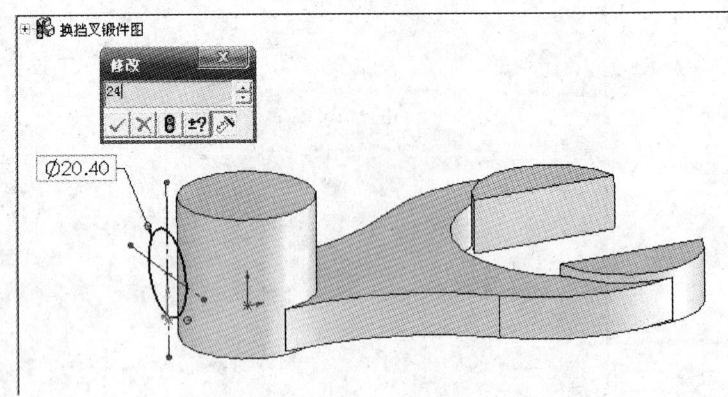

图 4.8　柄杆部直径加余量

2. 柄杆部拉伸

选择【插入】|【凸台/基体】|【拉伸】命令，朝两个方向分别拉伸。方向 1：由柄杆部草图到销轴外圆柱面，拔模斜度 7°，向外拔模(表明沿拉伸箭头所指方向为锥度大端)。方向 2：由柄杆部草图到给定深度 22mm(图 4.9)。

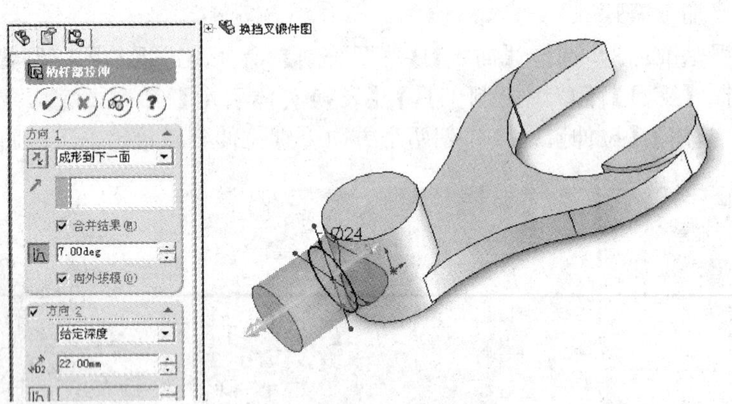

图 4.9　柄杆部加余量拉伸

3. 叉部草图加余量拉伸

在特征树下，鼠标选择“叉部拉伸”特征，单击右键，选择【编辑草图】，选择叉部草图(注意叉部草图在上视基准面)。选择【工具】|【草图绘制工具】|【等距实体】命令，等距参数 1.8mm(要增加的机加工余量值)，选中【反向】复选框(图 4.10)。再编辑、修剪草图为封闭曲线。

选择【插入】|【凸台/基体】|【拉伸】命令，朝两个方向分别拉伸。方向 1：叉体草图到

上表面，给定深度4mm。方向2：叉体草图到下表面，给定深度6mm(图4.11)。

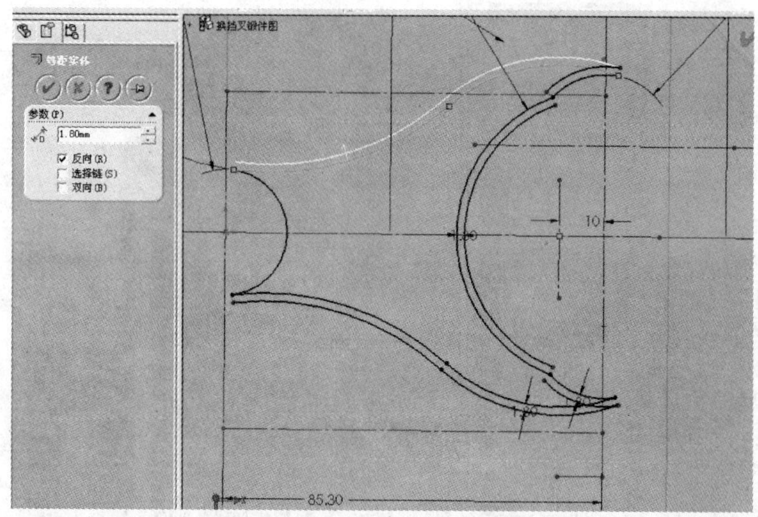

图4.10 等距曲线加余量

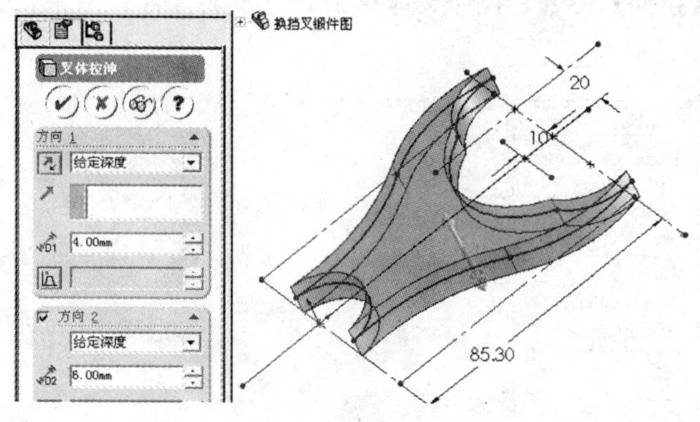

图4.11 叉体加余量拉伸

问题：为什么不同时作出拔模斜度？

注意：如果已知分模面上的尺寸，就可以在直接拉伸时给出斜度。而现在仅知叉体机加工后的轮廓尺寸，即锻件小头轮廓，而叉体上下不对称，因此不能直接在拉伸时作出拔模斜度。

4. 叉头草图加余量拉伸

在特征树下，鼠标选择“叉头拉伸”特征，单击右键，选择【编辑草图】，选择叉头草图，选择【工具】|【草图绘制工具】|【等距实体】命令，等距参数1.8mm。

选择【插入】|【凸台/基体】|【拉伸】命令，朝两个方向分别拉伸。方向1：叉头草图到上表面，给定深度6.6mm。方向2：叉头草图到下表面，给定深度6.1mm(图4.12)。

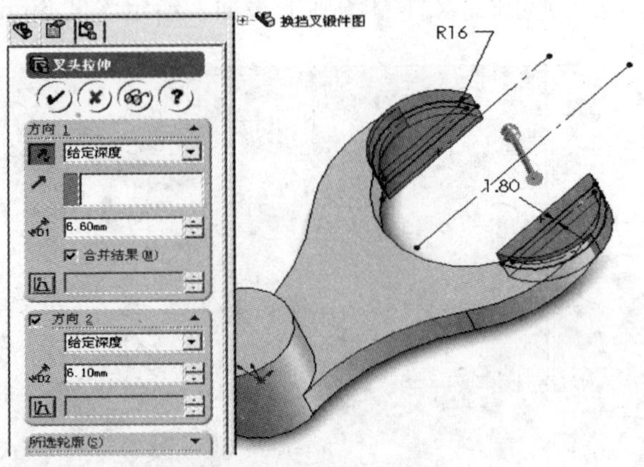

图 4.12　叉头加余量拉伸

5. 叉体下半部分加斜度

在绘图区域内，选择叉体下表面，选择【插入】|【草图绘制】命令，选择叉体外轮廓，选择【工具】|【草图绘制工具】|【转换实体引用】命令，绘出叉体下半部分草图。选择【插入】|【凸台/基体】|【拉伸】命令，拉伸叉体草图到分模面，合并结果，拔模斜度 7°，向外拔模(图 4.13)。

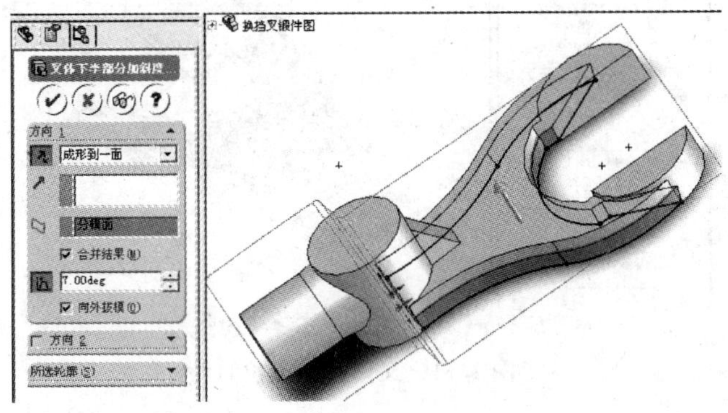

图 4.13　叉体下半部加斜度拉伸

6. 叉头下半部分加斜度

在绘图区域内，选择叉头下表面，选择【插入】|【草图绘制】命令，选择叉头外轮廓，选择【工具】|【草图绘制工具】|【转换实体引用】命令，绘出叉头下半部分草图。选择【插入】|【凸台/基体】|【拉伸】命令，拉伸叉头草图到分模面，合并结果，拔模斜度 7°，向外拔模(图 4.14)。

7. 叉体上半部分加斜度

在特征树下，选择上视基准面，选择【插入】|【草图绘制】命令，选择分模面上叉体外轮廓，选择【工具】|【草图绘制工具】|【转换实体引用】命令，绘出叉体上半部分草图。选择【插入】|【凸台/基体】|【拉伸】命令，拉伸叉体上半部分草图到分模面，合并结果，拔模斜度 7°，不选向外拔模(图 4.15)。

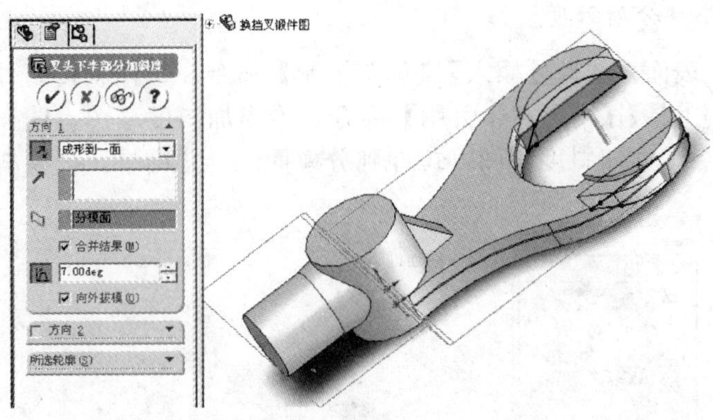

图 4.14 叉头下半部加斜度拉伸

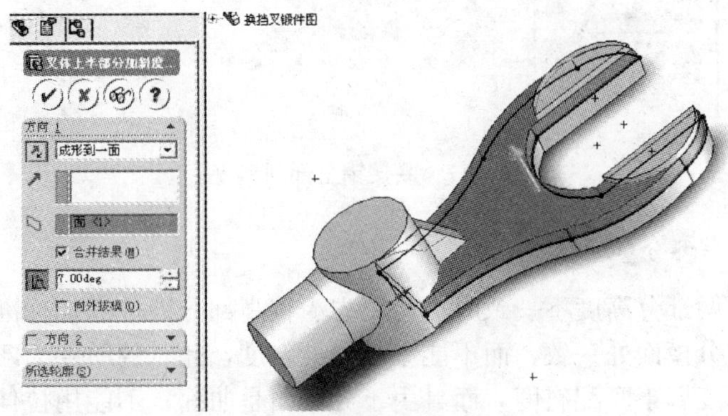

图 4.15 叉体上部加斜度拉伸

8. 叉头上半部分加斜度

在特征树下，选择上视基准面，选择【插入】|【草图绘制】命令，选择分模面叉头外轮廓，选择【工具】|【草图绘制工具】|【转换实体引用】命令，绘出叉头上半部分草图。选择【插入】|【凸台/基体】|【拉伸】命令，拉伸叉头上半部分草图到叉头上表面，合并结果，拔模斜度 7°，不选向外拔模(图 4.16)。

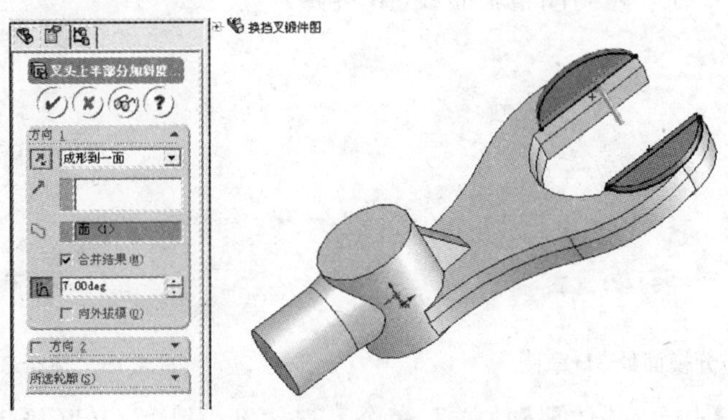

图 4.16 叉头上部加斜度拉伸

9. 联接销上半部分加斜度

选择联接销上表面，选择【插入】|【草图绘制】命令，选择联接销外直径轮廓，选择【工具】|【草图绘制工具】|【转换实体引用】命令，绘出加斜度草图，选择【插入】|【凸台/基体】|【拉伸】命令，选加斜度草图，拉伸到分模面，合并结果，拔模斜度 7°，向外拔模(图 4.17)。

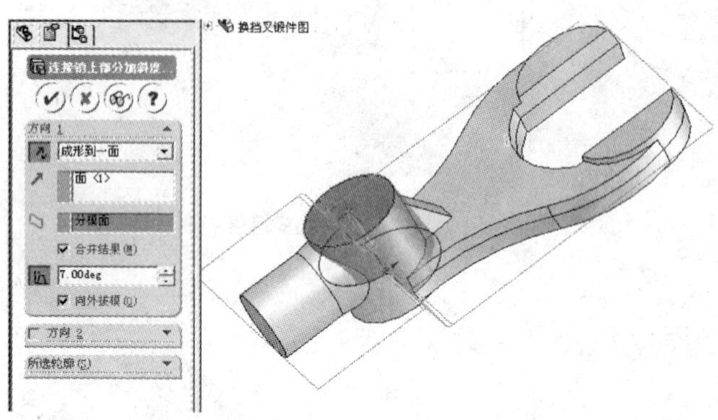

图 4.17　联接销上部加斜度

10. 联接销下半部分加斜度

当锻件的上下两部分高度不一致时，需要先为较高部分锻件添加标准模锻斜度，较低部分则保证锻件在分模面处一致，而不能添加标准斜度，此时的斜度为匹配斜度。联接销下半部分的拔模斜度属于匹配斜度，而且由于分模面是曲面，不能用拉伸来完成，要采用放样来做。

放样轮廓一个为加斜度的联接销与分模面的交线，另一个为联接销底面的圆周边线。交线为空间曲线，绘空间曲线的步骤：选择【插入】|【3D 草图】命令，按住 Ctrl 单击鼠标逐段多选交线，选择【工具】|【草图绘制工具】|【转换实体引用】命令，把交线生成草图(图 4.18)。

进行放样的草图必须为封闭曲线，把空间曲线闭合的办法：鼠标选择开环曲线的末端曲线段之一，选择【工具】|【草图绘制工具】|【延伸】命令，即可封闭曲线一段；对开环曲线的另一端重复做一次，可封闭整个曲线(图 4.19)。

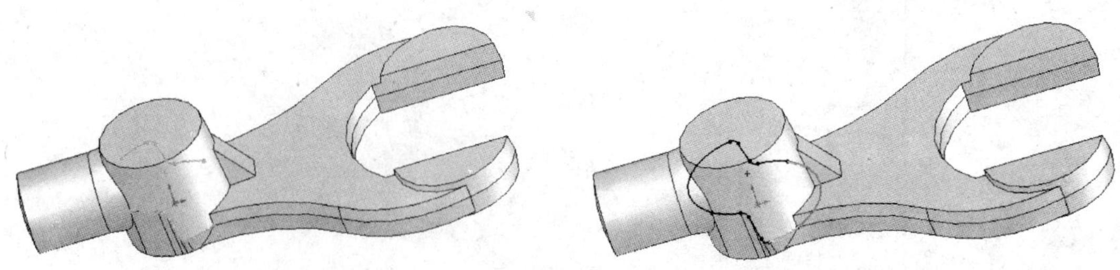

图 4.18　作分模面处 3D 草图　　图 4.19　闭合 3D 曲线

选择【插入】|【凸台/基体】|【放样】命令，选“3D 草图”和联接销底面的圆周“边线”，即可完成联接销下半部分加斜度的放样(图 4.20)。

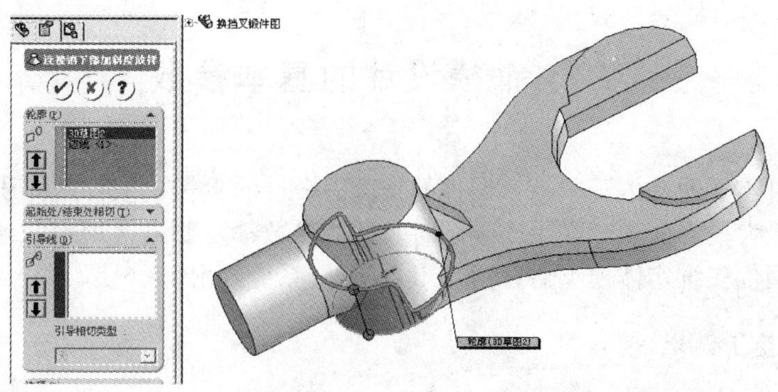

图 4.20 联接销下部放样

11. 杆端部加斜度

为了便于出模，杆端部的形状也需要改变。绘出杆端部加斜度的草图，采用旋转特征加出斜度(图 4.21)。

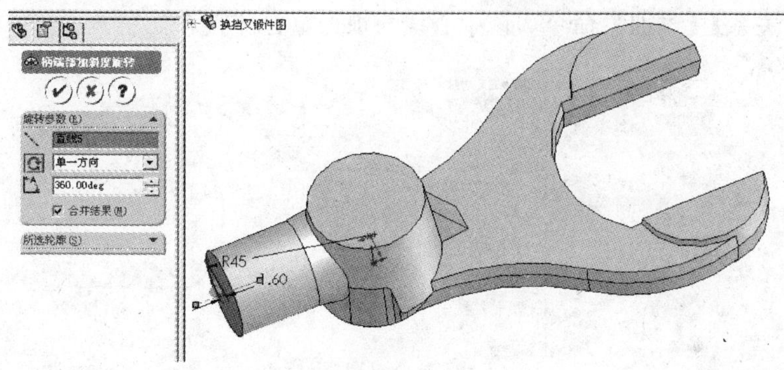

图 4.21 杆端部加斜度

4.2.4 圆角

锻件上不能存在尖角，否则模具在热处理和工作时相应部分的应力会很大，极易造成模具的早期破坏。选择【插入】|【特征】|【圆角】命令，按住 Ctrl 单击鼠标依次选中需加圆角的边线，输入圆角半径值 2mm，依次单击【确定】、【保存】按钮。至此，换挡叉锻件图建模全部完成(图 4.22)。

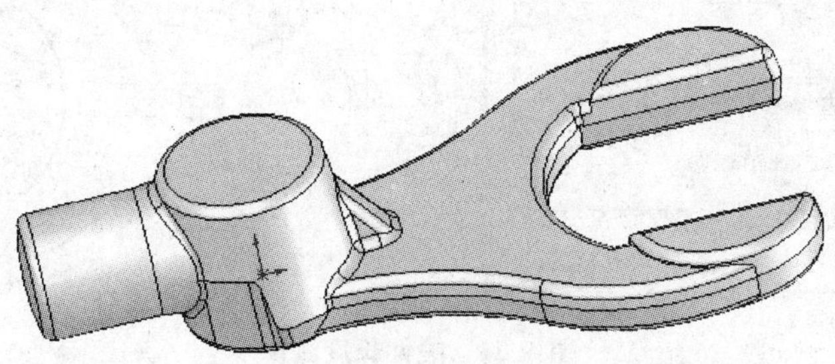

图 4.22 换挡叉锻件图三维模型

4.3 锻模设计的基本参数

锻模设计时需要的基本资料有：锻件的长度、锻件的重量、锻件的体积、锻件的周边长度、锻件的最大投影面积。在手工绘图时，这些参数都需要进行烦琐的计算。而今这些都可以在打开锻件三维实体模型后，由 SolidWorks 系统给出。

4.3.1 锻件长度 $L_{件}$

对于长度方向最大轮廓线在同一平面的锻件，可以直接选择【工具】|【测量】命令来测量锻件长度。对于锻件长度方向两端点位于不同平面的锻件，其长度的测量需要作辅助测量草图，以确保测得正确值。

绘制锻件水平投影图两端竖直中心线：打开“换挡叉锻件 .SLDPRT”，鼠标选择特征树上“上视基准面”，选择【插入】|【草图绘制】命令，选择【工具】|【草图绘制工具】命令选中心线绘图工具，选择叉头两端点绘制中心线；在柄左端绘一根竖直中心线，选择【工具】|【几何关系】|【添加】命令，该中心线与顶点重合(图 4.23)。

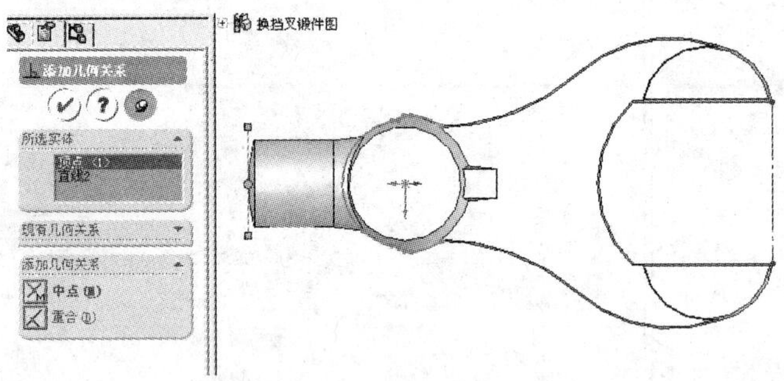

图 4.23 测锻件长度辅助草图添加几何关系

测量锻件长度：选择【工具】|【测量】命令，单击【选项】按钮，调整长度测量的小数位数，由于锻件的精度在毫米级，因此选整数。鼠标选择测锻件长度辅助草图中两根中心线，测得锻件长度 $L_{件}$ 为 147mm(图 4.24)。

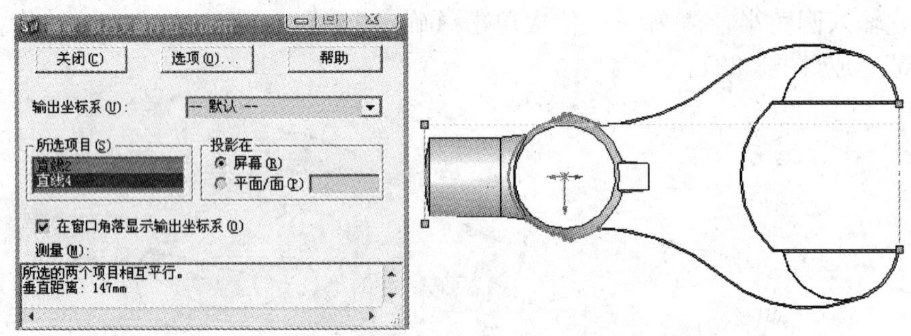

图 4.24 锻件长度测量

4.3.2 锻件质量$m_{件}$和锻件体积$V_{件}$

用系统中的质量特性可以直接获得锻件质量和锻件体积：选择【工具】|【质量特性】命令，在弹出的对话框中单击【选项】按钮，选择“科学记号”，输入材料密度为0.0078g/mm³，单击【确定】按钮，测得$m_{件}=613g$，$V_{件}=7.85\times10^4mm^3$(图4.25)。

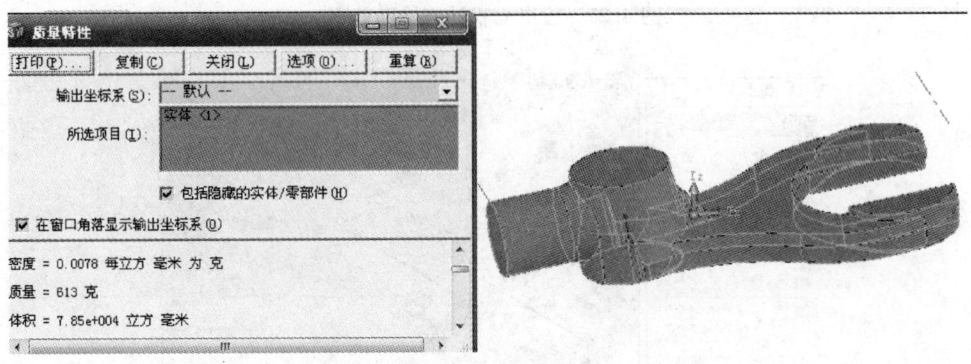

图4.25 锻件质量和体积测量结果

4.3.3 锻件周边长度$L_{周长}$

把锻件与分模面相交的线构造为一条曲线：选择【插入】|【曲线】|【组合曲线】命令，选择锻件周边长度组成一条曲线；然后再选择【工具】|【测量】命令，测得$L_{周长}$为494mm(图4.26)。

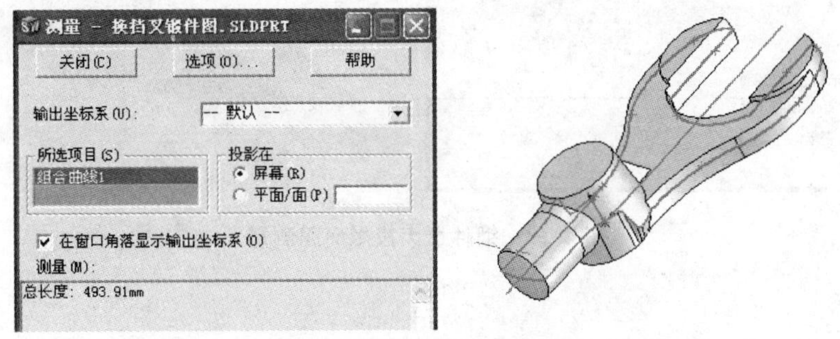

图4.26 锻件周边长度测量

4.3.4 锻件最大投影面积$A_{件}$

由于换挡叉的分模面不在一个平面上，先绘出“投影面积计算辅助草图”(图4.27)。

注意：该草图中间部分的线段是竖直的，这样才能保证切开的两个平面面积之和为锻件的投影面积。

把锻件沿图4.27的折线切开：选择【插入】|【切除】|【拉伸】命令，选择两个方向完全贯穿，反侧切除(图4.28)，获得两个紧密相连的平面，此两个平面之和就是锻件的投影面积。

用截面属性测量锻件投影面积：选择【工具】|【截面属性】命令，再单击【选项】按钮，选择“小数位数”为“0”，测得锻件投影面积为5118mm²(图4.29)。

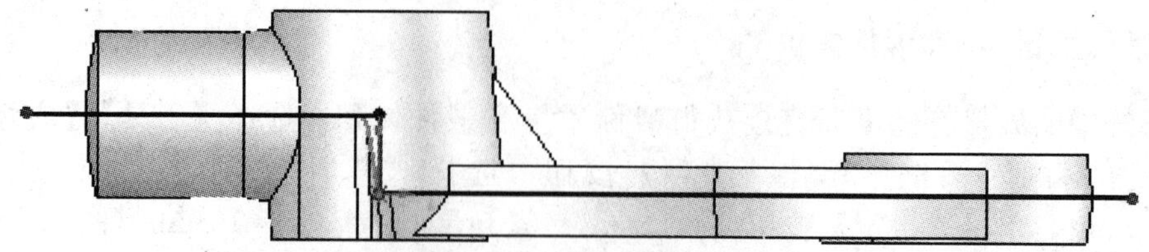

图 4.27　投影面积计算辅助草图

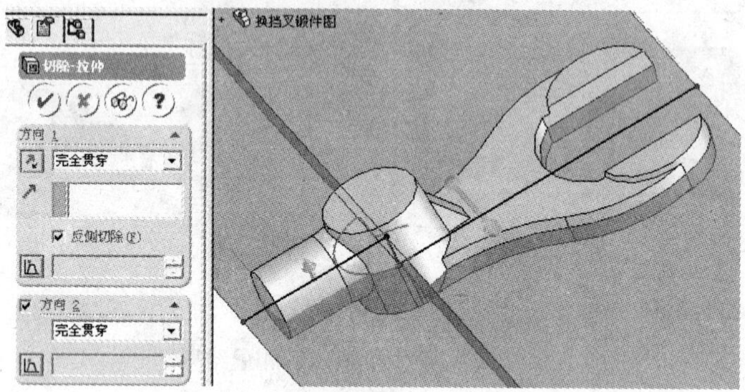

图 4.28　切除拉伸作出投影面积

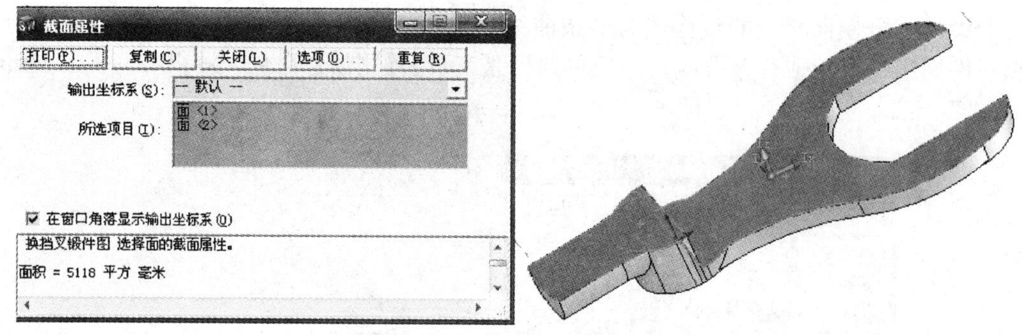

图 4.29　锻件最大投影面积测量

4.4　飞边槽设计

开式模锻的终锻型槽必须有飞边槽，其形式和尺寸大小是否合适对锻件成形影响很大。

飞边槽具有 3 个方面的作用。

(1) 造成足够大的水平面方向的阻力，促使型槽得以充满。

(2) 容纳多余金属。

(3) 缓冲锤击。在终锻过程中，飞边如同垫片，能够缓冲上下模块相击，从而防止分模面过早压陷或崩裂。

飞边槽的形状尺寸与锻件的形状尺寸有关，甚至与预锻件的体积及形状也有关系。合适的飞边槽形状及尺寸大小，应当是既保证锻件充满成形、能容纳多余金属，还应当使锻模有较长的工作寿命。这里选择飞边仓部设在上模块的单边型式。由于仓部设在上模块，因而受热小不易磨损或压塌。

本设计用吨位法确定飞边槽尺寸。按《锻工手册》给出的飞边尺寸与锻锤吨位的关系(mm)见表4-1。

表4-1　飞边槽尺寸与锻锤吨位的关系

锻锤吨位/kN	$h_{飞}$/mm	h_1/mm	b/mm	b_1/mm	r/mm
10	1～1.6	4	8	22～25	1.5
20	1.8～2.2	4	10	25～30	2.5
30	2.5～3.0	5	12	30～40	3
50	3.0～4.0	6	12～14	40～50	3
100	4.0～6.0	8	14～16	50～60	3
160	6.0～9.0	10	16～18	60～80	4

用吨位法选飞边尺寸，需要知道所用锻锤吨位；而用经验法计算锻锤吨位，需要已知含飞边的锻件投影面积，因此先根据生产经验初选模锻设备。

4.4.1　初选模锻设备

为了获得优质锻件并节省能量，为了保持正常的生产率、锻模使用寿命及锻锤工作状态，选用适当吨位的锻锤也是至关重要的。在实际生产上，多用从经验中总结出来的经验公式初选吨位，甚至用参照类似锻件的经验直接判断所需锻锤吨位。

换挡叉材料为40Cr，质量613g。根据经验，质量在1kg以下的锻件都用10kN模锻锤进行生产。

4.4.2　带飞边槽的锻件

带飞边槽的锻件主要是为以后生成锻模型腔所用。

根据表4-1的数据，绘出飞边槽草图。选择【工具】|【截面属性】命令，测得飞边面积为98mm^2(图4.30)。

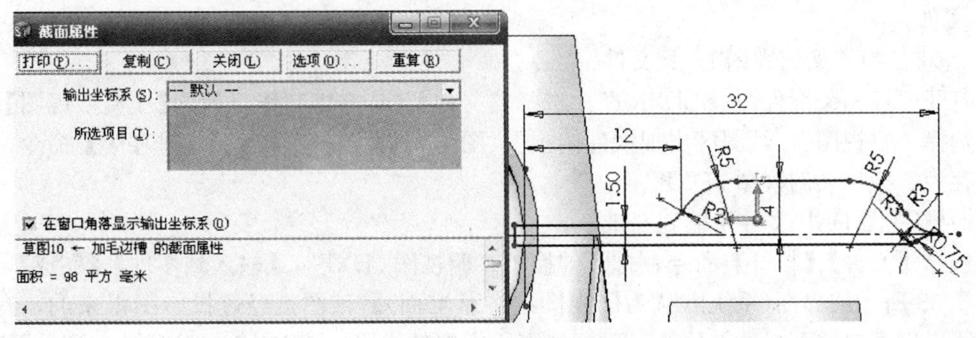

图4.30　飞边槽草图

对于分模面为平面的锻件，可以根据飞边槽草图和分模线进行扫描完成飞边。而本例中的换挡叉则需要扫描、放样、旋转等多种特征结合才可以完成飞边的建模。带飞边的锻件如图 4.31 所示。

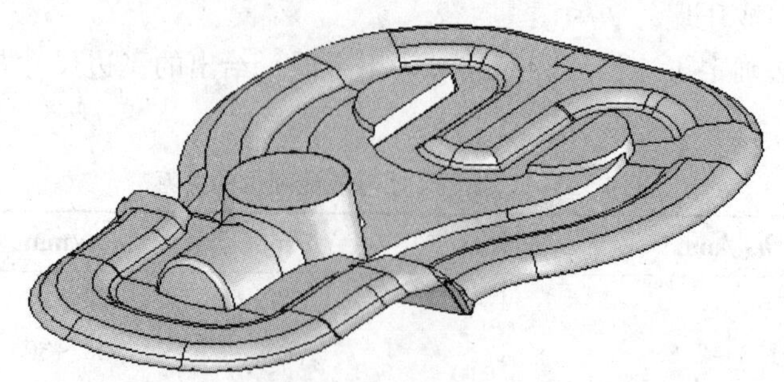

图 4.31 带飞边的锻件

4.4.3 模锻设备吨位的校核

模锻锤设备吨位如果选择过大，不仅浪费设备能力，而且多余的能量必须由锻模的承击面承担，造成承击面的塌陷；如果选择过小则会使打击能量不足，增加打击次数，降低生产率，严重会因为锻造时间过长、锻件温度降低、变形抗力增大而不能完成锻件的成形。校核模锻锤的经验公式为

$$G=0.63KA$$

式中 G——模锻锤规格，N；

K——材料系数，该系数与材料和锻造温度有关，可在《锻压手册》中查到。本例中 $K=1$；

A——锻件和飞边(按仓部的 50%计算)在水平面上的投影面积，mm^2。

为了校核锻锤吨位是否满足要求，必须得到锻件和飞边(按仓部的 50%计算)在水平面上的投影面积 A。

1. 锻件本体分模面上投影图

由于换挡叉的分模面不是平面，无法直接获得锻件分模面上的最大投影面积，需要先打开“换挡叉锻件图 .SLDPRT”三维模型，获得其俯视图的文件。而 SolidWorks 的工程图界面下又没有测量面积的功能，因此需要把俯视图(DXF 文件)输入到三维(SLDPRT 文件)。

1) 获得换挡叉俯视图 DXF 文件

打开“换挡叉锻件图 .SLDPRT”。选择【文件】|【从零件制作工程图】|【模型视图】命令，选择“上视图”，绘图区出现锻件俯视图(图 4.32)。选择【文件】|【另存为】命令，将其另存为“换挡叉俯视图 .DXF”。

2) 俯视图 DXF 文件传输到三维

选择【文件】|【打开】命令，打开“换挡叉俯视图 . DXF”，【输入到零件】【完成】，出现图 4.33 所示的界面(系统默认为前视图绘图基准面)。该图是经过投影图得来的，有很多边线，仅需要留下最外部边线。鼠标选择不需要的线段，按 Delete 键删除，此时图形成为图 4.34 中的锻件本体轮廓线。选择【文件】|【另存为】命令，将其另存为“锻件本体加 50%飞边投影面积 .SLDPRT”，为添加 50%飞边投影面积作好文件准备。

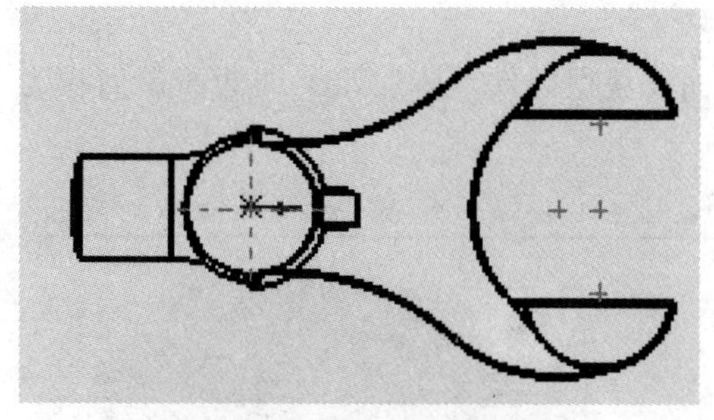

图 4.32 换挡叉俯视图

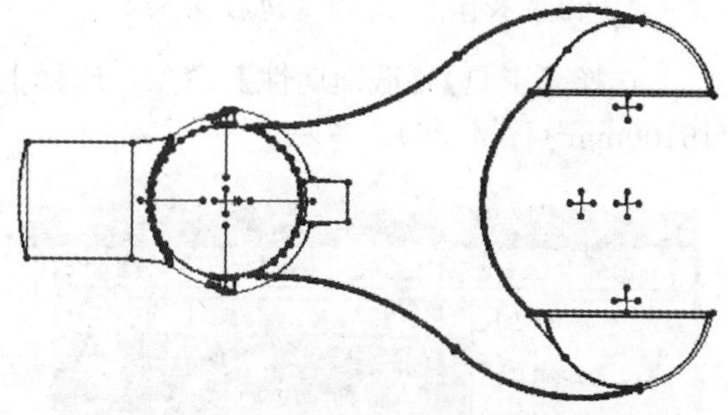

图 4.33 输入到 SolidWorks 的锻件俯视图

思考：如果分模面是平面，有更简便的办法来获得锻件的投影面积吗？

2. 添加50%飞边的轮廓

选择锻件俯视图的边界，作出等距曲线：选择【工具】|【草图绘制工具】|【等距实体】命令，鼠标框选整个草图，等距量选择的依据是图4.30的飞边槽草图，输入20mm，获得锻件本体加飞边50%飞边的外轮廓(图4.34)。

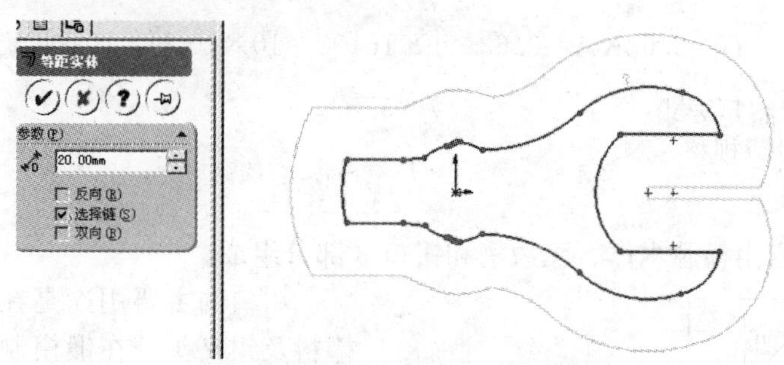

图 4.34 加50%飞边的等距曲线

注意：由于是利用系统的等距曲线来绘制的加飞边槽50%的边界，此时草图中的外轮廓是依附于内轮廓的。为了使两者彼此独立，需要新建一个草图。选前视基准面，进行草图绘制，选择飞边外轮廓上任意一段曲线，单击右键，选择【选择链】，选择【工具】|【草图绘制工具】|【转换实体引用】命令，生成一个仅有外轮廓的草图，选择【插入】|【凸台/基体】命令，进行拉伸，拉伸深度选10mm(此数值的选择可任意)(图4.35)。

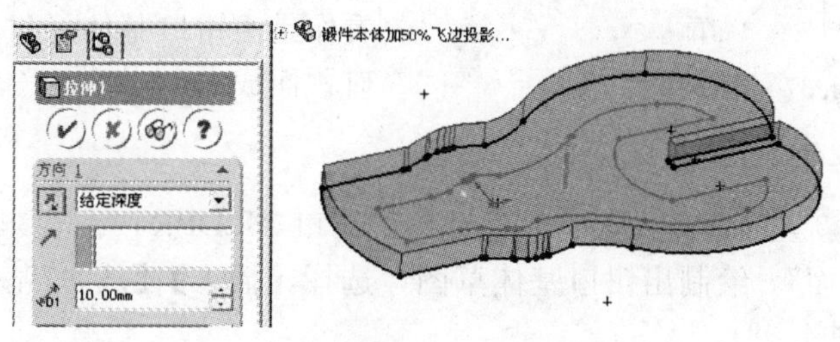

图 4.35 转换实体引用后拉伸

3. 锻件本体加50%飞边投影面积

选择【工具】|【截面属性】命令，选择上表面，获得锻件本体加50%飞边投影面积为16100mm^2(图4.36)。

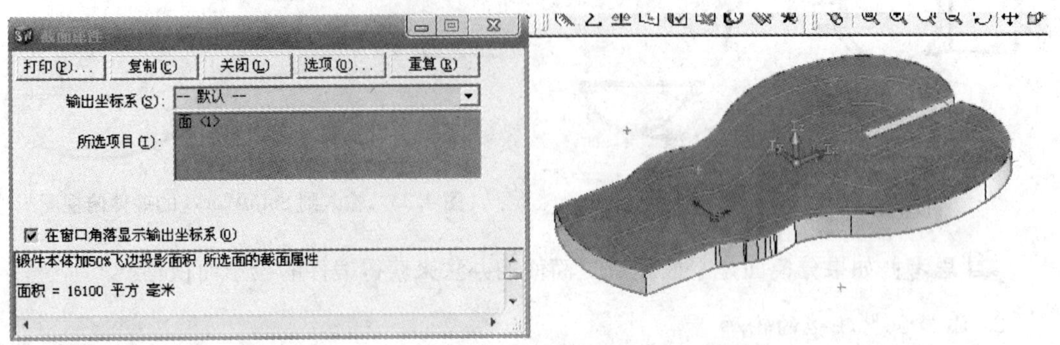

图4.36 锻件本体加50%飞边后的投影面积

4. 锻锤吨位的校核

$$G=0.63KA=0.63\times1\times16100=10\times10^3\text{N}=10\text{kN}$$

10kN的锻锤满足要求。

4.4.4 钳口

终锻模膛通常由模膛本体、飞边槽和钳口3部分组成。

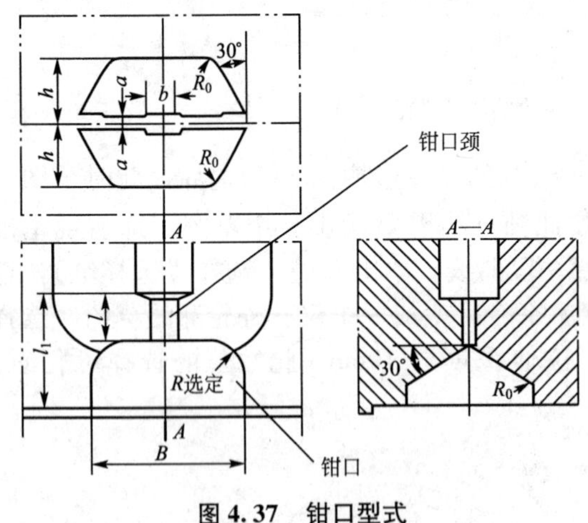

图4.37 钳口型式

钳口的主要用途是在模锻时用来放置棒料及钳夹头。在锻模制造时，钳口还可作为浇铸金属盐(如30% KNO_3 和70% $NaNO_3$)或铅熔液的浇口，浇铸件用来检验模膛加工品质和合模状况。

钳口是指在锻模的模锻模膛前面加工成的空腔，它一般由夹钳口与钳口颈两部分组成。钳口有不同的型式，图4.37是常见的钳口型式之一。

用混合法对钳口进行建模。钳口可以看作是由钳口基体经过机加工，再添加钳口颈而成。

1. 钳口基体拉伸

新建零件图：新建一零件图，将其保存为“钳口.SLDPRT”。

选“前视基准面”，绘制出钳口基体草图，选择【插入】|【凸台/基体】|【拉伸】命令，拉伸深度40mm(图4.38)。

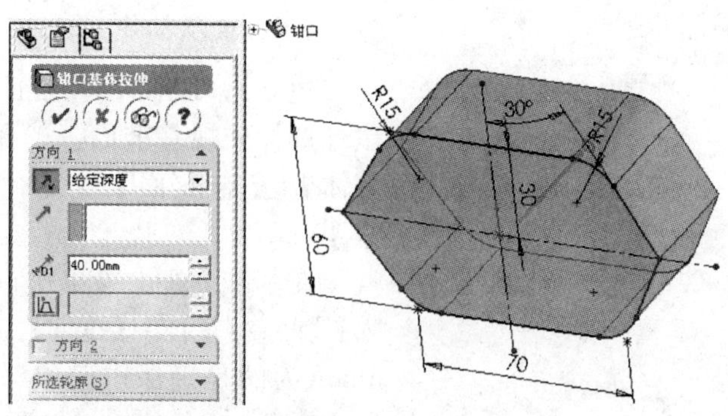

图 4.38 钳口基体拉伸

2. 钳口端圆角切除拉伸

选上视基准面，绘“钳口端圆角”草图。选择【插入】|【切除】|【拉伸】命令，两个方向完全贯穿(图 4.39)。

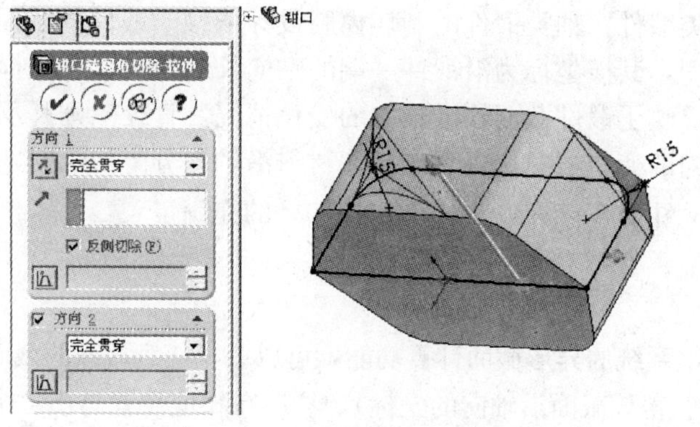

图 4.39 钳口端面圆角切除拉伸

3. 钳口斜面切除拉伸

选右视基准面，绘“钳口斜面”草图，为了避免切除拉伸时出现零厚度，切除草图沿Z方向有增加(图 4.40)，选择【插入】|【切除】|【拉伸】命令，两个方向完全贯穿。

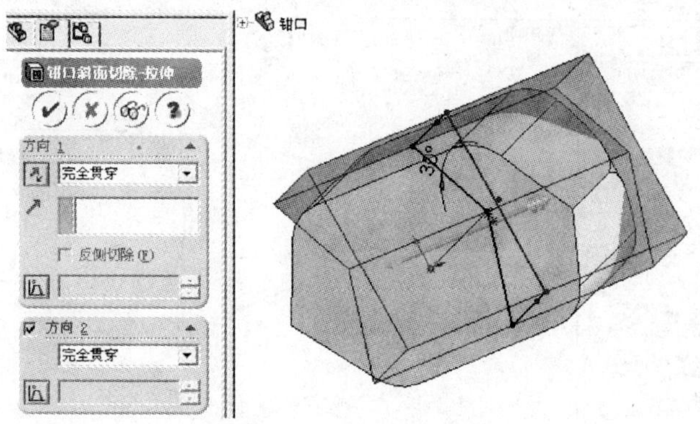

图 4.40 钳口斜面切除拉伸

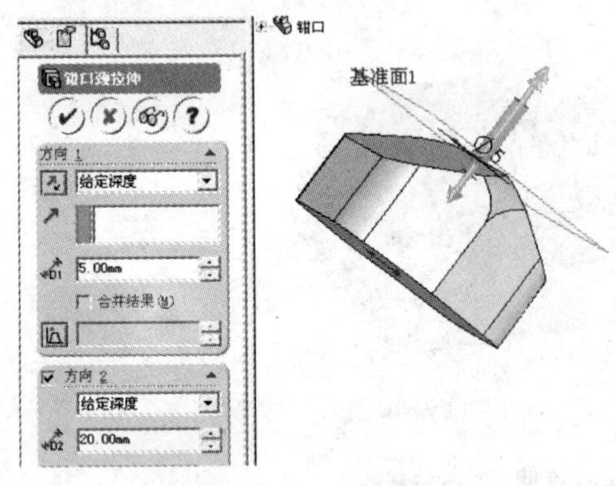

图 4.41　钳口颈拉伸

4. 钳口颈拉伸

建立钳口颈草图基准面：在设计特征树上鼠标选择前视基准面，选择【插入】|【参考几何体】|【基准面】命令，等距曲面，等距量 40mm。

在基准面 1 上绘出钳口颈草图，选择【插入】|【凸台/基体】|【拉伸】命令。①方向 1：选 5mm(为的是确保钳口颈深入到钳口基体内)；②方向 2：选 20mm，保存参数(图 4.41)。至此，钳口建模完成。

4.5　轴类锻件制坯模膛设计

换挡叉属于轴类锻件，轴类锻件的制坯模膛设计依赖于锻件的截面图、直径图。所谓截面图是一个二维图，其横坐标为沿锻件一端的轴向长度计数，纵坐标为锻件相应位置的截面面积，截面图反映了锻件截面积沿轴向的变化情况。直径图则是反映锻件截面折算成直径后的沿锻件轴向的变化情况，可看作制坯材料沿轴向分配的依据，也是滚挤模膛。

注意： 截面图和直径图都包括了飞边 70%的充满量。

4.5.1　截面图

利用 SolidWorks 系统的异形截面计算功能，可以获得任意截面的截面积，这需要首先给出截面位置图(同时获得该截面沿轴向的坐标)，然后在相应位置画出各个截面的草图，经过切除拉伸把需要计算的截面暴露出来，最后利用截面属性，获得该截面的面积值。

1. 确定截面位置

打开“换挡叉锻件图加圆角 .SLDPRT”零件图，另存为“直径图 .SLDPRT”。选“右视基准面”，选择【插入】|【参考几何体】|【基准面】命令，选择“等距面”，等距量 44mm，选中【反向】复选框，生成最左端基准面 1(图 4.42)。

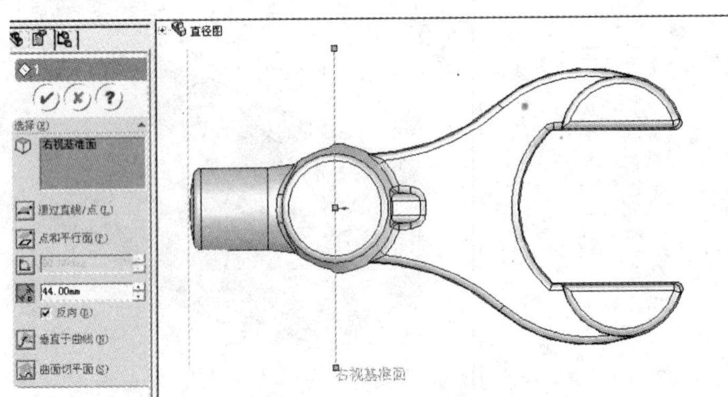

图 4.42　最左端基准面的生成

以最左端基准面1为基准，依次作出若干个能够反映截面变化的位置，直到锻件的最右端。本例中共作了20个基准面。单击、暂停、再单击特征树上基准面，可以对基准面进行命名，本例中由左至右按数字1～20依次命名(图4.43)。

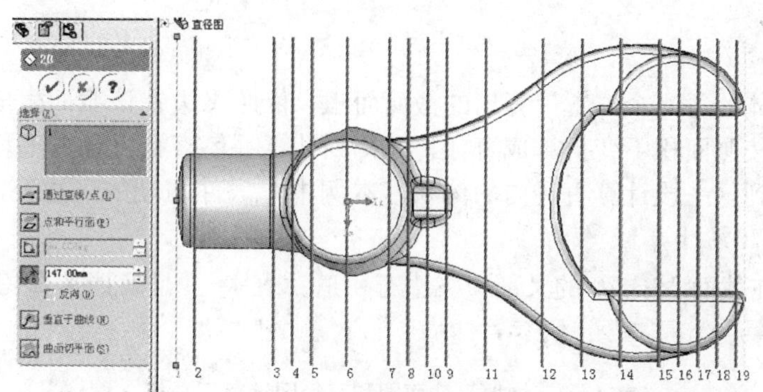

图4.43 截面图位置的确定

2. 切除拉伸露出截面

利用切除拉伸特征可以把需要计算的截面暴露出来。选择“上视基准面”，依次沿设定的截面位置2～19绘出18个直线草图供切除拉伸。图4.44是在截面7位置对相应草图进行切除拉伸的预览图，选取两个方向完全贯穿、反侧切除。

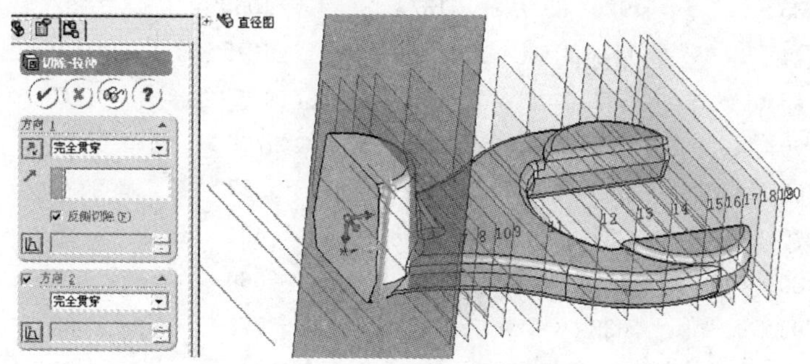

图4.44 切除拉伸暴露截面

3. 测量截面积

选择【工具】|【截面属性】命令，可以获得依次相应截面的面积(图4.45)。

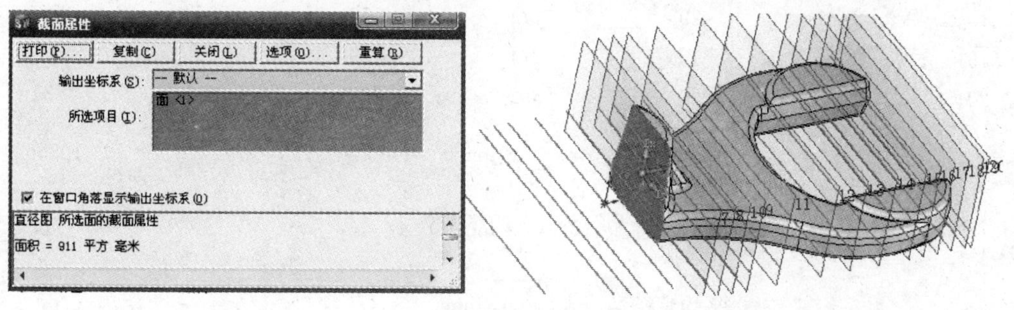

图4.45 测量截面积

每选定一个截面位置，进行切除拉伸就露出一个截面，可以获得每一个截面的面积数值后，将截面序号、截面位置的坐标、锻件本体的面积依次到 Excel 表格中(参见表 4-2)可供绘制锻件截面图和直径图使用。

4.5.2 直径图

针对锻件本体的每一个位置计算出的截面面积，依照飞边在该截面生成的具体情况加入飞边截面积，按照面积不变折算成直径，就得到计算毛坯直径。计算毛坯直径乘以两截面间的距离就得到这一段计算直径内的体积。本例中，锻件两端的飞边充满率按 100%计算，中间均按照 70%计算。

注意：在截面 13～20 的叉部，飞边有 4 道。表 4-2 是换挡叉直径图计算汇总表，其中 $V_i=A_i(x_i-x_{i-1})$，$i=2, 3, \cdots, 20$。

表 4-2　换挡叉截面图和直径图计算汇总表

截面序号 i	轴向坐标 x_i/mm	本体截面积 A_{bi}/mm²	飞边截面积 A_{fi}/mm²	总截面积 A_i/mm²	计算毛坯直径 $d_{计i}$/mm	体积计算 V_i/mm³
1	0	0	196	196	16	
2	5	452	137	589	27	2945
3	25	462	137	599	28	11984
4	30	658	137	795	32	3976
5	35	926	137	1063	37	5316
6	44	1140	137	1277	40	11495
7	55	911	137	1048	37	11530
8	60	572	137	709	30	3546
9	65	390	137	527	26	2636
10	70	357	137	494	25	2471
11	80	432	137	569	27	5692
12	95	638	137	775	31	11628
13	105	367	274	641	29	6410
14	115	380	274	654	29	6540
15	125	413	274	687	30	6870
16	130	395	274	669	29	3345
17	135	364	274	638	29	3190
18	140	298	274	572	27	2860
19	145	155	274	429	23	2145
20	147	0	392	392	22	784
		体积合计 $V_{总}=\sum_{i=2}^{20}V_i\ \mathrm{mm^3}$				105363
		平均截面积 $A_{均}=\frac{V_{总}}{x_{20}}\ \mathrm{mm^2}$				717
		平均直径 $d_{均}=\sqrt{\frac{4}{\pi}A_{均}}\ \mathrm{mm}$				30

选择“上视基准面”，进入草图绘制状态。选择【工具】|【草图绘制工具】命令，绘出直径图的中心线，在截面1～20的位置分别插入点，各点的位置(表4-2中计算毛坯直径的相应数值)通过尺寸标注来定位。选择【工具】|【草图绘制工具】|【样条曲线】命令，依次选取各计算毛坯直径点生成上半部分的样条曲线。

框选上半部分的样条曲线和中心线，选择【工具】|【草图绘制工具】|【镜像】命令，生成如图4.46所示的直径图，保存。

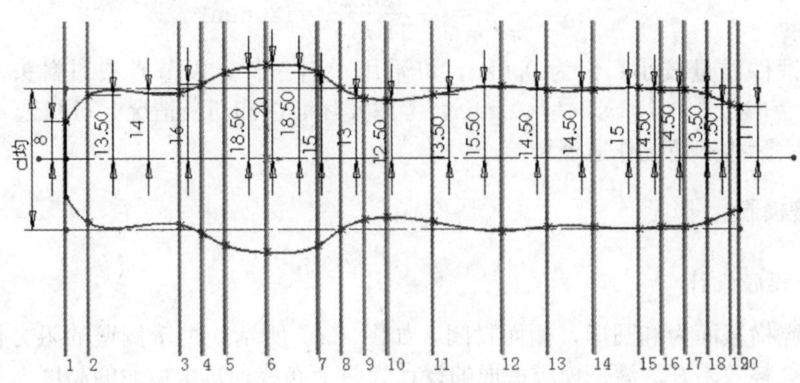

图4.46 直径图

4.5.3 模锻工艺方案

1. 模锻工步的选择

锻造工艺学中规定：在直径图中，那些大于平均直径的部分称为头部，小于等于平均直径的部分称为杆部。从图4.46可以看出：换挡叉直径图具有一头两杆，其中截面4～7为头部，其余为杆部。

$$\alpha=\frac{d_{\max}}{d_{均}}=\frac{40}{30}=1.3$$

$$\beta=\frac{L_{件}}{d_{均}}=\frac{147}{30}=4.9$$

由《模具设计大典》第4卷图24.2-36长轴类锻件制坯工步选用范围可知，此锻件应采用闭式滚压制坯工步。为易于充满，应选用圆坯料，模锻工艺方案为：闭式滚压—预锻—终锻—切断。

2. 毛坯直径的选择

对于只有滚压制坯工步的锻件，可根据公式$A_{坯}=A_{滚}=(1.05\sim1.2)A_{均}$确定坯料的截面尺寸，取系数为1.2，则

$$A_{坯}=1.2A_{均}=1.2\times717=860\text{mm}^2$$

$d_{坯}=\sqrt{\frac{4}{\pi}A_{坯}}=\sqrt{\frac{4}{\pi}860}=33.1\text{mm}$，选择直径为34mm的圆钢。

3. 毛坯长度的确定

坯料的体积：

$$V_{坯}=V_{计}(1+\delta\%)=105363(1+3\%)=108524\text{mm}^3$$

式中 δ——烧损率。

坯料长度为

$$L_{坯}=\frac{4V_{坯}}{\pi d^2}=\frac{4\times108524}{34^2\pi}=120\text{mm}$$

由于此锻件质量较小，仅为 0.6kg，可采用一料三件，以节省夹钳料头，料长可取 $3\times L_{坯}+L_{钳}=3\times120+1.2\times34=401\text{mm}$，考虑实际锻造和切断情况，可初选 400mm。试锻后再根据实际生产情况作适当调整。

4.5.4 滚挤模膛

1. 滚挤模膛设计

闭式模膛横截面为椭圆形，侧面封闭，如图 4.47 所示。由于侧壁的阻力作用，此种滚压模膛，聚料效果好。滚挤模膛截面的设计为两个参数；每个截面的高度 h_i 和模膛的整体宽度 B(图 4.48)。

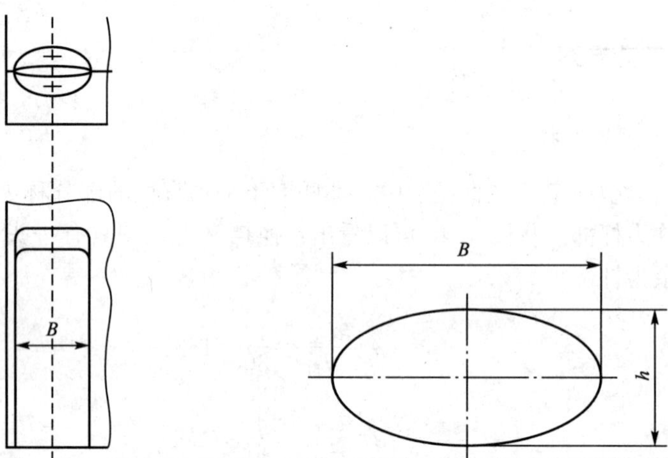

图 4.47 闭式滚挤模膛示意图　　图 4.48 闭式滚挤模膛的设计参数

滚压模膛的设计依据也是计算毛坯。

1) 模膛宽度

滚压模膛的宽度过小，金属在滚压过程中流进分模面会形成折迭；过大，因侧壁阻力减小降低滚压效率，而且增大模块尺寸。

$$1.7d_{坯}\geqslant B\geqslant1.1d_{max}$$

$$54\geqslant B\geqslant44$$

因此，模膛宽度取 $B=50\text{mm}$。

2) 模膛的高度 h_i

在杆部，模膛的高度应比计算毛坯相应部分的直径小，即

$$h_{杆i}=(0.7\sim0.8)d_{计i}$$

在滚压模膛头部，为了有助于金属的聚集，模膛的高度应等于或略大于计算毛坯图相应部分的直径。即

$$h_{杆i}=(1.05\sim1.15)d_{计i}$$

当靠近钳口的滚压模膛头部时，有一部分金属可能由钳口流出，这时系数选大些，取1.05。滚挤膜膛高度汇总表见表4-3。

表4-3 滚挤模膛高度汇总表

截面序号 i	轴向坐标 x_i/mm	计算毛坯直径 $d_{计i}$/mm	滚挤模膛计算高度 $h_{计i}$/mm	滚挤模膛高度系数 k_i	滚挤模膛高度 h_i/mm
1	0	16	5	1.05	5
2	5	27	15	1	15
3	25	28	15	1	15
4	30	32	20	1.1	22
5	35	37	27	1.1	30
6	44	40	33	1.2	39
7	55	37	27	1.1	29
8	60	30	18	1.1	20
9	65	26	13	1	13
10	70	25	13	0.8	10
11	80	27	14	0.8	12
12	95	31	20	1	20
13	105	29	16	1	16
14	115	29	17	1	17
15	125	30	17	1	17
16	130	29	17	1	17
17	135	29	16	1	16
18	140	27	15	0.9	13
19	145	23	11	0.8	9
20	147	22	10	0.8	8

3）模膛长度

模膛长度 L 等于计算毛坯图的长度。

2. 滚挤模膛实体建模

滚挤模膛的建立需要先生成滚挤模膛实体，然后将之装配在模块的恰当位置，再利用“型腔”功能完成模膛的生成。

打开“直径图.SLDPRT”。在特征设计树下，单击右键，选择【删除】，仅留下截面1～20的特征，另存为“滚挤模膛.SLDPRT”文件。

滚挤模膛本体的作用是对坯料完成轴向体积分配。滚挤钳口的作用是方便夹持坯料。

滚挤毛刺槽则是为了容纳可能存在的多余材料。

1）滚挤模膛本体

首先按照滚挤模膛宽度为50mm，滚挤模膛高度 h_i 如表4-3中所列，分别在20个截面处绘出模膛本体的椭圆草图。

在特征树下选择“截面1”，选择【插入】|【草图绘制】命令。选择【工具】|【草图绘制实体】|【椭圆】命令，以原点为中心，绘出椭圆。在“添加几何关系”中，选中椭圆长轴的两个端点，使之“水平”，选择【工具】|【标注尺寸】命令，标注长轴为50mm，短轴为5mm(图4.49)。

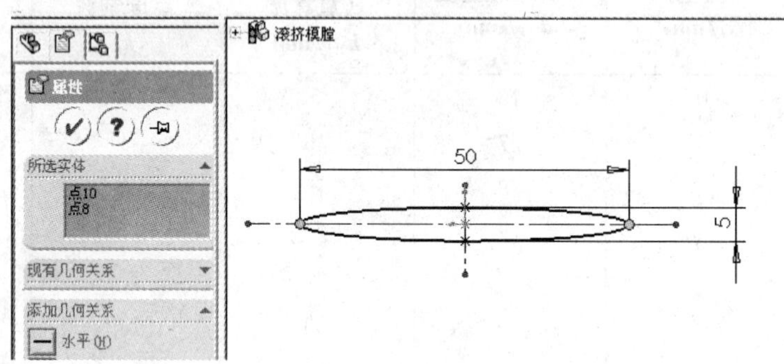

图4.49　椭圆截面草图

用此方法依次完成20个截面的草图。

选择【插入】|【凸台/基体】|【放样】命令，依次把20个截面添加到放样轮廓(图4.50)，就可完成滚挤模膛本体的建模。

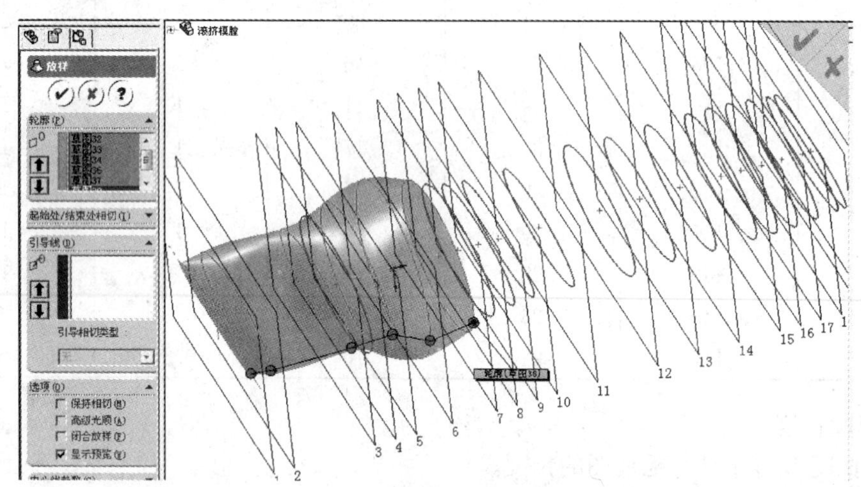

图4.50　滚挤模膛放样

在放样时，为了确保轮廓截面上的点正确对应，在特征树下选择“上视基准面”，用鼠标拖动各点沿最大轮廓水平对齐(图4.51)。确定，完成滚挤模膛本体(图4.52)，保存。

2）滚挤模膛钳口

选择“前视基准面”，进入“草图绘制”，绘出如图4.53所示的草图，框选图形及中心线，单击【镜像实体】图标，完成滚挤钳口草图。

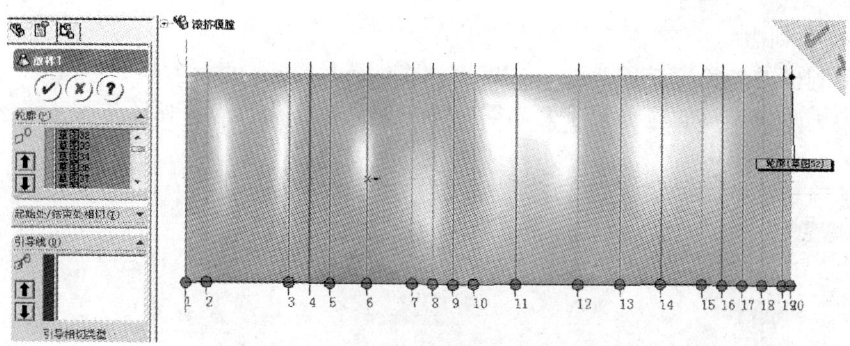

图 4.51　滚挤模膛放样时点的位置修正

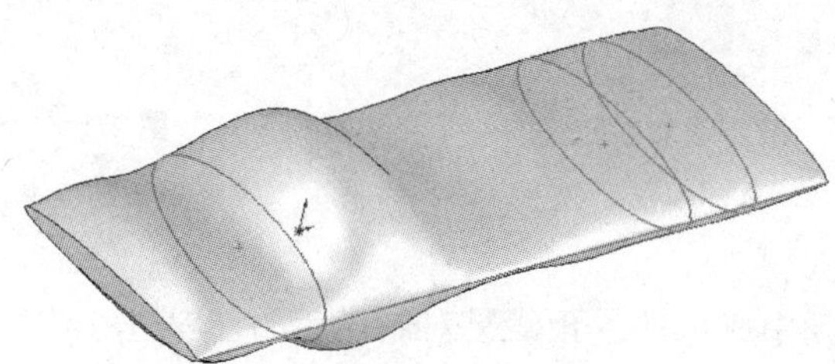

图 4.52　滚挤模膛本体模型

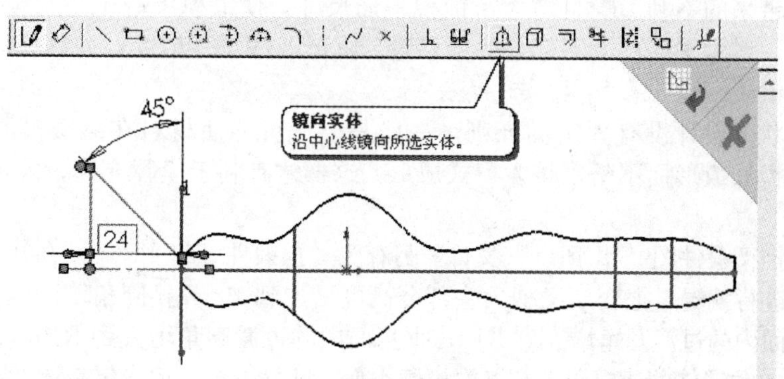

图 4.53　滚挤钳口草图及镜像

选择【插入】|【凸台/基体】|【拉伸】命令，拉伸出滚挤钳口特征(图 4.54)。

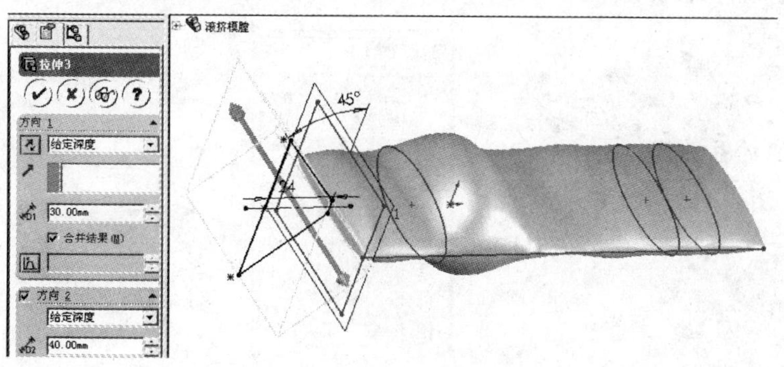

图 4.54　滚挤钳口拉伸

3）滚挤毛刺槽

滚挤毛刺槽的外轮廓是长30mm、宽20mm、厚度6mm的立方块，图4.55是其特征拉伸图。为了减少模具的应力集中，尚需加3mm圆角(图4.56)，具体步骤不赘述。

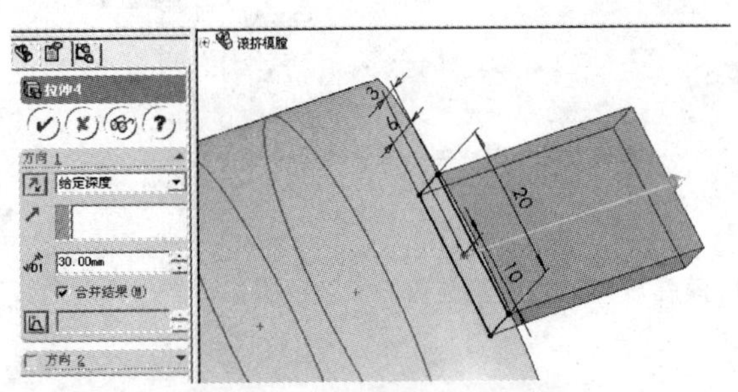

图4.55　滚挤毛刺槽拉伸

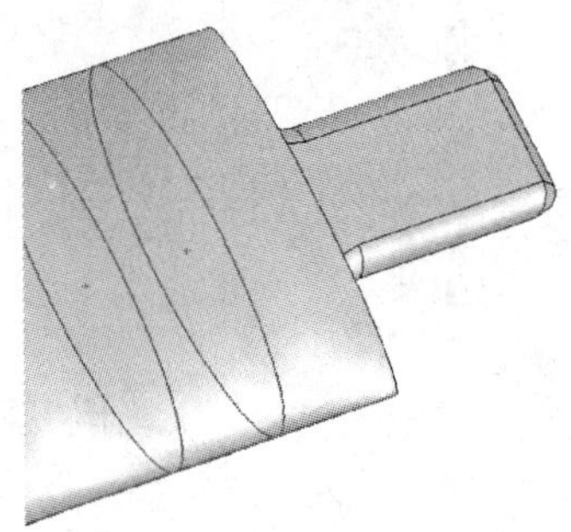

图4.56　滚挤毛刺槽加圆角

4.5.5　预锻件

预锻件是在预锻模膛中成形的。预锻是对制坯后的坯料进一步变形，目的是合理地分配坯料各部位的金属体积，使其接近锻件的外形，改善金属在终锻模膛内的流动条件，以保证终锻时充满模膛，避免折迭、裂纹或其他缺陷，减少终锻模膛的磨损，有利于提高模具寿命。预锻带来的不利影响是增大了锻模平面尺寸，使锻模中心不易与模膛中心重合，导致偏心打击，增大了锻件上下部分的错移量，降低锻件尺寸精度，使锻模和锤杆受力状态恶化，影响锻模寿命。

预锻件形状的设计没有固定的准则，一般是要尽可能使材料在终锻模膛内的流动合理，即以镦粗模式成形而不是以挤入模式成形，这样才有利于模膛充满，才可以降低成形所需要的载荷。

打开"换挡叉锻件图.SLDPRT"文件，另存为"预锻件.SLDPRT"。在特征树下，鼠标选择相应特征进行编辑，把变速叉柄大头部分高度增加到19mm，圆角增大到R15，大头部分的筋上水平面内的过渡圆角增大到R10，垂直面内的过渡圆角增大到R15，叉部增加了劈料台(图4.57)。预锻件的建模步骤与终锻模膛类似，此处不再详述，仅叙述劈料台的建模。

劈料台建模可分为3部分进行，即叉口部分拉伸、中部放样、根部拉伸。

建立叉口基准面：选择【插入】|【参考几何体】|【基准面】命令，单击【点和平行面】按钮，选叉头顶点和右视基准面(图4.58)，单击【确定】按钮。

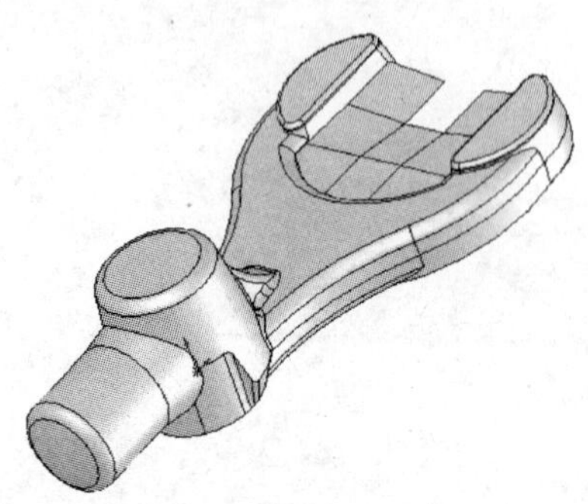

图4.57　预锻件模型

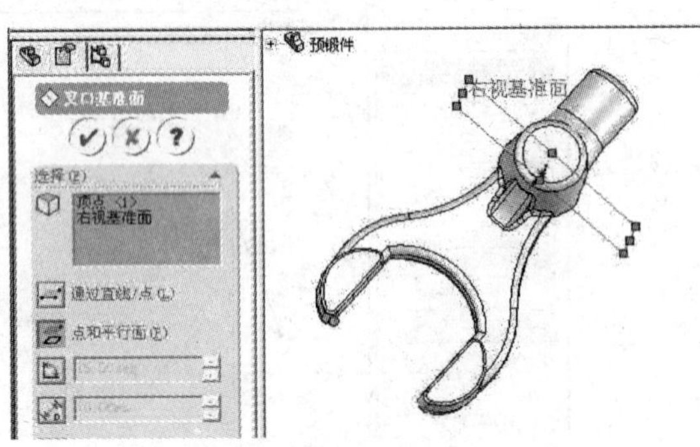

图4.58　叉口基准面

在叉口基准面绘出叉口草图：选择【插入】|【凸台/基体】|【拉伸】命令，“给定深度”15mm(图 4.59)，生成叉口。

绘制出劈料台中部放样草图：选择叉口拉伸向内的表面，绘制出劈料台中部放样草图1(图 4.60)。建立劈料台基准面 2，绘出放样草图 2，选择【插入】|【凸台/基体】|【放样】命令，选择两个草图，生成劈料台中部(图 4.61)。

选择放样后端面，选择【插入】|【草图绘制】命令。选择劈料台放样中的矩形草图，选择【工具】|【草图绘制工具】|【转换实体引用】命令，选择【插入】|【凸台/基体】|【拉伸】命令，成形到一面(图 4.62)，保存文件。至此，完成了劈料台的建模。

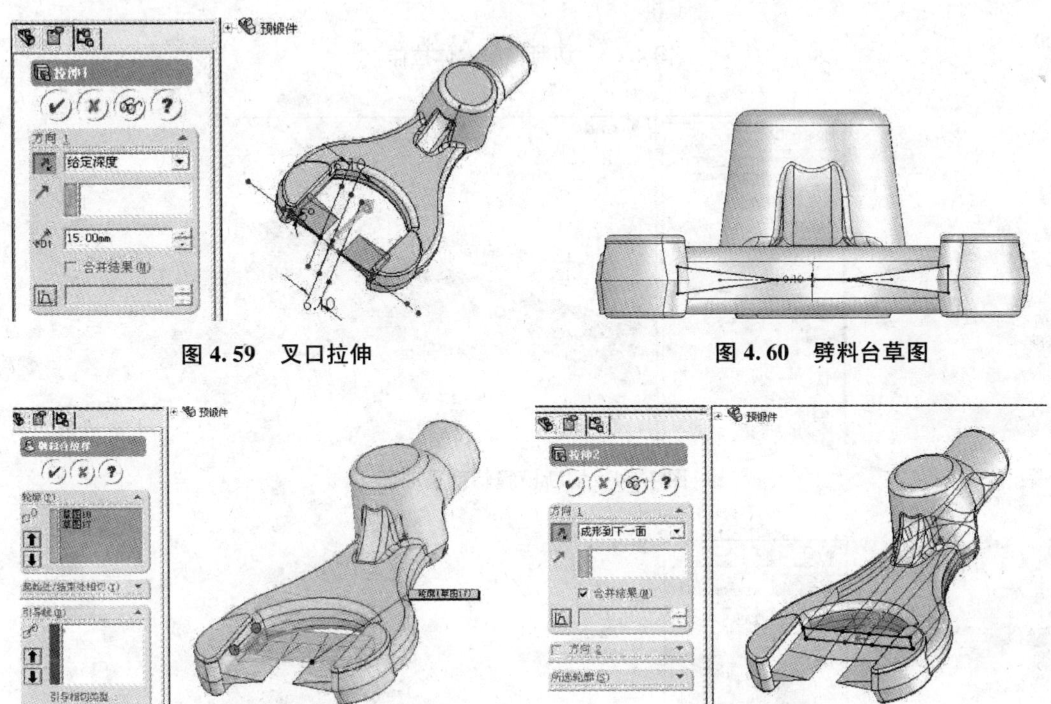

图 4.59 叉口拉伸

图 4.60 劈料台草图

图 4.61 劈料台放样

图 4.62 劈料台拉伸

4.5.6 切断模膛设计

由于采用一料三件，需要设计切断模膛，选切刀刃角度为 20°，刀刃宽度为 5mm，切断模膛的宽度 60mm，根据坯料的直径和带有飞边锻件的尺寸，确定为 60mm。

建立切断模膛的最简便方法是作出切断模膛的实体，然后把该实体放置到模块的恰当位置，再利用“型腔”功能生成。

新建一零件图，选择“上视基准面”，绘出切断模膛草图，将其保存为“切断模膛.SLDPRT”文件。

选择【插入】|【凸台/基体】|【拉伸】命令，给定深度 60mm，拉伸出切断模膛本体(图 4.63)。

为了能够方便地把切断模膛安装到模块的相应位置，需要建立与边线成 15°且过切刀顶点的基准面。这需要分两步走：①以前视基准面(图 4.64 面 1)和边线 1，作 15°的辅助基准面(图 4.64)，②以辅助基准面和切断模膛顶点作出切断模膛基准面(图 4.65)。

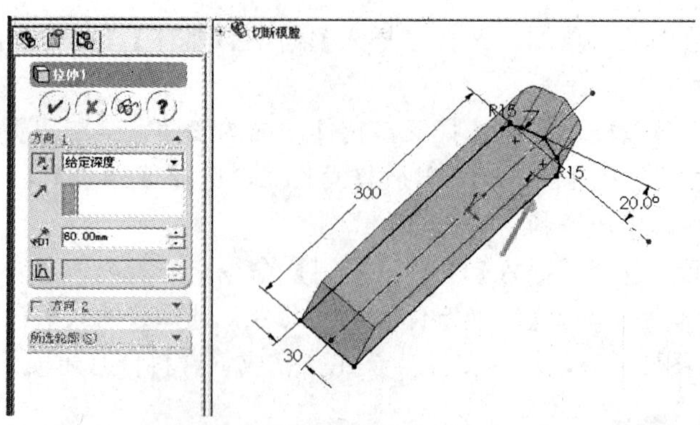

图 4.63　切断模腔本体拉伸

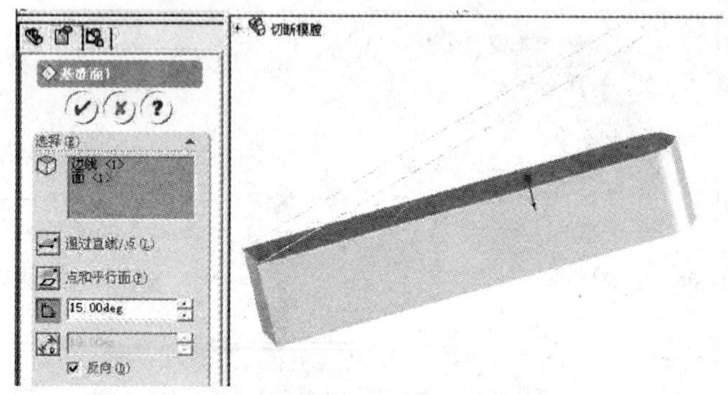

图 4.64　切断模腔辅助基准面

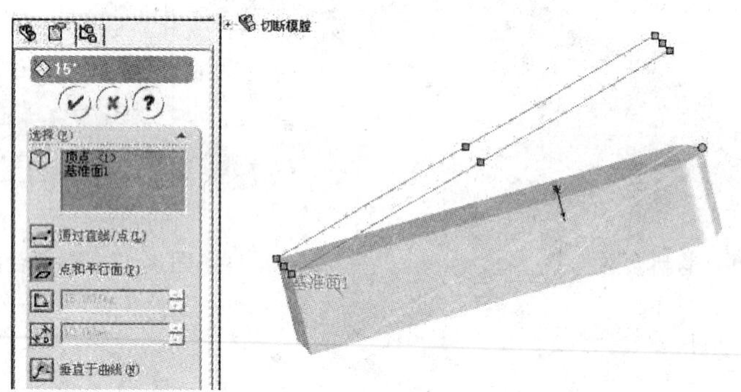

图 4.65　切断模腔基准面

最后在切刀的两条边线再加上 15mm 的圆角半径(图 4.66)，保存文件。

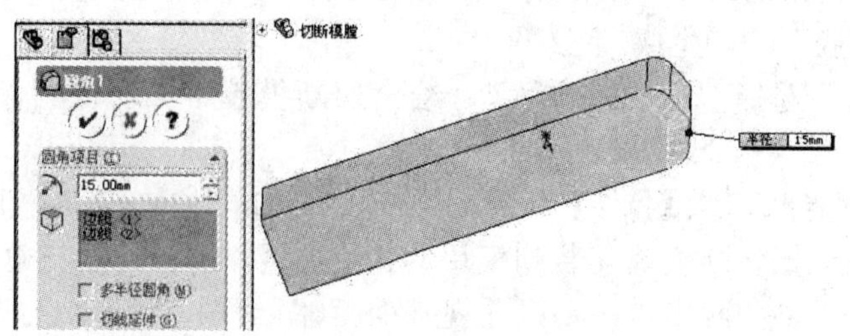

图 4.66　切断模腔圆角

4.6 模膛结构设计

4.6.1 锻模中心

锻模中心：锤锻模的紧固一般都是利用楔铁和键块配合燕尾紧固在下模，如图4.67所示。锻模中心指锻模燕尾中心线与燕尾上键槽中心线的交点，它位于锤杆轴心线上，也是锻锤打击力的作用中心。

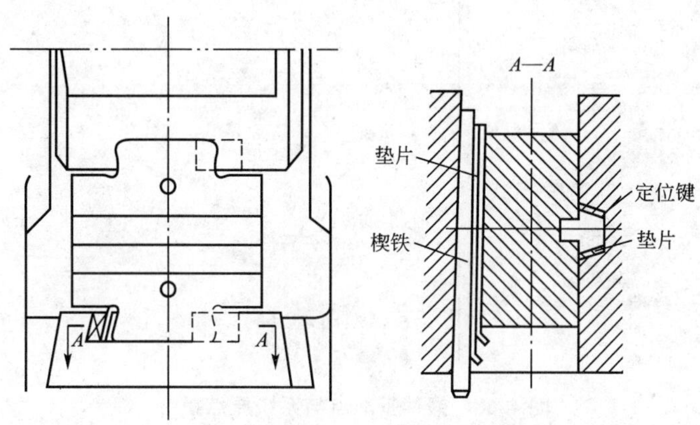

图4.67 锻模燕尾中心线与燕尾上键槽中心线

4.6.2 模膛中心

模膛中心：锻造时模膛承受锻件反作用力的合力作用点。

模膛中心是锻模模膛布置的重要依据。当锻模无预锻模膛时，终锻模膛中心位置应取在锻模中心，这样锻锤在打击时不产生附加力矩，锻件不易产生错差，锤杆不承受侧向弯矩，导轨不承受侧向力。当锻模有预锻模膛时，两个模膛中心一般都不能与锻模中心重合，为了减少错差、保证锻件品质，应力求终锻和预锻模膛中心靠近锻模中心。

1. 模膛中心与锻件投影平板重心

模膛中心是锻件成形时反作用力的合力作用点，该点与锻件形状密切相关。实际上，由于锻件沿厚度方向的尺寸不一致，锻件的变形抗力总是有差别的；另外由于厚度不一致使得锻件的温度各处也不一致，越薄的地方温度越低。锻件成形时的反作用力分布非常复杂。粗略的计算方法是：假设变形抗力分布均匀时，模膛(包括飞边桥部50%)在分模面的水平投影的形心可当作模膛中心，或者是以该投影面为一定厚度的平板的重心当作模膛中心。

传统方法是用吊线法寻找此平板的重心。本节利用SolidWorks系统自动求解重心。变形抗力分布不均匀时，模膛中心则由形心向变形抗力较大的一边移动，移动距离值的大小与模膛各部分变形抗力相差程度有关，可凭经验确定。

SolidWorks系统可以相对于自身的原点给出选定体积的重心。为了使系统给出的重心相对于锻件某一基准点位置，把“换挡叉俯视图.SLDPRT”文件调入系统，以此为基础进行锻件俯视图平板重心的求解。

系统的重心求解是相对于参考坐标系的原点的，为了使设计者弄清楚重心在锻件俯视图上的相对位置，需要首先将系统原点与锻件草图的选定基准点重合。

2. 锻件投影草图定位

选择【工具】|【草图绘制工具】|【移动或复制】命令，框选整个草图，把联接销轴孔上端圆心定义为基准点，鼠标拖动基准点到系统原点(图4.68)。

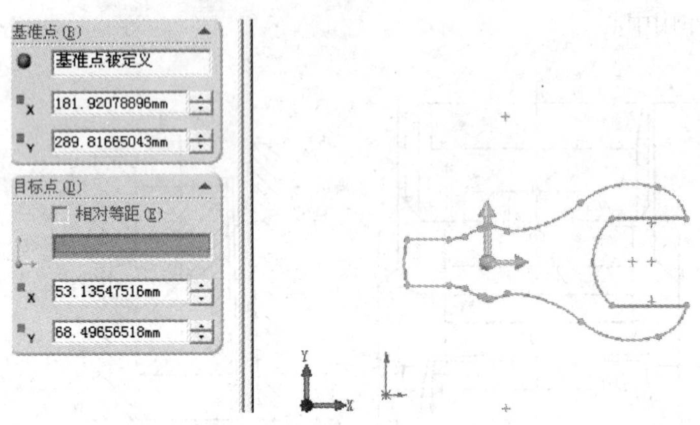

图4.68 锻件基准点与系统原点重合

与计算投影面积的步骤类似，作出锻件本体加50%飞边的等距曲线并拉伸。选择【工具】|【质量特性】命令，得到重心相对于系统原点，也是相对于联接销轴孔上端圆心的坐标，$X=40\text{mm}$，$Y=0$(图4.69中三维坐标系原点就是均质平板质心位置)。

模膛中心是锻模结构设计的重要依据。

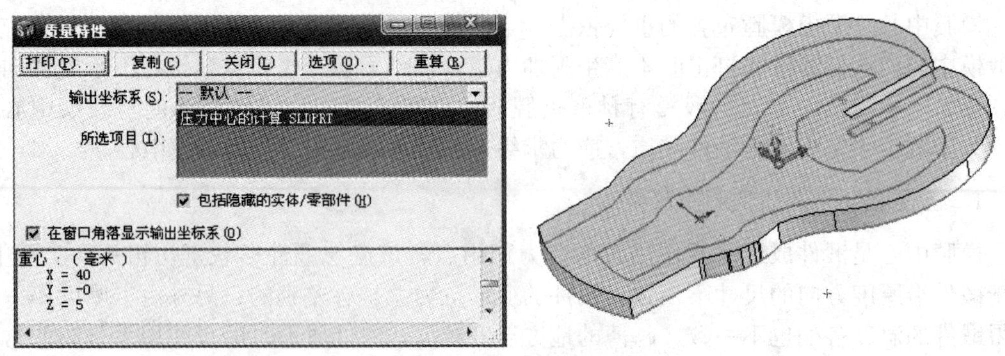

图4.69 锻件加50%飞边的平板重心

4.7 锻模的三维造型

锻模就是具有滚挤模膛、预锻模膛、终锻模膛、切断模膛、钳口、锁扣等一系列特征的可以合起来的上下模两个零件。锻模的造型需要以下步骤。

(1) 模块准备：在通用模块上作出模膛布置的基准。

(2) 生成模具过渡装配体：把模膛实体的各个零件安装到模块的恰当位置上。

(3) 形成模腔：用系统的型腔功能，在模块上生成模腔。

(4) 切割模块成上下模，并且分别保存为两个零件。

4.7.1 模块

本书第2章中曾经进行了“系列模块.SLDPRT”的设计，现在直接打开应用。打开“系列模块.SLDPRT”文件，在特征树“系列模块配置”下，选择“10～20kN锻锤”，删除其余配置，另存为“换挡叉模块.SLDPRT”。这样原来的“系列模块.SLDPRT”文件仍然保留供以后调用。

为了快速完成模膛布置，事先在模块上绘制出各模膛的安装位置是不错的选择。这需要建立模膛布置草图基准面，依次绘制出各安装基准轴。

1. 建立模膛布置草图基准面

选中“上视基准面”，选择【插入】|【参考几何体】|【基准面】命令，平行平面，距离11.20mm，反向(图4.70)。

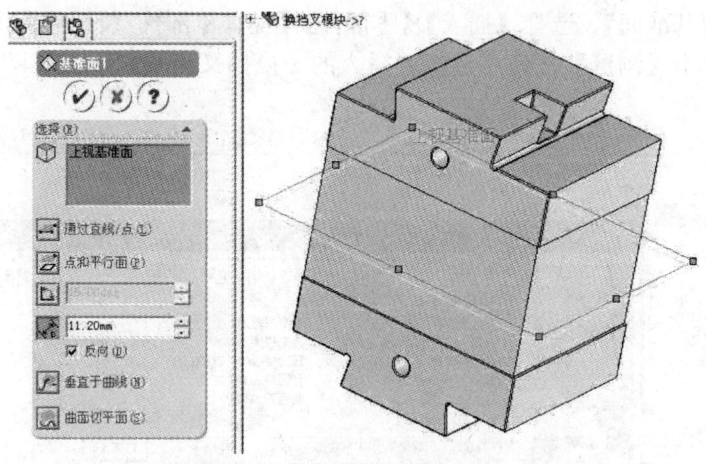

图4.70 模膛布置草图基准面

2. 绘制模膛布置草图

先按照设计好的位置绘制出模膛布置草图(图4.71)，再运用插入基准面和基准轴的方法，逐一生成“滚挤安装基准轴”、“终锻安装基准轴”、“预锻安装基准轴”以及切断模膛安装基准面(图4.72)，就可以把滚挤模膛实体、预锻件、终锻件、切断模膛实体以及钳口等与模块装配在一起。

4.7.2 模具过渡装配体

SolidWorks系统提供的装配体建模功能，可以把一组零件按照设计好的相互配合关系组成一体。锻模可以看作是把滚挤模膛实体、预锻件、终锻件、切断模膛实体以及钳口等与模块装配在一起的装配体，然后把模块生成空腔。再把模块切割成上下两部分。由于组成装配体的最终目的是要借助于系统的型腔功能来生成模具，因此称之为“模具过渡装配体”。

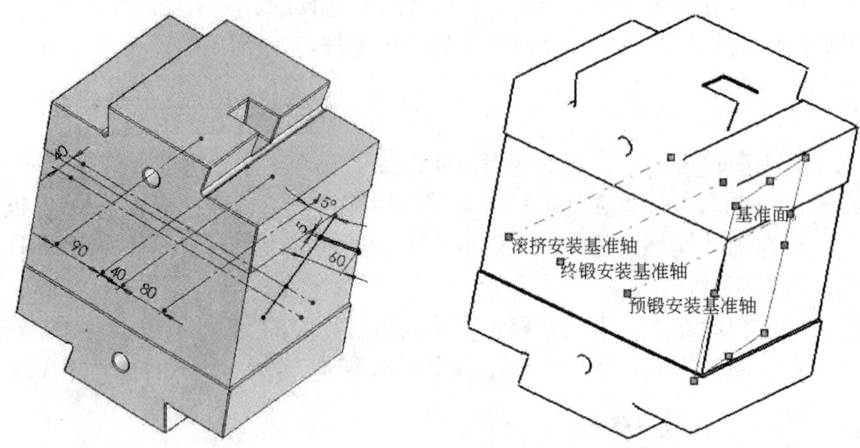

图 4.71　模膛布置草图　　　　图 4.72　模膛布置基准面

新建一装配图，另存为“换挡叉模具过渡装配体.SLDASM”文件。

选中“前视基准面”，选择【插入】|【零部件】|【现有零部件/装配体】命令，左端出现菜单对话框，单击【浏览】按钮，选择要插入的“换挡叉模块.SLDPRT”，单击【打开】按钮(图 4.73)。

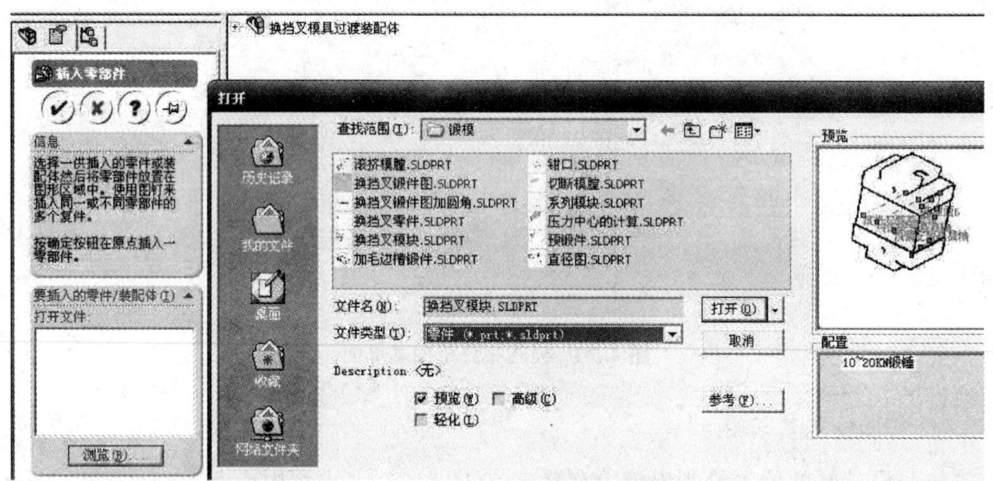

图 4.73　在装配体中插入零件

在装配体中第一个插入的零件被默认为是固定的。如果需要将之改变为可动的，则用鼠标选择装配特征树下的相应零件，单击右键，选择【浮动】。

逐一将所需要插入的零件，加换挡叉锻件加圆角、滚挤模膛、预锻件、钳口、切断模膛等，并且添加相应的配合关系(详见本书配套光盘)，形成内部装配好相应模膛、钳口的模具过渡装配体(图 4.74)，保存。注意：同样的零件可以被插入多次，比如钳口和切断模膛。

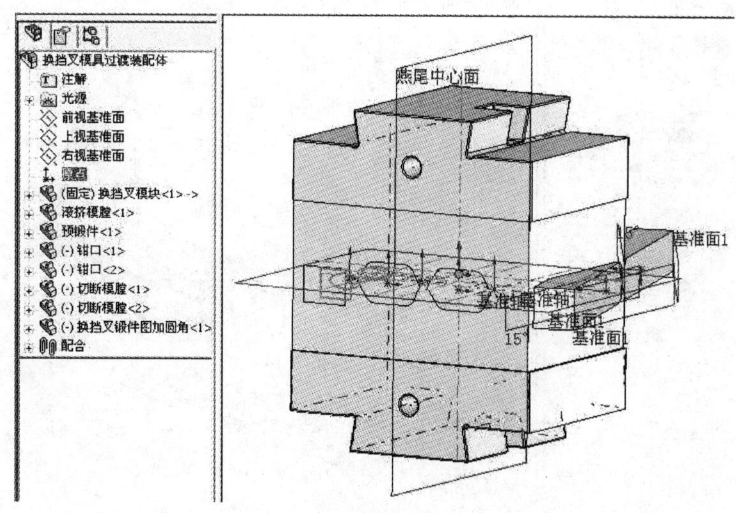

图 4.74 换挡叉模具过渡装配体

4.7.3 生成型腔

在装配体环境下，对换挡叉模块进行编辑，能够生成模具型腔。

打开“换挡叉模具过渡装配体.SLDASM”文件。选择特征树下“换挡叉模块”，单击右键，选择【编辑零件】(图 4.75)，此时就是在装配体环境下实行对模块的编辑。

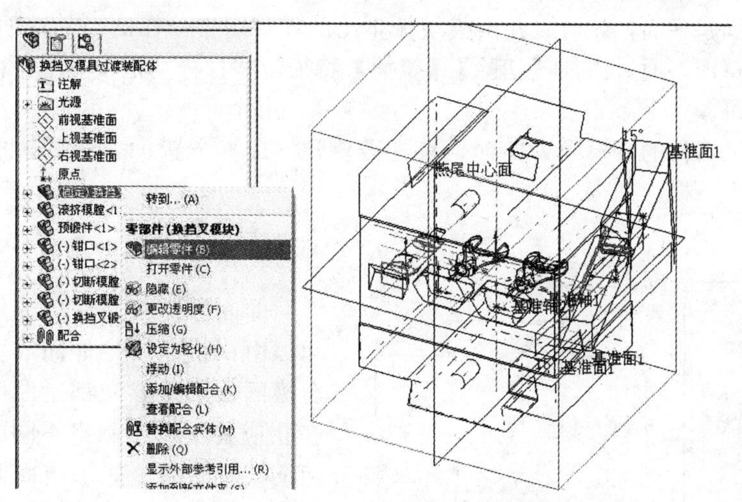

图 4.75 在过渡装配体中编辑模块

注意：特征树下换挡叉模块高亮显示。

由于是冷锻件图，所以终锻件要加上1.5%的热缩率(图 4.76)，以保证可以在室温下得到满足尺寸要求的锻件(缩放系数的选择，大于零为膨胀，小于零为收缩，其值可在－50～＋50之间选择，数值为百分比)。在装配体编辑状态下，选择【保存】按钮。

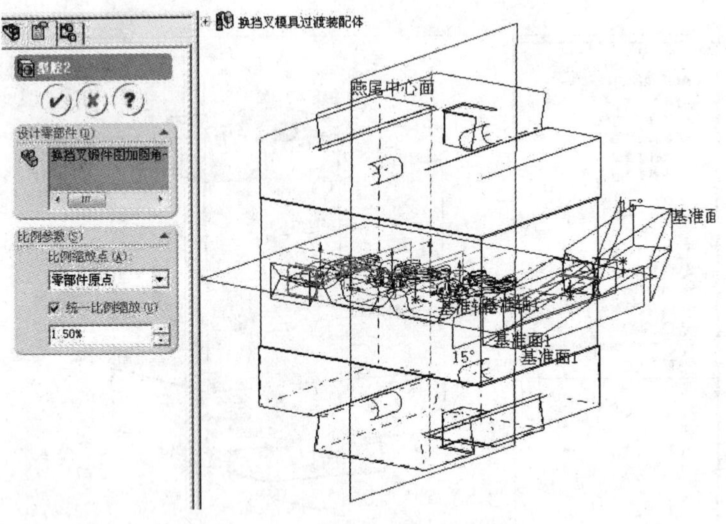

图4.76　模腔添加热膨胀率

4.8　切割模具

打开“换挡叉模具过渡装配体.SLDASM”文件，鼠标在设计树内选择“换挡叉模块”，选择【文件】|【派生零部件】命令，由装配图中的换挡叉模块派生出带型腔的新零件(即所需要的模具)，另存为“换挡叉模具.SLDPRT”文件。

如果分模面是平面，就可以在由模块派生出的零件图中选择恰当基准面绘出分模线，以此分模线为草图，通过添加【切除】【拉伸】特征，并且分别把模具上下两半分别保存为两个零件即可。

由于换挡叉锻件的分模面为曲面，首先需要建立曲面分模面，然后采取曲面拉伸切除，顺序生成上下模。

4.8.1　建立曲面分模面

曲面分模中最简单的情况是：曲面可以由一根曲线拉伸而成。而换挡叉的分模面在两个方向都是曲面，这就需要在相应的平面绘制出不同的草图生成相应的拉伸曲面，如果曲面间有交叉，把其中交叉的部分裁剪掉，再将几个曲面缝合在一起，最后使用生成的曲面完成上下模具的分割切除。

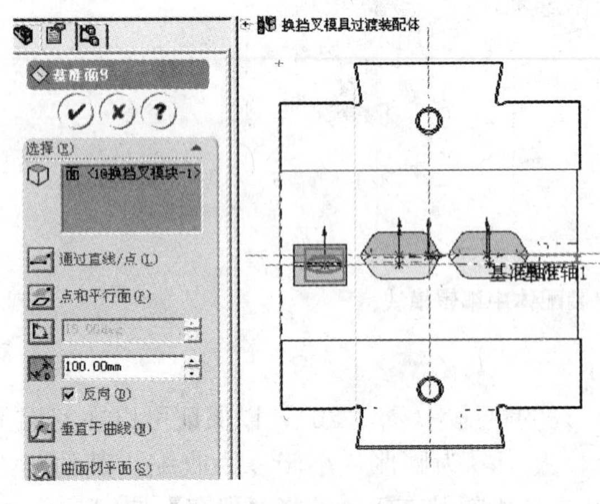

图4.77　曲面分模基准面

1. 基准面的建立

选滚挤模膛一侧的面(在图4.77中汇聚为最左端的竖直线)，选择【插入】|

【参考几何体】|【基准面】|【等距面】命令，等距量 100mm，生成基准面 9(图 4.77)，作为拉伸曲面的终止面。

2. 分模面切断模膛侧曲面拉伸

在靠近切断模膛侧的模块侧面上，绘制出分模面的曲线草图，选中此草图，选择【插入】|【曲面】|【拉伸曲面】命令，选择【成形到一面】，选中“基准面 9”结果如图 4.78 所示。

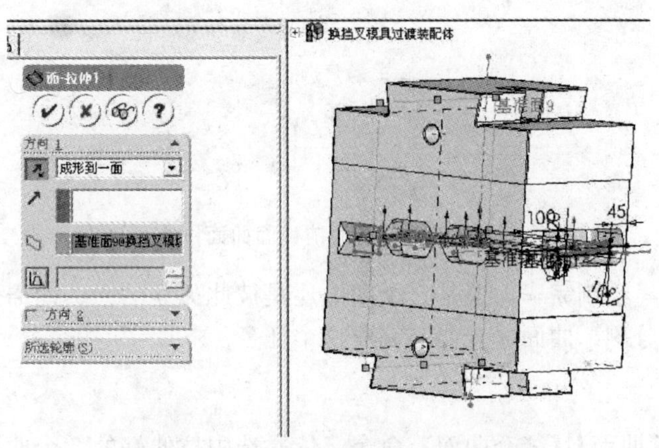

图 4.78 分模面切断模膛侧曲面拉伸

3. 分模面滚挤模膛侧曲面拉伸

在靠近绘制滚挤模膛侧的模块侧面绘制分模曲线草图，选择【插入】|【曲面】|【拉伸曲面】命令，选择【成形到一面】，选中“基准面 9”，结果如图 4.79 所示。

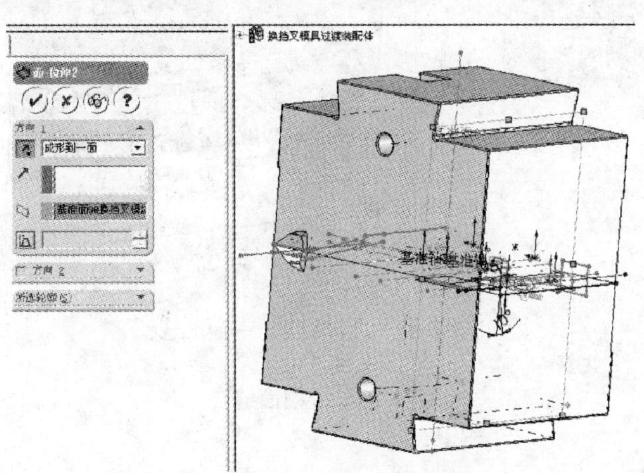

图 4.79 分模面滚挤模膛侧曲面拉伸

4. 分模面前视面曲面拉伸

在前视面绘制分模线草图，选择【插入】|【曲面】|【拉伸曲面】命令，选择【成形到一面】，拉伸到图 4.78 中拉伸出的曲面，如图 4.80 所示。

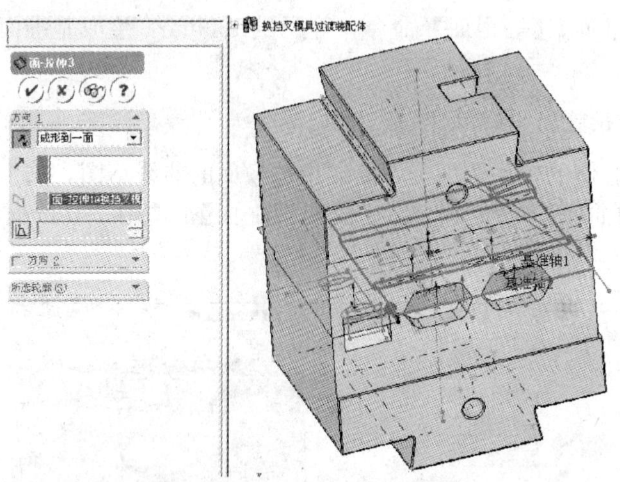

图 4.80　分模面前视面曲面拉伸

此时分模面已经绘制完毕，但是3个曲面还是彼此孤立的面，尚需连成一个曲面，才能实现模具的曲面分割。曲面缝合能够完成这个任务。

5. 曲面缝合

选择【插入】|【曲面】|【缝合曲面】命令，依次选中拉伸好的3个曲面，实现分模面的缝合(图 4.81)，保存文件。

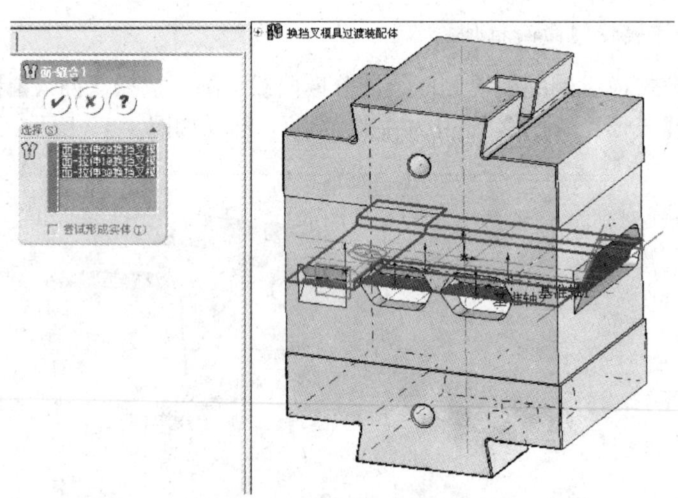

图 4.81　分模面缝合

4.8.2　生成上下模

选择【插入】|【切除】|【使用曲面切除】命令，【曲面切除参数】中选择“缝合曲面”，单击【确定】按钮。以使用曲面切除的方式完成模块的上下分割(图 4.82)。

现在分割虽然已经完成，但是仍然是在“过渡模具装配体.SLDASM”文件中。为了生成模具上模的零件图，要进行“派生零部件”的操作。选择【文件】|【派生零部件】命令，将其另存为“换挡叉上模.SLDPRT”文件(图 4.83)。

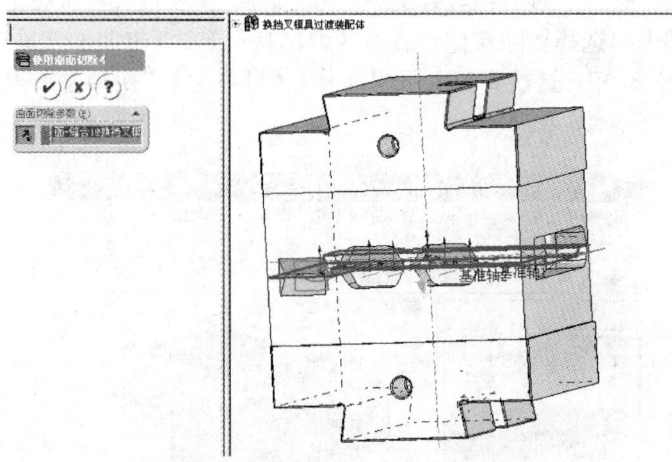

图 4.82　用缝合曲面进行模具分割

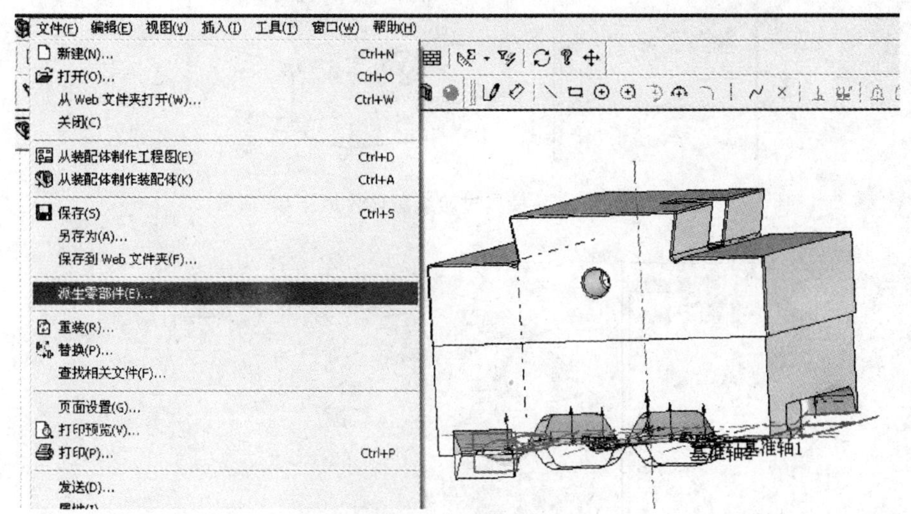

图 4.83　派生出“换挡叉上模”零件

这时“换挡叉上模 .SLDPRT”已经是一个独立的零件图(图 4.84)。

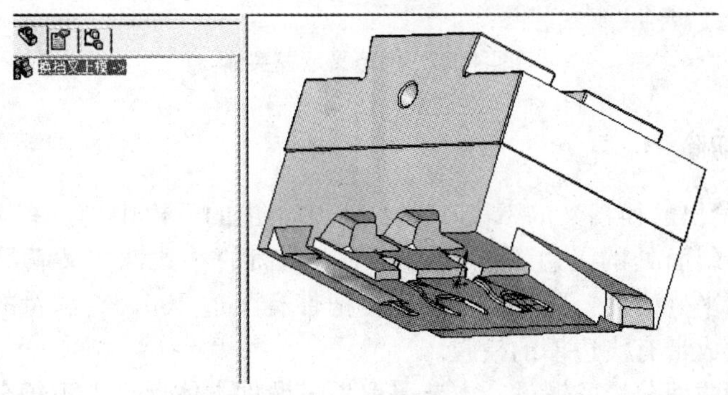

图 4.84　换挡叉上模实体

为了生成下模，打开“过渡模具装配体.SLDASM”。在设计特征树上，对“曲面切除拉伸”特征进行编辑，选择切除拉伸，右击【编辑特征】，点击曲面切除单击参数键 选择“反转切除(图 4.85)”，这次将留下下模部分，【另存为】“换挡叉下模.SLDPRT”。至此换挡叉下模建模完毕(图 4.86)。

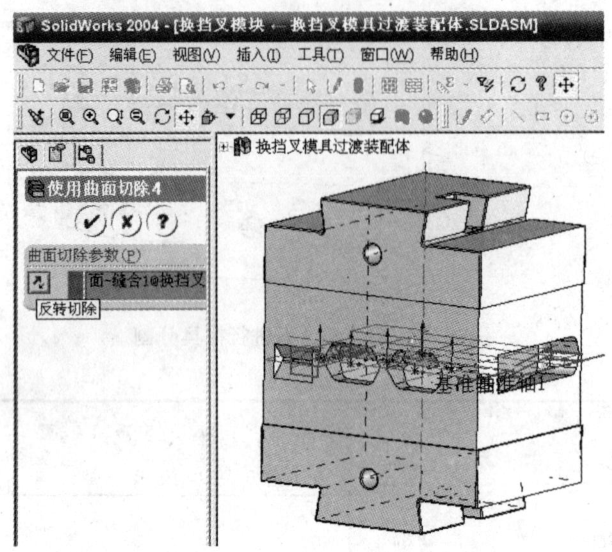

图 4.85　从模具过渡装配体生成下模

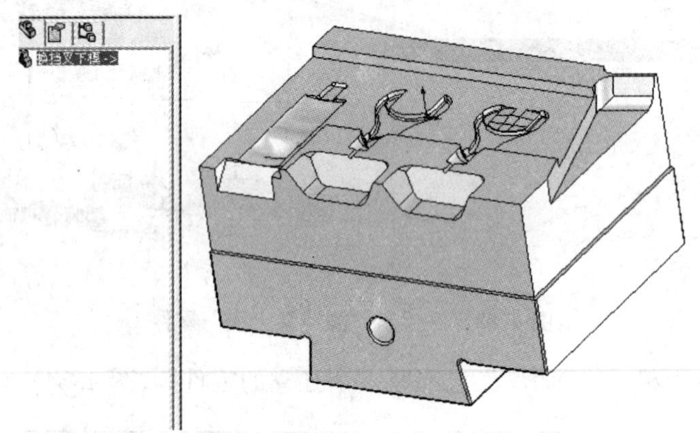

图 4.86　换挡叉下模实体

4.8.3　飞边槽的切除

注意图 4.85 给出的换挡叉的下模和图 4.86 中给出的下模中均没有飞边槽，这是由于曲面分模的锻件在斜面处的飞边不能既满足飞边截面的一致性，又满足曲面连接的光滑性。如果锻件是水平分模面，则可以采用直接把带有飞边 100%充满量的锻件安装到模具过渡装配体，来生成带有飞边槽的模膛。

对换挡叉这种曲面分模的锻件，本节采取生成锻件本体后对上下模分别切除的办法生成飞边槽。由于选的是单仓飞边槽(图 4.30)，所以上模与下模飞边槽的结构尺寸不同。而且由于终锻模膛的分模面有落差，要分成前后两部分来切除。

1. 上模后半部分飞边桥部

打开“换挡叉上模.SLDPRT”文件。

1）绘制上模后半部分飞边桥部草图

在图形区用鼠标选择后半部分模面，选择该面为草图绘制平面，选择【插入】|【草图绘制】命令。再次用鼠标选择后半部分模面，选择【工具】|【草图绘制工具】|【转换实体引用】命令，把分模面的轮廓引用过来。选择【工具】|【草图绘制工具】|【等距实体】命令，选取等距量10mm，依次选择终锻件轮廓边线，用预览功能观察等距线的方向，必要时选中【反向】复选框。对等距线出现交叉的地方，用【工具】|【草图绘制工具】|【剪切】命令进行修剪。最后利用圆角工具，形成飞边槽的轮廓草图(图4.87)。

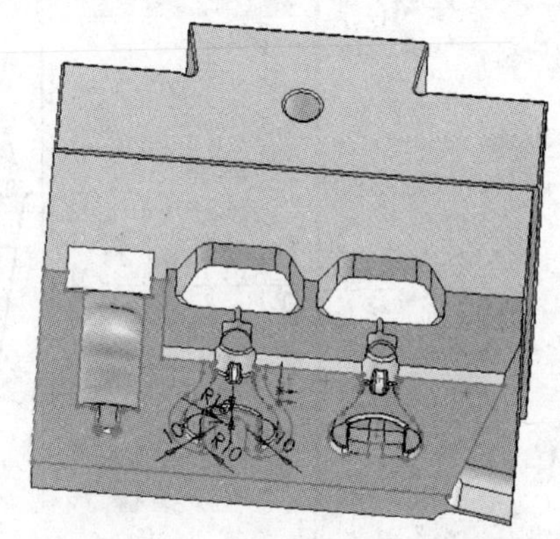

图4.87 上模后半部分飞边桥部草图

2）上模后半部分飞边桥部切除拉伸

选择【插入】|【切除】|【拉伸】命令，“给定深度”0.75mm，选择飞边桥部草图的局部区域，生成上模后半部分飞边桥部(图4.88)。

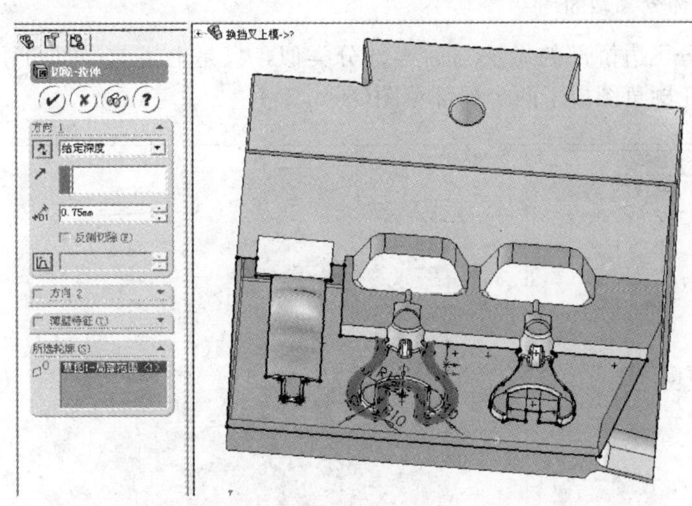

图4.88 上模后半部分飞边桥部切除

2. 上模后半部分飞边仓部

1）绘制上模后半部分飞边仓部草图

在图形区用鼠标选择后半部分模面，选择该面为草图绘制平面，选择【插入】|【草图绘制】命令。再次用鼠标选择后半部分模面，选择【工具】|【草图绘制工具】|【转换实体引用】命令，把分模面的轮廓引用过来。选择【工具】|【草图绘制工具】|【等距实体】命令，选取等距量19mm，依次选择飞边桥部边线轮廓，用预览观察等距线的方向，必要时选中【反向】复选框，作出飞边槽仓部边线草图。对等距线出现交叉的地方，用【工具】|【草图绘制工

具】|【剪切】命令进行修剪。最后利用圆角工具，形成飞边槽仓部的轮廓草图(图 4.89)。

2）上模后半部分飞边仓部切除拉伸

选择【插入】|【切除】|【拉伸】命令，“给定深度”3.25mm，选择飞边仓部草图的局部区域，生成上模后半部分飞边仓部(图 4.89)。

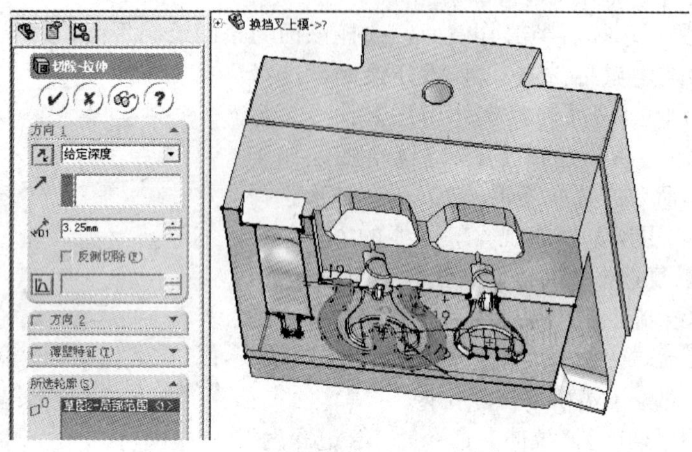

图 4.89　上模后半部分飞边仓部切除

3. 上模前半部分飞边桥部

上模前半部分飞边桥部的做法与后半部分类似，只是上模前半部分由于钳口颈的存在，使飞边槽的轮廓草图成了两个局部草图(图 4.90)。

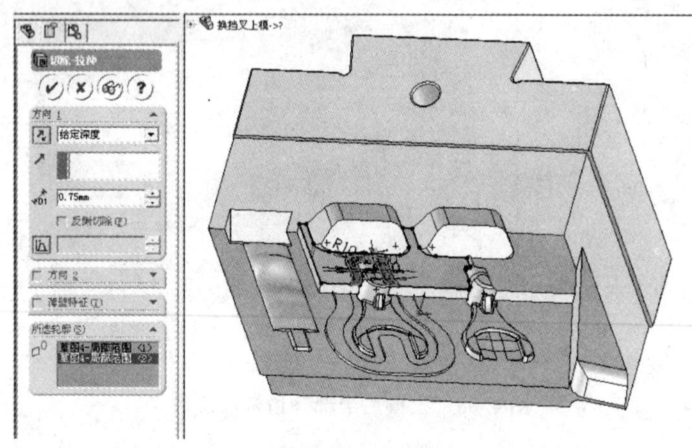

图 4.90　上模前半部桥部切除

4. 上模前半部分飞边仓部

图 4.91 显示了上模前半部分飞边仓部的切除。

5. 斜面上飞边桥部和仓部的切除

斜面上飞边槽桥部和仓部的切除，只是选择绘制相应草图的平面为斜面，此处不赘述。图 4.92 是上模飞边生成完毕后的模型。

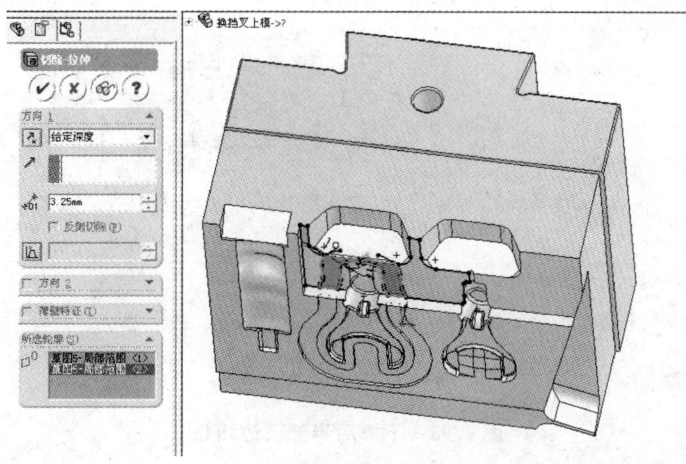

图 4.91　上模前半部仓部切除

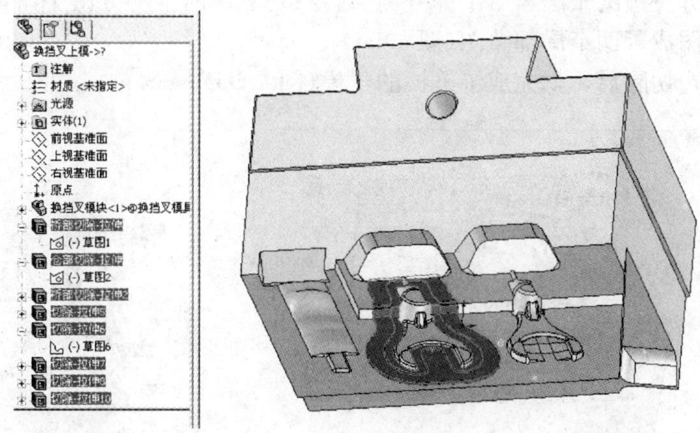

图 4.92　上模飞边生成完毕

6. 下模后半部分飞边切除

1）绘制下模后半部分飞边仓部草图

在图形区用鼠标选择后半部分模面，选择该面为草图绘制平面，选择【插入】|【草图绘制】命令。再次用鼠标选择后半部分模面，选择【工具】|【草图绘制工具】|【转换实体引用】命令，把分模面的轮廓引用过来。选择【工具】|【草图绘制工具】|【等距实体】命令，选取等距量29mm，依次选择终锻件轮廓边线，用预览功能观察等距线的方向，必要时选中【反向】复选框，作出飞边边线草图。对等距线出现交叉的地方，用【工具】|【草图绘制工具】|【剪切】命令进行修剪。最后利用圆角工具，形成飞边的轮廓草图。

2）下模后半部分飞边切除拉伸

选择【插入】|【切除】|【拉伸】命令，设定“给定深度”为0.75mm，选择飞边草图的局部区域，生成上模后半部分飞边(图4.93)。

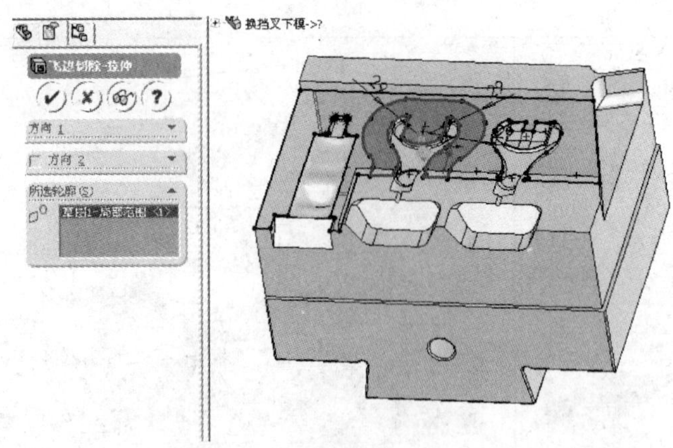

图 4.93 下模后半部飞边切除

7. 下模前半部分飞边切除

下模前半部分飞边的做法与后半部分类似，只是上模前半部分由于钳口颈的存在，使飞边槽的轮廓草图成了两个局部草图(图 4.94)。

下模斜面飞边切除后，就完成了下模的建模(图 4.95)。

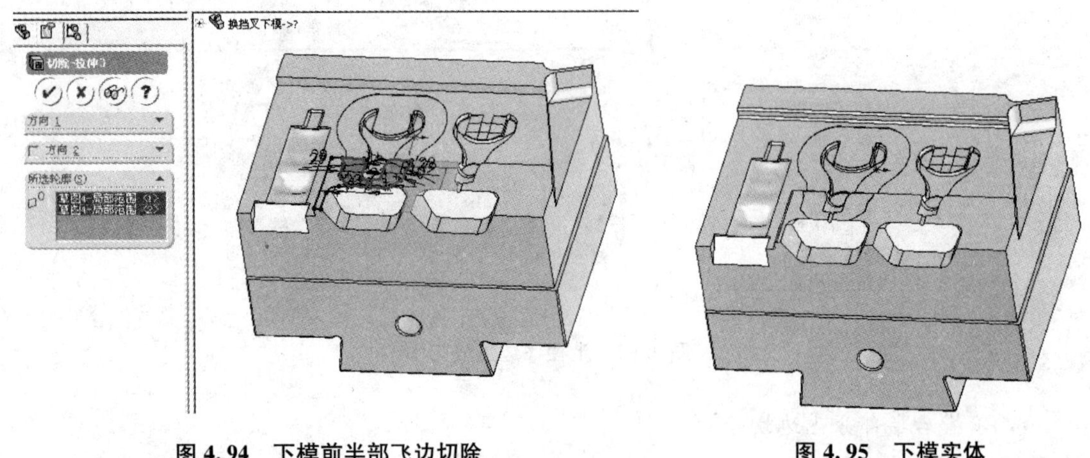

图 4.94 下模前半部飞边切除　　图 4.95 下模实体

4.9 承击面校核

承击面是指上下模接触面，即分模面积减去模膛、飞边槽和锁扣面积。承击面积按下式确定：

$$A_{承击}=(30\sim40)G$$

式中 $A_{承击}$—— 锻模分模面的承击面积，cm^2；

G——锻锤吨位，kN。

设计承击面不能太小，承击面太小易造成分模面压陷或压塌。应当指出，随着锻锤吨位增大，单位吨位所需的承击面相应减小。这是因为大吨位设备在进行成形时，冗余能量所占总能量的比值较小。

不同吨位的锻锤，其最小承击面的允许值见表4-4。

表4-4 不同锤锻模的最小承击面积

锻锤吨位(kN)	10	20	30	50	100	160
承击面积(cm^2)	300	500	700	900	1600	2500

模膛、钳口、导锁、飞边和切刀的存在，都减少了锻模的承击面。SolidWorks系统能够自动进行承击面的计算。选择【工具】|【测量】命令，按住Ctrl键，依次单击选择锻模上下模闭合时的面，系统自动计算面积(图4.96)，换挡叉锻模的承击面为451cm^2，从表4-4可知10kN锻锤的最小承击面为300cm^2，因此满足承击面的要求。

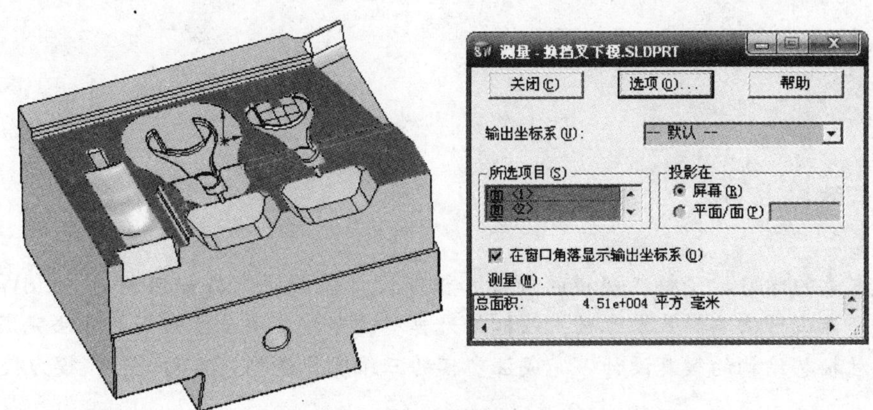

图4.96 换挡叉模具承击面

小　　结

本章以换挡叉模锻件为实例，详细介绍了由零件图设计为锻件图的步骤，示范了利用SolidWorks系统获得锻模设计需要基本参数的方法，完成了锻模的三维实体造型，实现了模具的曲面分割，自动进行了锻模承击面校核。

换挡叉属于分模面为曲面带叉口的复杂轴类件，这类锻件制坯模膛设计和模膛结构设计具有代表性。

思考题与作业

1. 计算模膛中心的意义是什么？
2. 为什么锤锻模需要承击面的校核？热模锻压力机锻模需要校核承击面吗？为什么？
3. 试把第2章中给出的连杆进行相应的锤锻模设计。
4. 选一个盘状锻件进行锤锻模设计。

第5章 注塑模 CAD

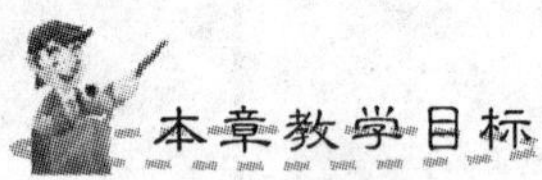

通过本章的学习，了解注塑模的预备知识和设计流程，掌握如何利用 SolidWorks 系统获得注塑件设计需要的基本参数。以杯子为典型注塑件，用自上而下的方法完成双分型面、斜导柱抽芯结构的模具设计，完成注塑模的三维实体造型，自动进行锁模力校核。

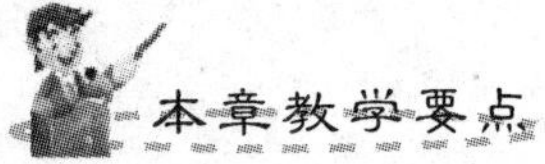

知识要点	掌握程度	相关知识
注塑成型原理、注塑机、注塑模具的典型结构、注塑模具的设计流程	了解注塑成型原理，详细了解注塑机和注塑模具的典型结构、注塑模具的设计流程	注塑成型工艺
杯子的质量和体积、拔模分析、确定分型面、型腔布局、进浇点、模具结构形式、选注塑机	掌握用 SolidWorks 计算注塑件的质量和体积的方法和步骤，了解确定分型面的准则，了解选择注射机的原则	塑料的物理性能
前模镶件、滑块、斜导柱、斜导柱孔等	掌握用自上而下的方法设计装配体的方法，学会用 SolidWorks 的曲面设计工具设计型腔	装配体建模
解决零件的干涉	掌握用曲面裁剪的方法解决零件间相互干涉问题	图形的逻辑运算

导入案例

注塑是将熔融的塑料利用压力注进塑料制品模具中，冷却成型得到各种想要塑料件的一种技术。

图5.1是一些常见的注塑件，读者可以仔细观察：生活中还有哪些制品是注塑件？图5.2是一个杯子注塑模的一部分。

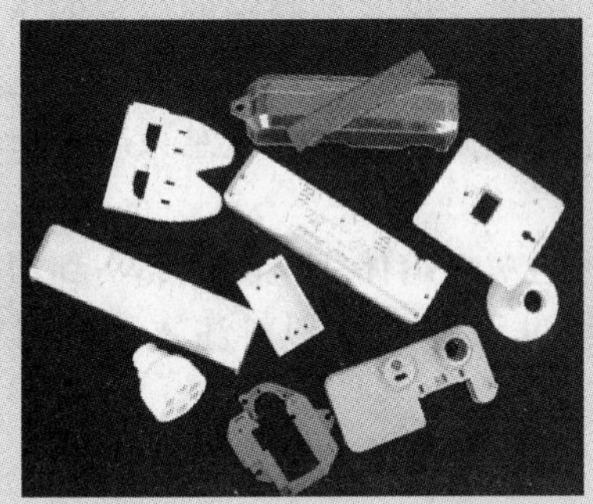

图5.1 常见的注塑件

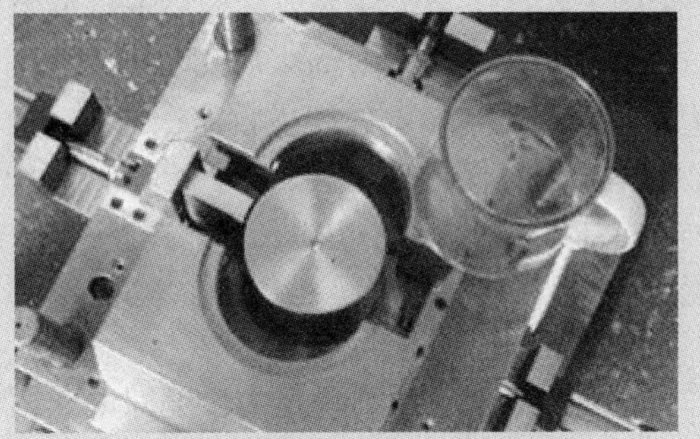

图5.2 杯子注塑模的一部分

5.1 概　　述

注塑成型也称注射成型，它可以用来生产几何形状非常复杂的塑料制品。注塑成型具有制品精度高、生产效率高、生产条件较好、生产操作容易等优点。注塑成型在整个塑料制品生产行业中占有非常重要的地位。据统计，注塑制品约占所有塑料制品总产量的30%，全世界每年生产的注塑模数量约占所有塑料成型模具数量的50%。

5.1.1 注塑成型原理

注塑成型是利用塑料的可挤压性与可模塑性，将松散的粒状或粉状成型物料从注塑机的料斗1(图5.3)送入高温的机筒内加热、熔融、塑化，使之成为熔体，然后在柱塞或螺杆2的高压推动下，以很大的流速通过机筒前端的喷嘴注塑进入温度较低的闭合模具3中，经过一段时间完成保压冷却后定型，开启模具，便可从模腔中脱出具有一定形状和尺寸的塑料制品。

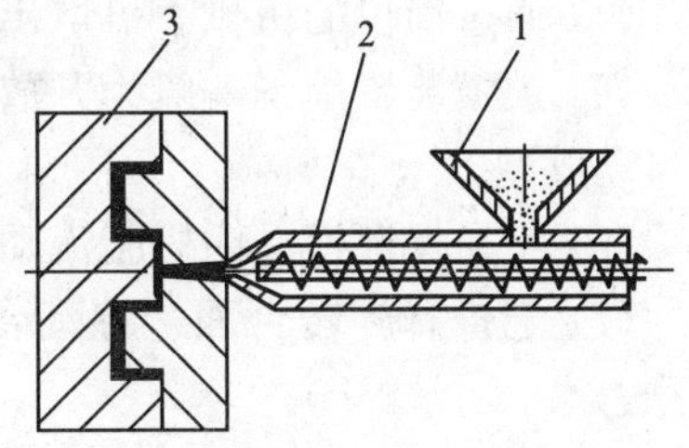

图5.3 注塑成型原理示意图

1—料斗　2—螺杆　3—注塑模具

注塑过程一般包括加料、塑化、充模、保压补缩、倒流、冷却和脱模等。

(1) 加料：将粒状或粉状塑料原料加入到注塑机料斗中，柱塞或螺杆将之带入料筒。

(2) 塑化：加入的塑料在料筒中经过加热、压实和混料等过程，使其由松散的原料转变成熔融状态，并具有良好的可塑性。

(3) 充模：塑化好的熔体被柱塞或螺杆推挤至料筒前端，经过喷嘴、模具浇注系统进入并充满模具型腔。

(4) 保压补缩：这一过程从塑料熔体充满型腔时起，至柱塞或螺杆退回时止。在该段时间里，模具中的熔体冷却收缩，柱塞或螺杆迫使料筒中的熔料不断补充到模具中，以补充因收缩而出现的空隙，保持模具型腔内的熔体压力为最大值。该过程对于提高塑件密度，保证塑件形状完整、质地致密，克服表面缺陷有重要意义。

(5) 倒流：保压后，柱塞或螺杆后退，型腔中压力解除，这时型腔中的熔料的压力将比浇口前方的高，如果浇口尚未凝固，型腔中的熔料就会通过浇口流向浇注系统，这一过程称为倒流。倒流会使塑件产生收缩、变形及质地疏松等缺陷。只要保压结束时浇口已经凝固，就不会存在倒流现象。

(6) 冷却：塑件在模具内的冷却时间特指从浇口处的塑料熔体完全凝固起，到塑件被完全退出模具型腔为止的整个时间区间。实际上冷却过程则是从塑料注入型腔时就开始了。

(7) 脱模：塑件冷却到一定的温度即可开模，推出机构把塑件推出模具型腔外。

5.1.2 注塑机

注塑成型设备主要是指注塑成型机，简称注塑机，也叫作注射机。它是利用塑料成型模具将热塑性塑料或热固性塑料制成各种塑料制品的主要成型设备。

1. 注塑机分类

注塑机按其外形可分为立式、卧式、角式和多模转盘式注塑机 4 种。

立式注塑机的柱塞或螺杆与合模机构是垂直于地面安装的，有如下特点。

(1) 注射装置和锁模装置处于同一垂直中心线上，且模具沿上下方向开闭，其占地面积大约只有卧式注塑机的一半。

(2) 容易实现嵌件成型。因为模具表面朝上，嵌件放入定位容易。采用下模板固定、上模板可动的结构，再把输送装置与机械手相组合，可容易地实现全自动嵌件成型。

(3) 模具的重量由水平模板支承，作上下开闭动作时不会发生类似卧式机的由于模具重力引起的前倾，致使模板无法开闭的现象，有利于持久性保持机械和模具的精度。

(4) 通过简单的机械手可取出各个塑件型腔，有利于精密成型。

(5) 锁模装置周围一般为开放式，容易配置各类自动化装置，适应于复杂、精巧产品的自动成型。

(6) 容易保证模具内树脂流动性及模具温度分布的一致性。

(7) 配备有旋转台面、移动台面及倾斜台面等形式，容易实现嵌件成型、模内组合成型。

(8) 小批量试生产时，模具构造简单成本低，且便于卸装。

卧式注塑机是沿水平方向布置的，其特点如下。

(1) 机身低，供料方便，检修容易。即使是大吨位的设备，也机身不高，对厂房高度的要求低。

(2) 塑件推出后可自行脱落，便于实现自动化生产。

角式注塑机的注射柱塞或螺杆与合模机构运动方向相互垂直，因而又称为直角式注塑机，其注射方向和模具分界面在同一个面上。它特别适合于加工中心部分不允许留有浇口痕迹的平面制品。它占地面积比卧式注塑机小，但放入模具内的嵌件容易倾斜落下。这种形式的注塑机宜用于小型注塑机。

多模转盘式注塑机是一种多工位操作的特殊注塑机，其特点是合模装置采用了转盘式结构，模具围绕转轴转动。这种形式的注塑机充分发挥了注射装置的塑化能力，可以缩短生产周期，提高机器的生产能力，因而特别适合于冷却定型时间长或因安放嵌件而需要较多辅助时间的大批量制品的生产。但因合模系统庞大、复杂，合模装置的合模力往往较小，故这种注塑机在塑胶鞋底等制品生产中应用较多。

实际生产中应用较多的是卧式注塑机，如图 5.4 所示。

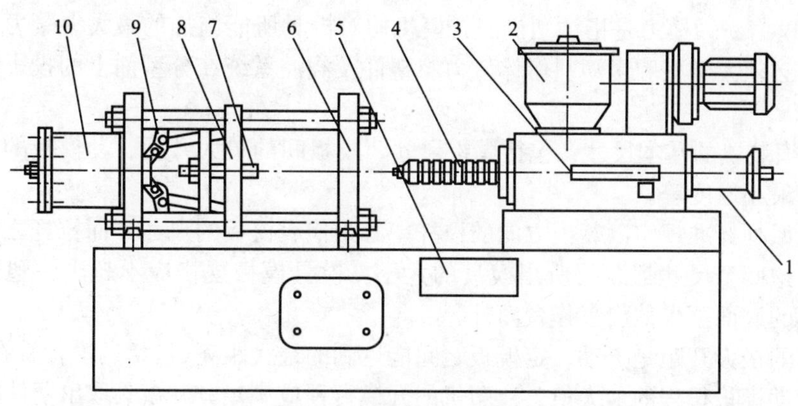

图 5.4 卧式注塑机结构

1—注塑油缸 2—料斗 3—定量供料装置 4—料筒及加料器 5—控制台
6—固定模板 7—顶杆 8—移动模板 9—锁模机构 10—锁模油缸

注塑机按注射方式分为柱塞式注塑机、螺杆式注塑机。柱塞式注塑机结构比较简单，但存在塑料塑化不够均匀、塑化能力低、注射压力损失大、注射速度不稳定、料筒清洗困难等缺点。螺杆式注塑机的应用已居主要地位。

2. 注塑机的组成

各种注塑机尽管外形不同，但基本上都由下列 3 部分组成(图 5.4)。

(1) 注射系统：由加料装置(料斗)2、定量供料装置 3、料筒及加料器 4、注塑油缸 1 等组成，其作用是使塑料塑化和均匀化，并提供一定的注射压力，通过柱塞或螺杆将塑料注射到模具型腔内。

(2) 合模、锁模系统：由固定模板 6、移动模板 8、顶杆 7、锁模机构 9 和锁模油缸 10 等组成，其作用是将模具的定模部分固定在固定模板上，模具的动模部分固定在移动模板上，通过合模锁模机构提供足够的锁模力使模具闭合。完成注射后，打开模具顶出塑件。

(3) 操作控制系统：安装在注塑机上的各种动力及传动装置都是通过电气系统和各种仪表控制的，操作者通过控制系统来控制各种工艺量(注射量、注射压力、温度、合模力、时间等)完成注射工作，较先进的注塑机可用计算机控制，实现自动化操作。

注塑机还设有电加热和水冷却系统用于调节模具温度，并有过载保护及安全门等附属装置。

3. 注塑机主要参数

注塑机的主要技术参数有公称注射量、额定注射压力、锁模力、合模装置的基本尺寸等。

(1) 公称注射量：它是指在对空注射的条件下，注射螺杆或柱塞作一次最大注射行程时，注射装置所能达到的最大注射量。为了保证正常的注塑成型，选择注塑机时，注塑机实际注射量(取公称注射量的80%)应大于塑件所需塑料的体积。

(2) 额定注射压力：为了克服塑料熔体流经喷嘴、流道和型腔时的流动阻力，螺杆或柱塞对塑料熔体必须施加足够的压力，这种压力称为注射压力。注塑机的额定注射压力是指螺杆或柱塞施加在塑料熔体单位面积上的压力。

(3) 锁模力：锁模力是指注塑机的合模机构对模具所能施加的最大夹紧力。注塑机的额定锁模力必须大于型腔内塑料熔体压力与塑件及浇注系统在分型面上的投影面积之和的乘积。

(4) 合模装置的基本尺寸：包括模板尺寸、模板间的最大开距、动模板的行程、模具最大厚度与最小厚度等。

注塑机系列标准规定以装模方向的拉杆中心距代表模板的尺寸，而拉杆之间的距离为拉杆间距，这两个尺寸都涉及所用模具的大小。模具模板规格应不超出注塑机的模板尺寸，即模具的底面不得伸出工作台面外。

模板间的最大开距是指动、定模板之间能达到的最大距离(包括调模行程在内)。动模板行程是指动模板行程的最大值。注塑机的开模行程应满足分开模具取出塑件的需要。

模具最大厚度和最小厚度是指动模板闭合后，达到规定锁模力时动模板和定模板间的最大和最小距离。模具的闭合厚度应在最大模具厚度和最小模具厚度之间。

另外注塑机的固定模板和移动模板上通常布置有一定数量和规格的螺孔，以便安装固定模具。

注射机一般都是液压驱动的。液压系统按照工艺过程所要求的各种动作提供动力，并满足注塑机各部分所需压力、速度、温度等的要求。它主要由各自种液压元件和液压辅助元件所组成，其中油泵和电动机是注塑机的动力来源，各种阀控制油液压力和流量，从而满足注射成型工艺的各项要求。

5.1.3 注塑模具的典型结构

注塑模由定模和动模两大部分组成。定模部分安装在注塑机的固定板上，动模部分安装在注塑机的移动板上。注塑成型时，定模部分和随液压驱动的动模部分经导柱导向而闭合，塑料熔体从注塑机喷嘴经模具浇注系统进入型腔；注塑成型冷却后开模，即定模和动模分开，一般情况下塑件留在动模上，模具顶出机构将塑件推出模外。

注塑模按型腔数目可分为单型腔注射模和多型腔注射模。

若按注射模的总体结构特征来分，可分为以下几种。

(1) 单分型面注射模：只有一个分型面，也叫两板式注射模。

(2) 双分型面注射模：与单分型面注射模相比，增加了一个用于取浇注系统凝料的分型面。

(3) 斜导柱侧向分型与抽芯注射模：当塑件上带有侧孔或侧凹时，在模具中要设置由斜导柱或斜滑块等组成的侧向分型抽芯机构，使侧型芯作横向运动。

(4) 带有活动成型零部件的注射模：在脱模时可与塑件一起移出模外，然后与塑件分离。

(5) 自动卸螺纹注射模：在动模上设置能够转动的螺纹型芯或螺纹型环，利用开模动作或注射机的旋转机构，或设置专门的传动装置，带动螺纹型芯或螺纹型环转动，从而脱出塑件。

(6) 热流道注射模：利用加热或绝热的办法使浇注系统中的塑料始终保持熔融状态，在每次开模时，只需取出塑件即可。

1. 单分型面注射模

典型单分型面注塑模结构如图 5.5 所示，其中(a)为模具闭合状态，(b)为模具打开状态。根据注塑模各个零部件所起的作用，可将该注塑模分为如下几个部分。

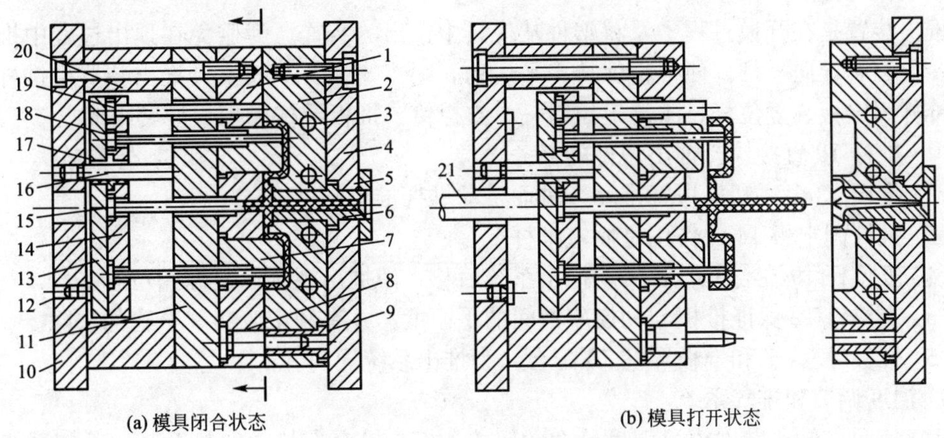

图 5.5 单分型面注塑模的结构

1—动模板 2—定模板 3—冷却水道 4—定模座板 5—定位圈 6—浇口套 7—型芯 8—导柱 9—导套 10—动模座板 11—支撑板 12—支撑钉 13—推板 14—推杆固定板 15—拉料杆 16～17—推板导柱和导套 18—推杆 19—复位杆 20—垫板 21—注塑机顶杆

1) 成型零部件

模具中用于成型塑料制件的空腔部分称为模腔。构成塑料模具模腔的零件统称为成型零部件。由于模腔是直接成型塑料制件的部分，因此模腔的形状应与塑件的形状一致，模腔一般是由型腔零件、型芯组成的。图 5.5 所示的模具型腔是由型腔(定模板 2)、型芯 7、动模板 1 和推杆 18 组成的。

(1) 定模板 2 上开设的型腔，成型塑件外形。

(2) 型芯 7 的作用是成型塑件的内表面。

(3) 动模板 1 的作用是固定型芯和组成模腔。

(4) 推杆 18 的作用是推出塑件。

2) 浇注系统

引导塑料由注塑机喷嘴流向型腔的流道称为浇注系统，浇注系统分主流道、分流道、浇口和冷料穴 4 个部分。冷料穴又称冷料井，在塑料注射成型模具中用来储存注射间隔期间产生的冷料头，防止冷料进入型腔而影响塑件质量，并使熔料能顺利地充满型腔的一个结构。冷料井通常设置在主流道末端，当分流道长度较长时，在末端也应开设冷料井。图 5.5 所示的模具浇注系统是由浇口套 6、拉料杆 15 和定模板上的流道组成的。

(1) 浇口套 6 的内腔形成浇注系统的主流道。

(2) 拉料杆 15 的前端为冷料穴，开模时拉料杆将主流道凝料从浇口套中拉出。

3) 导向机构

导向机构分为动模与定模之间的导向和顶出机构的导向两类。前者是保证动模和定模在合模时准确对合，以保证塑件形状和尺寸的精确度，图 5.5 中为导柱 8、导套 9 是动模与定模之间的导向零件；后者是避免顶出过程中推出板歪斜而设置的，图 5.5 中的推板导柱 16、推板导套 17 是顶出机构的导向零件。

为确保动模与定模合模时准确对正而设置导向零件，通常有导向柱、导向孔或在动模板和定模上分别设置互相吻合的内外锥面。如图 5.5 所示，模具导向系统则由导柱和导套组成。

4) 推出装置

推出装置是在开模过程中，将塑件从模具中推出的装置。为避免在顶出过程中推板歪斜，一般设有导向零件，使推板保持水平运动。图 5.5 中所示的模具推出装置由推杆、推板、推杆固定板、复位杆、主流道拉料杆、支撑钉、推板导柱和推板导套组成。

(1) 推杆 18 直接执行推出塑件的任务。

(2) 推板 13 由注塑机顶杆推动，进而带动推杆推出塑件。

(3) 推杆固定板 14 的作用是固定推杆。

(4) 复位杆 19 在合模时，带动推出系统后移，使推出系统恢复原始位置。

(5) 支撑钉 12 保证推板与动模座板间的平面度，并有利于废料、杂物的去除。

(6) 推板导套 17 和推板导柱 16 配合，为推出系统导向。

5) 温度调节和排气系统

为了满足注塑工艺对模具温度分布的要求，模具设有冷却或加热系统。冷却系统一般为在模具内开设的冷却水道，加热系统则为模具内部或周围安装的加热元件。图 5.5 所示的模具冷却系统由冷却水道和水嘴组成。

在注塑成型过程中，为了将型腔内的气体排出模外，常在分型面处开设排气槽，也可以利用推杆或型芯与模具的配合间隙实现排气。

6) 结构零部件

结构零部件是用来安装、固定或支撑成型零部件及前述的各部分机构的零部件。图 5.5 所示的模具结构零部件由定模座板、动模座板、垫板和支撑板组成。

(1) 定模座板 4 的作用是将定模座板和连接于定模座板的其他定模部分安装在注塑机的定模板上，定模座板比其他模板宽 25～30mm，便于用压板或螺栓固定。

(2) 动模座板 10 的作用是将动模座板和连接于动模座板的其他动模部分安装在注塑机的动模板上。动模座板比其他模板宽 25～30mm，便于用压板或螺栓固定。

(3) 垫板 20 的作用是调节模具闭合高度，形成推出机构所需的空间。

(4) 支撑板 11 用来承受注射时由型芯传递过来的注射压力。

2. 双分型面注塑模

双分型面注塑模具有两个分型面，如图 5.6 所示，开模时，由于弹簧 6 的作用，中间板在定模座板的导柱上与定模座板沿 A－A 分型面作定距离分离，以便取出这两模板之间浇注系统的凝料，继续开模，模具沿B-B分型面分型，分型后塑件由此脱出。与单分型面注塑模相比较，双分型面注塑模在定模部分增加了一块可定距移动的中间板，所以也叫三板式(动模板、中间板、定模板)注塑模具。这种模具结构复杂、重量大、成本高，常用于点浇口进料的单型腔或多型腔的注塑模具。

双分型面注塑模在定模部分必须设置定距分型装置。图5.6中的结构为弹簧分型拉板定距式。此外，还有许多其他定距分型的形式。

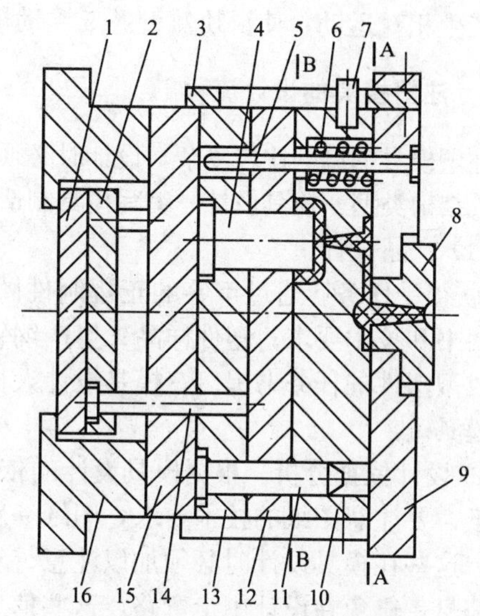

图5.6 双分型面注塑模的结构

1—推板 2—推杆固定板 3—定距拉板 4—凸模 5—导柱 6—弹簧 7—限位销 8—主流道衬套 9—定模(座)板 10—中间板 11—导柱 12—动模板 13—动模板导柱 14—推杆 15—支撑板 16—模座

3. 侧向抽芯机构

塑件的侧面常常带有孔或凹槽。在这种情况下，必须采用侧向型芯才能满足塑件成型要求，但这种型芯必须是活动件，能在塑件脱模前将其抽出。完成这种活动型芯的抽出和复位的机构称为抽芯机构。

抽芯机构按照动力来源的不同一般有以下3种类型：手动抽芯、液压或气动抽芯及机械抽芯。手动抽芯是指在开模前用手工或手工工具抽出侧向型芯。液压或气动抽芯是以压力油或压缩空气作为动力，在模具上配置专门的液压缸或气缸，通过活塞的往复运动来实现侧向抽芯和复位。机械抽芯是利用注塑机的开模力，通过传动零件(如斜导柱)将侧向成型零件从塑料制件中抽出。这种机构虽然结构比较复杂，但分型与抽芯无需手工操作，生产率高，因而广泛用于生产中。机械抽芯按照传动零件的不同可分为斜导柱、弯销、斜滑块和齿轮齿条等许多不同类型的抽芯机构，其中斜导柱侧向抽芯机构最为常用。斜导柱侧抽芯机构如图5.7所示，它是利用开模时动模与定模之间的相对运动，斜导柱3与滑块侧型

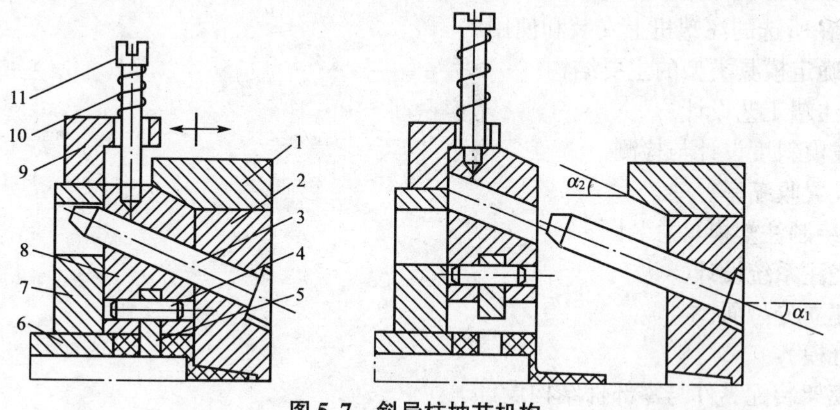

图5.7 斜导柱抽芯机构

1—楔紧块 2—定模板 3—斜导柱 4—销 5—侧型芯 6—推管 7—支承板 8—滑块 9—限位挡块 10—弹簧 11—螺钉

芯5产生相对运动，使滑块侧型芯5在动模板的导滑槽内向外滑出，完成抽芯。

5.1.4 注塑模具的设计流程

注塑模具的结构比较复杂，设计时必须遵循一定的流程：产品设计—选择成型设备—确定模具结构类型—模具设计—编写模具制造工艺卡—试模与修模—归档。

(1) 产品设计。

① 接受任务。通过审签的正规制件图纸，并注明采用塑料的牌号、透明度等；塑件的说明书和技术要求；塑件样品；生产纲领(年产量)。通常模具设计任务书由塑件工艺员根据成型塑件的任务书提出，模具设计人员以成型塑件任务书和模具设计任务书为依据来设计模具。

② 设计依据分析。根据模具设计的依据，如塑件图纸和塑制样品进行分析。对于塑件图纸，要注意图纸的技术要求，图纸一般都明确给出尺寸公差等级、未注圆角、产品壁厚等；这些在模具设计时必须加以注意。对于塑件样品，重点是在样件上提取有用的模具设计信息，避免在设计中走弯路，这些信息包括分型面的位置、浇口的位置和形式、顶杆的大小和分布、抽芯机构的设计等。

③ 熟悉塑件图和工艺资料。设计人员要认真消化图纸，了解制件的用途，分析塑件的工艺性、尺寸精度等技术要求。例如塑件在外表形状、颜色透明度、使用性能方面的要求是什么，塑件的几何结构、斜度、嵌件等情况是否合理，熔接痕、缩孔等成型缺陷的允许程度，有无涂装、电镀、胶接、钻孔等后加工。选择塑件尺寸精度最高的尺寸进行分析，看看估计成型公差是否低于塑件的公差，能否成型出合乎要求的塑件来。此外，还要了解塑料的塑化及成型工艺参数。消化工艺资料，分析工艺任务书所提出的方法、设备型号、材料规格、模具结构类型等要求是否恰当，能否落实。成型材料应满足塑件的强度要求，具有好的流动性、均匀性和各向同性、热稳定性。根据塑件的用途，成型材料应满足染色、镀金属的条件、装饰性能、必要的弹性和塑件性、透明性或者相反的反射性能、胶接或者焊接性等要求。

(2) 选择成型设备。根据成型设备的种类来设计模具，因此必须熟知各种成型设备的性能、规格、特点。例如对于注塑机来说，在规格方面应当了解以下内容：注射容量、锁模压力、注射压力、模具安装尺寸、顶出装置及尺寸、喷嘴孔直径及喷嘴球面半径、浇口套定位圈尺寸、模具最大厚度和最小厚度、模板行程等。要初步估计模具外形尺寸，判断模具能否在所选的注塑机上安装和使用。

(3) 确定模具类型的主要结构。

(4) 注塑工艺设计。

① 拔模斜度设计与检测。

② 设置收缩率。

(5) 绘制注塑模具总装图。

① 浇注系统设计。

② 建立分型面。

③ 分模。

④ 模架装配零件与零部件结构设计。

⑤ 冷却系统设计。

(6) 编写制造工艺卡片。由工具制造单位技术人员编写制造工艺卡片，并且为加工制造做好准备。在模具零件的制造过程中要加强检验，把检验的重点放在尺寸精度上。模具组装完成后，由检验员根据模具检验表进行检验，主要检验模具零件的性能情况是否良好，只有这样才能保证模具的制造质量。

(7) 试模及修模。

(8) 整理资料进行归档。

5.2 注塑模工艺 CAD 流程

注塑模工艺 CAD 流程如下。

(1) 塑料零件三维建模。分析其塑料零件的形状以及组成特征，进行绘图构思，建立三维模型。此部分工作已经在第 3 章中完成。

(2) 注塑件工艺分析。

(3) 确定分模面。

(4) 建立过渡装配体。

(5) 建立分模面。

(6) 分割模具。

5.2.1 杯子的质量和体积

建立了注塑件的三维实体模型后，可以利用系统的功能方便地获得塑件的体积、质量等参数。

注塑制件的质量和体积是进行成型分析模具结构的重要依据。查《工程塑料手册》：PC 密度为 0.0012g/mm^3。

打开零件图“杯子.SLDPRT”文件，选择【工具】|【质量特性】命令，单击【选项】按钮，选择长度单位小数位数、选择“科学记号”，输入 PC 密度，获得杯子质量为 83.4g，体积为 6.95×10^{4}mm^3(图 5.8)。

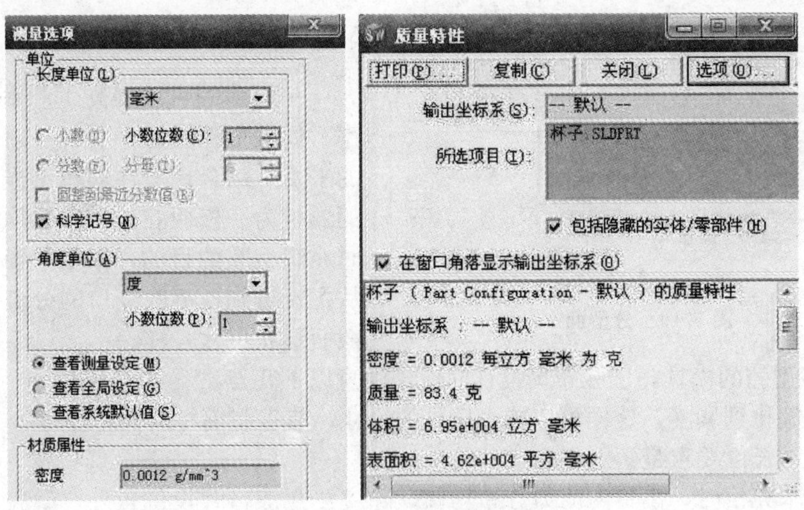

图 5.8 杯子的质量与体积

5.2.2 拔模分析

利用SolidWorks中的拔模分析工具对成型面进行拔模分析，查《塑料模具设计手册》，PC的推荐脱模斜度是1°～2°。

打开零件图“杯子.SLDPRT”文件。在设计特征下，选中“上视基准面”，选择【工具】|【拔模分析】命令，拔模角度1°，单击【计算】按钮，出现图5.9所示的拔模分析结果。其中正拔模是指在图中所指的脱模方向上能够顺利脱模；负拔模是指需要从与图中相反的方向才能顺利脱模；从图5.9中可看出：杯子内腔和杯子底的拔模方向不一致，杯子左右的拔模方向也不一致。因此需要两个方向的分型。

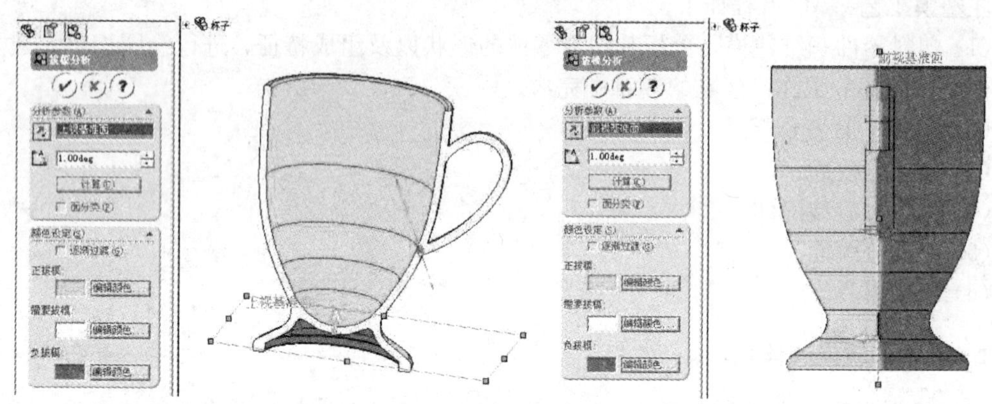

图5.9 拔模分析

5.2.3 确定分型面

对杯子的结构进行分析后，选择沿前视基准面侧向分型(图5.10)。杯子的空腔由模芯成型，杯底的空腔由前模镶件成型，杯把的空档由斜导柱抽芯机构完成。

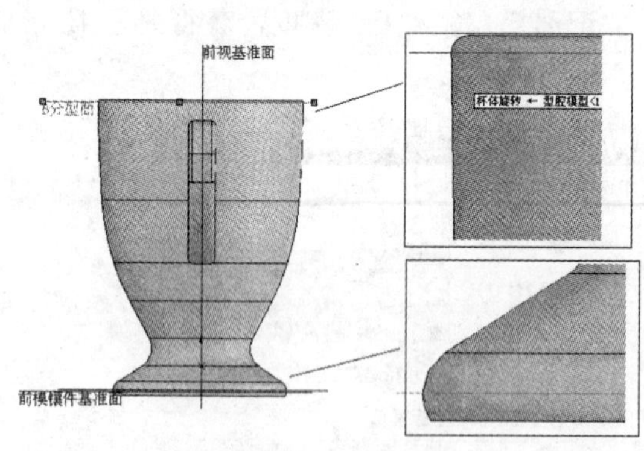

图5.10 分型面

5.2.4 型腔布局

一模多腔可以提高生产率和材料利用率。偶数个型腔易于实现注射过程中载荷的平衡。结合现有注塑机型号，初定型腔的数量为一模两腔。为实现均衡进料及同时充满型腔的目的，采用平衡式布局，即从主流道到各型腔浇口的分流道的长度和截面形状尺寸一样。

对于多型腔的模具，型腔布局设计时应该注意以下几点。

(1) 型腔排列紧凑，这样可以减小模具的尺寸，节省制模材料。

(2) 流道长度要求最短。

(3) 要求充模时，模具内压力分布均衡，除应注意浇口开设位置外，型腔布局力求对称，以防止模具受偏载而产生溢料。

(4) 型腔布局要对称。最后确定的型腔布局方式如图 5.11 所示。

5.2.5 进浇点

从杯子的结构看，杯体的外表面、内表面、杯沿、杯把都是要考虑成型质量的表面，所以最后将进浇点选在杯子的底部中间，如图 5.12 所示。

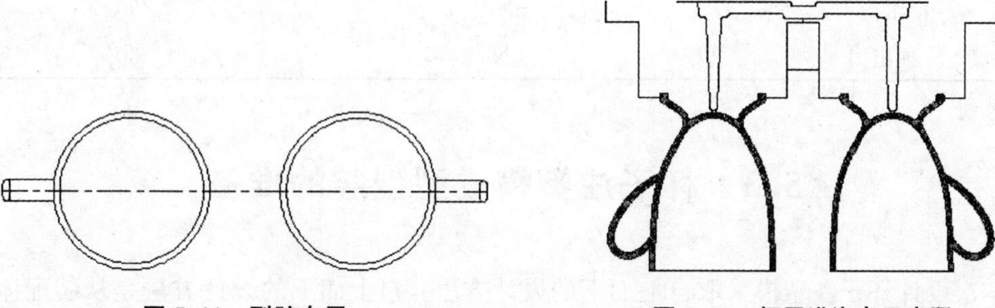

图 5.11 型腔布局　　图 5.12 杯子进浇点示意图

5.2.6 模具结构形式

由于杯子底和杯子内表面的拔模方向不一致，故选择双分型面的模具形式(图 5.6)。双分型面除了具有定模板和动模板外，中间还有一块活动模板，在这块活动模板中设有浇口、流道及动模板所需要的其他零件和部件，有两个互相平行的分型面。当模具开启时，中间活动模板与其他两块板分离，塑料制品和浇口冷料分别从活动模板两侧取下。

5.2.7 选注塑机

注塑机型号根据注塑容积和注塑量进行初选。单个杯子所需注射塑料的体积为 69.5cm^3，2 个杯子为 139cm^3，选注塑机时必须加上浇道的容积。单个杯子的质量为 83.4g，2 个杯子为 166.8g，选注塑机时必须加上浇道的质量。此时缺乏浇道的数据，按照实际注塑容积除以 0.8 进行初选，选用的注塑机型号和规格以及各参数见表 5-1。

表 5-1 ZF110 注塑机参数

参数名称	量纲	数值
螺杆直径	mm	45
理论注塑容积	cm^3	220
理论注塑量	g	198
注射速率	g/s	116
塑化能力	g/s	21
注射压力	mm	152
螺杆转速	rpm	250
锁模力	kN	1100
移模行程	mm	320

（续表）

参数名称	量纲	数值
拉杆间距	mm	390×355
最大模厚	mm	400
最小模厚	mm	150
顶出行程	mm	90
顶出力	kN	30

5.3 杯子注塑模成型型腔的准备

本次设计杯子注塑模采取自上而下的设计方法。自上而下的设计方法是从装配体开始设计工作的，设计中可以使用一个零件的几何体来帮助定义另一个零件，或生成组装零件后，才添加加工特征。从机器设计的角度出发，这种方法是首选的。因为按照传统的设计习惯，只有完成装配体的设计后才能根据装配体中各零件的功能、用途、相互关系、使用要求、连接方式等，展开零部件的设计工作。

在 SolidWorks 平台下，可以对模具开模、合模以及制品被推出的全过程进行仿真，从而检查出模具结构设计的不合理处，并及时更正，从而减少修模时间，降低成本。

塑料在注塑成型过程中，从熔融状态变为固体时，将会产生一定的收缩，因此，在设计成型型腔以前，必须将杯子实体进行修改得到型腔模型。为了塑件成型的要求需要加上一些工艺结构，为了分型的方便需要建立一些基准面和曲面。

5.3.1 放置缩放率

塑料件在脱离注塑模具的时候是热的，为了保证在室温下能够得到满足用户要求的制件，型腔尺寸要在制件的基础上放置缩放率。缩放率的大小与制件脱离模具时的温度以及塑料种类有关。

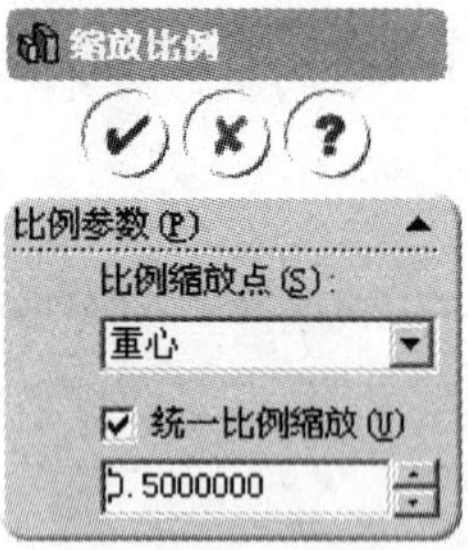

查塑料手册并根据工艺的要求，对 PC 杯子的选定缩放率为 0.5%。

缩放率放置步骤如下：打开零件图“杯子.SLDPRT”，选择【插入】|【特征】|【比例缩放】命令，输入 0.5(单位数值为百分数，即缩放率 0.5%，正值为放，负值为缩)，确定，另存为“型腔模型.SLDPRT”文件(图 5.13)。

图 5.13 型腔加放大率

注意：型腔模型加了缩放率，已经与塑料件尺寸不同。

5.3.2 减浇点

当塑料件凝固后，模具在打开的过程中，在进浇口拉断浇口时，由于温度还比较高，因此会使浇点附近有隆起变形，为了减小隆起，需要加一个减浇点。

打开零件图“型腔模型.SLDPRT”文件，选择右视基准面，进入草图绘制，绘出减浇点截面草图。选择【插入】|【切除】|【旋转】命令，生成减浇点特征(图 5.14)，保存文件。

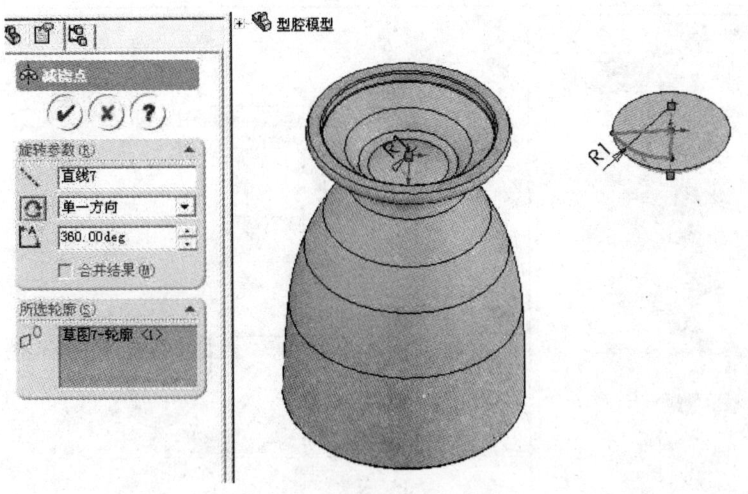

图 5.14 旋转切除减浇点特征

5.3.3 分型辅助面

在型腔模型上建立一些辅助面，以便后面分型时使用。根据杯子的结构，分型线的选择如图 5.15 所示。

打开零件图“型腔模型.SLDPRT”文件。选择【插入】|【参考几何体】|【基准面】，选“等距平面”，以上视基准面作参考，等距量为 93.5mm，作出 B 分型面(图 5.16)。以 B分型面作参考，等距量为 103.00mm，选中“反向”复选框，作出 A 分型面(图 5.17)。

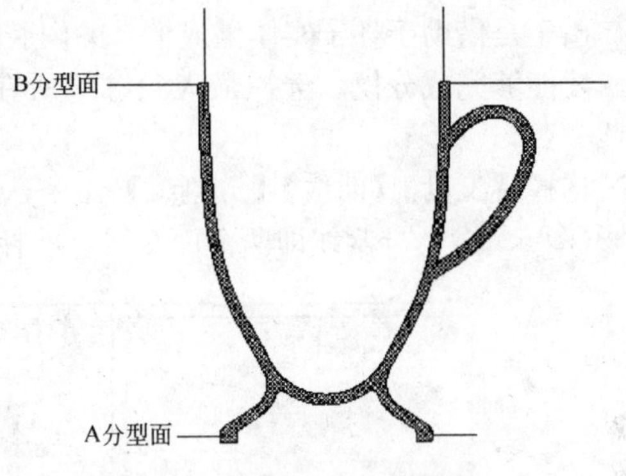

图 5.15 杯子的两个分型面

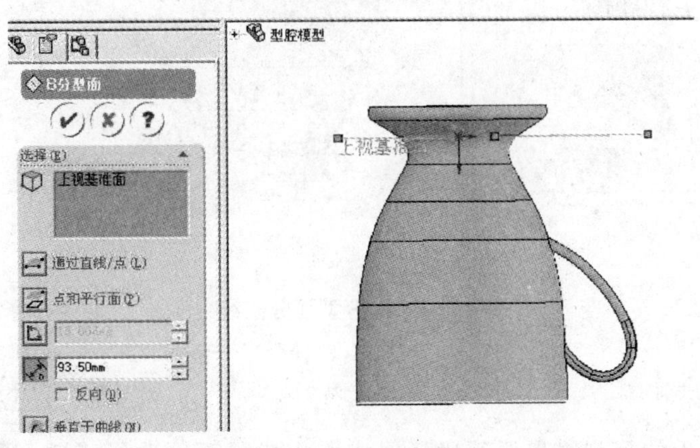

图 5.16 B 分型面

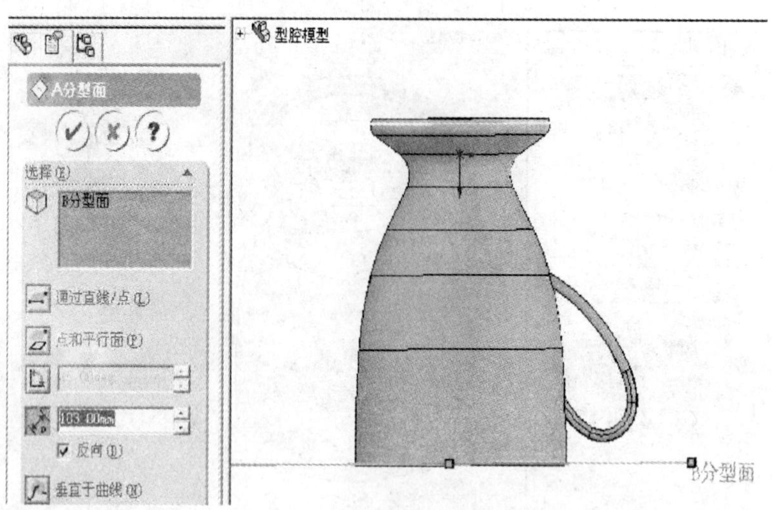

图 5.17　A 分型面

5.3.4　生成分割线

由于是借助于杯子实体生成模具的内腔，为了生成模具实体，需要把杯子表面进行切割，才能够完成分模。选择最大轮廓线所在的曲面，朝着目标曲面进行投影即可生成分割线。

选择【工具】|【曲线】|【分割线】命令，选择杯子下部外缘圆柱面(面 1)朝着 A 分型面投影(图 5.18)。分割线即两个面交线，即杯底最大轮廓线。

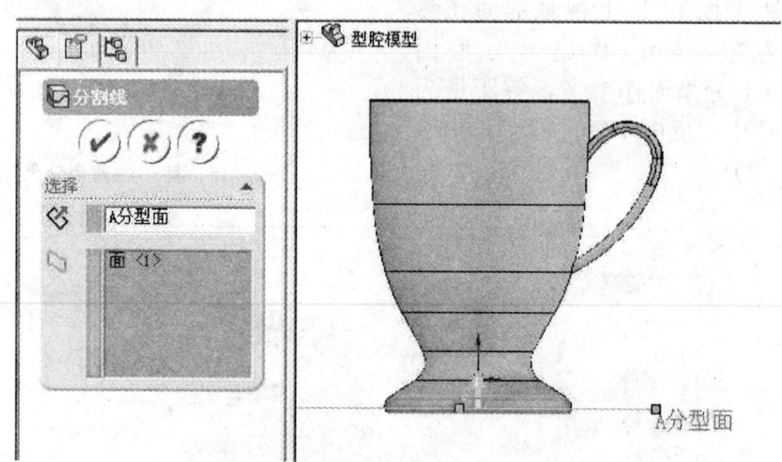

图 5.18　A 分型面分割线

5.3.5　分割线延展

由图 5.18 产生的分割线需要通过延展才能生成平面。选择【插入】|【曲面】|【延展曲面】命令，选择分割线(边线 1)，在 A 分型面上(延展参数)进行延展，等距延展 20mm(图 5.19)。

注意：此处的等距量仅为该平面的显示大小，实际上平面是无限大的。

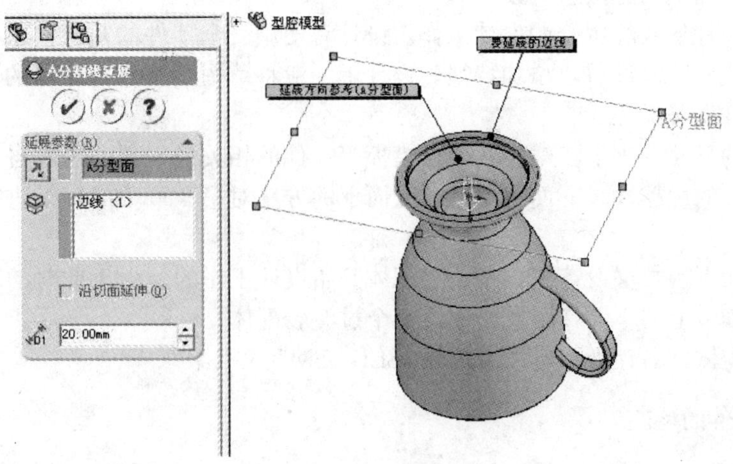

图 5.19　分割线延展

5.3.6　面缝合

为了方便杯底模具的生成，尚需把组成杯底的若干面与分割线延展面组成一个曲面。选择【插入】|【曲面】|【缝合曲面】命令，逐一选择杯底各个曲面，再加上“A 分割线延展面”，形成一个复杂的曲面(图 5.20)。

类似地，把杯子内表面也缝合在一起(图 5.21)。

图 5.20　杯底面与延展面缝合　　　　图 5.21　杯子内表面缝合

5.4　创建过渡装配体

采用三维 CAD 进行模具设计有两种模式，一是自下而上，即在零件图环境下对组成模具的零件逐一建模，再把各个零件按照一定的关系装配起来；二是自上而下，即在装配图环境下，按照一定的装配关系，依次添加组成模具的零件。

在自下而上的设计中，是把先前生成的零件逐一插入装配体，然后根据设计要求配合零件。如果装配体中的许多零件事先已经生成，自下而上设计是首选。本书第 3 章和第 4 章均是采取自下而上的方法进行设计。

自上而下设计从装配体开始设计工作。设计者使用一个零件的几何体来帮助定义其他零件，或者生成组装零件后才添加特征。设计者一般将草图绘制作为设计的开端，定义零件的位置、基准面等。

注塑模具的型腔取决于注塑件，而且模板等零件的相关性很强，采取自上而下的方法进行设计有很大的优越性。下面将采取自上而下的方法对第 3 章中的杯子进行注塑件的模具设计。

采用自上而下的方法设计模具是从装配体开始设计工作的，由于此时的装配体与最终的模尺零件有细节上的不同，因此先建立一个过渡装配体。

新建一装配体，另存为“过渡装配体.SLDASM”文件。

5.4.1　一模两件的型腔

在过渡装配体中，核心零件是“型腔模型.SLDPRT”，首先将其调入。【插入】|【零部件】|【现有零部件】命令，打开文件，单击【浏览】按钮，找到“型腔模型.SLDPRT”文件(图 5.22)。

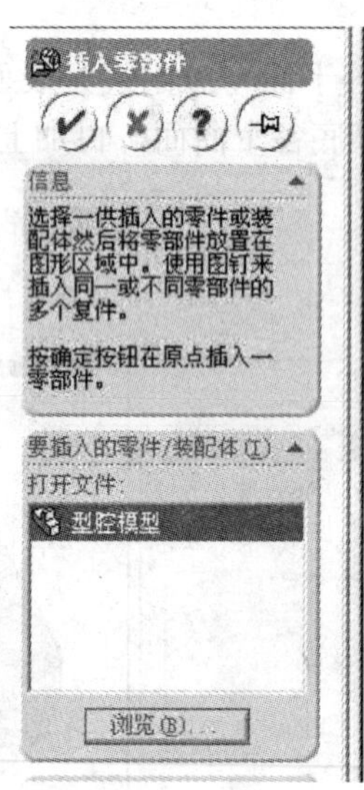

图 5.22　在过渡装配体中插入型腔模型

由于选择一模两件，所以需要两个对称型腔。首先建立型腔镜像基准面，选择【插入】|【参考几何体】|【基准面】命令，选择“右视基准面”作参考，作 55mm 等距平面，选中【反向】复选框(图 5.23)。

在装配体设计树上，选择“型腔模型”，单击右键，选择【编辑零件】命令，选择【插入】|【镜像零部件】命令，【镜像基准面】为“镜像基准面”，【要镜像的零部件】为“型腔模型”(图 5.24)。

至此，过渡装配体中的核心零件，即要在模具中生产的零件的型腔已经完全准备好，以后模具的各个结构零件都将在此过渡装配体中通过【插入】|【零件】|【新零件】命令来生成，保存。

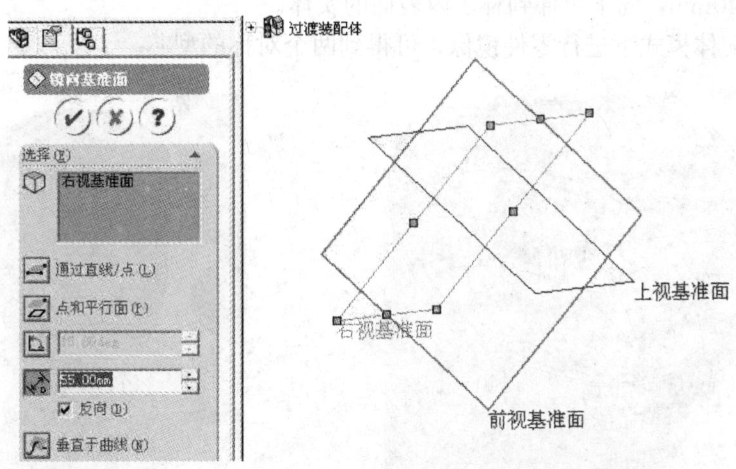

图 5.23　型腔镜像基准面

图 5.24　镜像型腔模型

5.4.2　型芯

打开装配体“过渡装配体.SLDASM”文件，选择【插入】|【零件】|【新零件】命令，选择上视基准面作为新零件插入的基准面，在弹出的保存对话框里，给新零件命名为“型芯.SLDPRT”。然后在装配体特征树上选择“型芯”，单击右键，选择【编辑零件】命令。

选择“B分型面”，选择【插入】|【草图绘制】命令，选择杯子的内径圆角，选择【工具】|【草图绘制工具】|【转换实体引用】命令。直接以杯子的内径圆角作为型芯的截面草图(图 5.25)。

选择【插入】|【凸台/基体】|【拉伸】命令，向下拉伸到“杯子内表面缝合”；向上拉伸给定深度 20mm，向外拔模 5°(图 5.26)。型芯是一个由杯口的内径最高点所在圆带拔模斜

度向上拉伸了 20mm，向下拉伸到杯子内表面的实体。

然后在装配体模式下进行零件镜像，可得到两个对称的型芯。

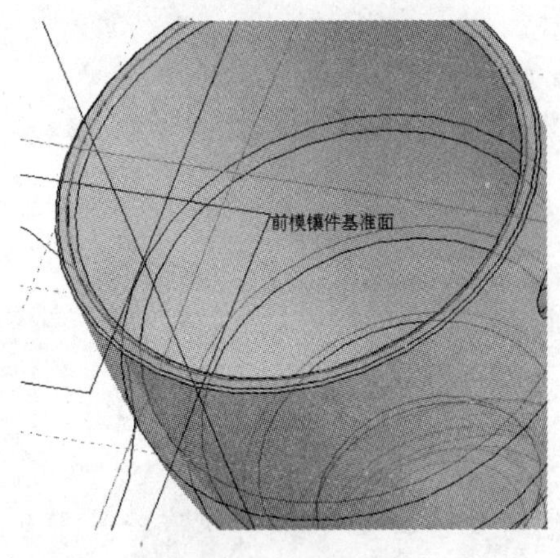

图 5.25 型芯草图

图 5.26 型芯拉伸

5.4.3 前模镶件(浇口套)

选择【插入】|【零件】|【新零件】命令，另存为“前模镶件.SLDPRT”文件。

与型芯的造型类似，把 ϕ130 草图拉伸到一面“基准面 1”，得到结构如图 5.27 所示。再把 ϕ90 的草图拉伸到“杯底面与延展面缝合面”，得到如图 5.28 所示的结构。

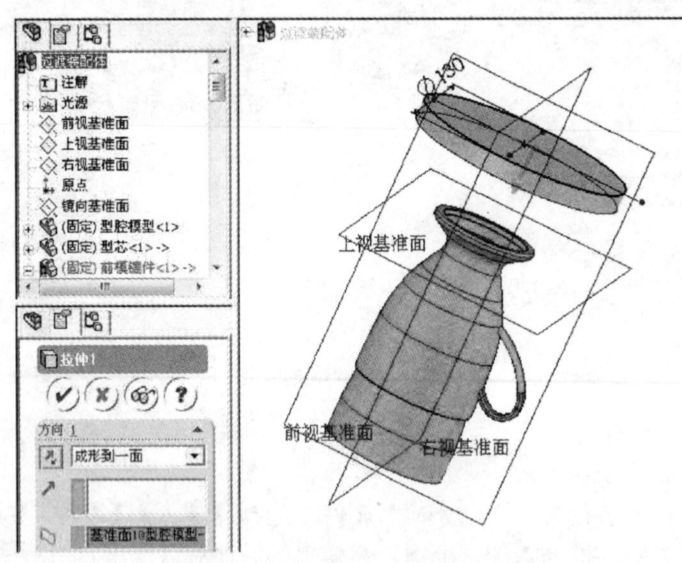

图 5.27 前模镶件 ϕ130 圆柱拉伸

由于一模两件，前模镶件的两个 ϕ130 圆柱将有一部分干涉，需要进行裁剪。裁剪之前需要建立裁剪平面。在一模两件的对称面上，绘制一个能够大于 ϕ130 圆柱在此面上投影的草图，以此草图为边界，选择【插入】|【曲面】|【填充曲面】命令，确定(图 5.29)。

前模镶件干涉曲面建立之后，选择【插入】|【模具】|【分割】命令，选择图 5.29 中建立的“曲面填充 1”(图 5.30)，把该曲面左侧部分裁剪掉，保存。

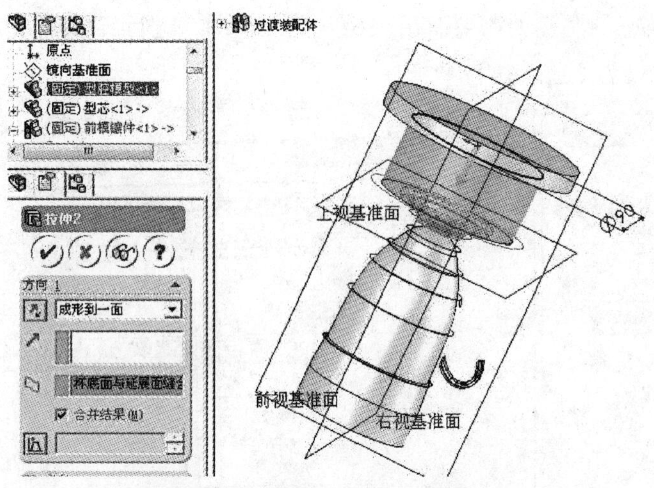

图 5.28 前模镶件 ϕ90 圆柱拉伸

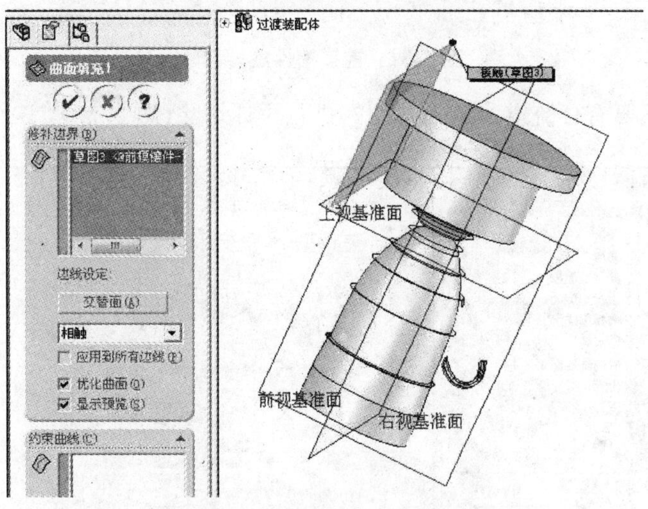

图 5.29 填充前模镶件干涉曲面

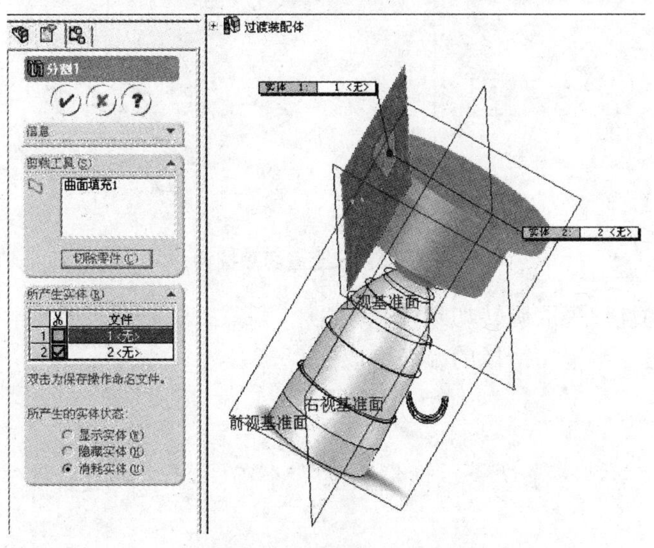

图 5.30 前模镶件干涉裁剪

前模镶件中 $\phi 90$ 的圆柱上需要有滑块槽，绘出草图，进行旋转切除(图 5.31)。

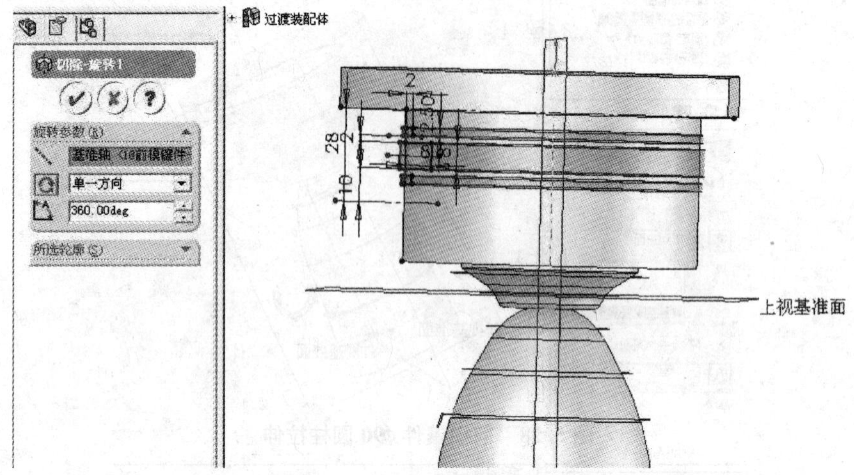

图 5.31　前模镶件旋转切除

前模镶件中还要有分流道，绘出草图，进行拉伸切除(图 5.32)。

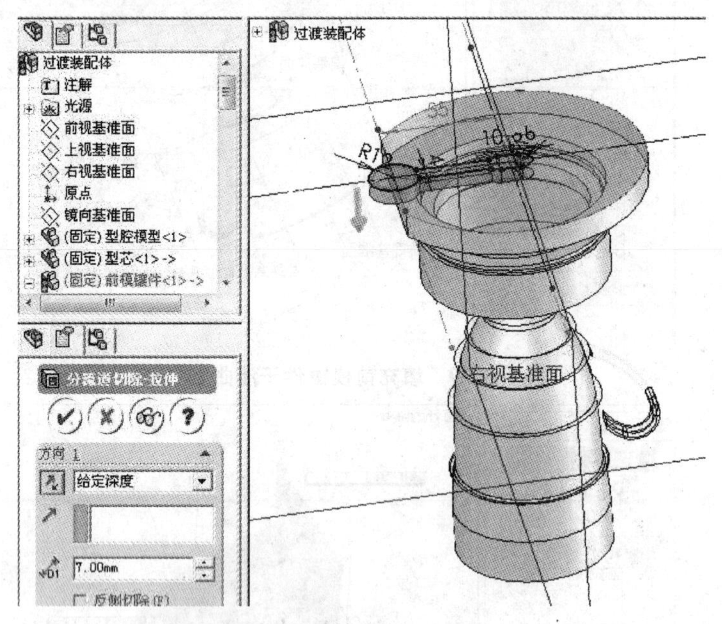

图 5.32　分流道切除拉伸

前模镶件中的浇口采取旋转切除(图 5.33)。

前模镶件的另一半采用镜像的办法生成(图 5.34)。

5.4.4　滑块

滑块可以看作是一个 4 棱台，该棱台有 6 个面，可以采用放样工具把滑块体给做出来。

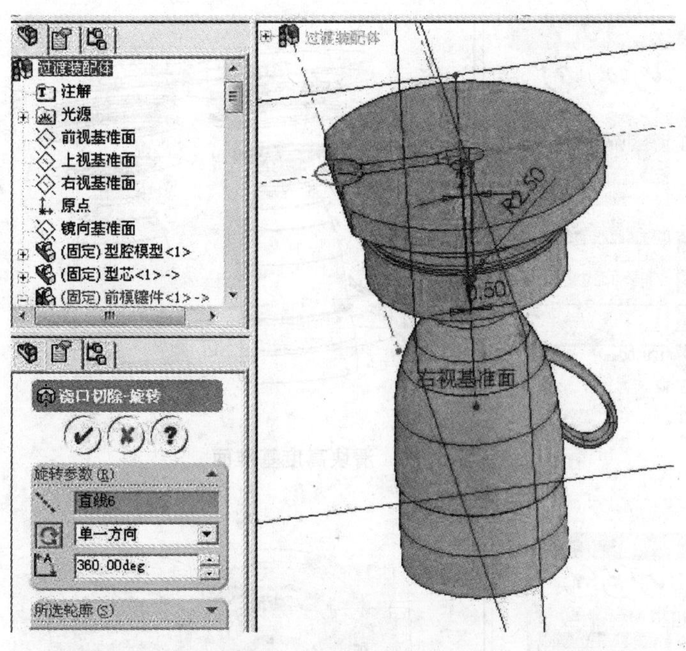

图 5.33 浇口切除旋转

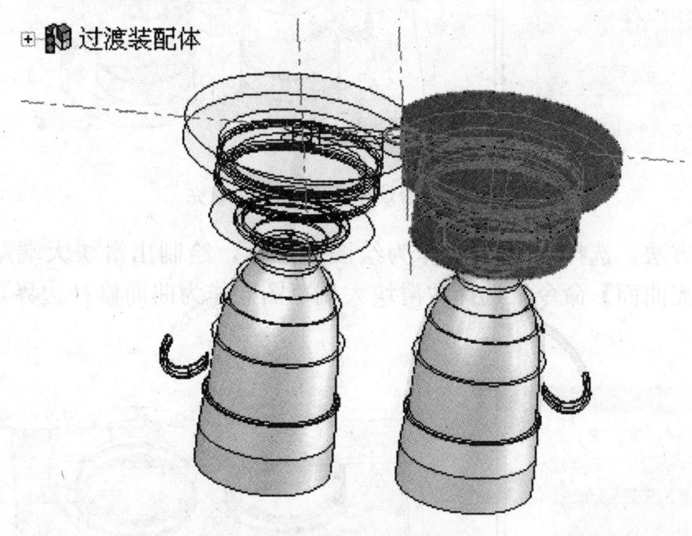

图 5.34 前模镶件镜像

打开“过渡装配体.SLDASM”文件，选择【插入】|【零件】|【新零件】命令，新建零件图“滑块 12.SLDPRT”(因为滑块最终要分割为两半，其整体命名与分割后的命名有所区别)。

建立滑块的高度基准面，该面是以 B 分型面为参考平面，滑块高度为 120mm，如图 5.35 所示。

选择滑块高度基准面，绘制出滑块小端草图，选择【插入】|【曲面】|【填充曲面】命令，选择“滑块小端草图”作为曲面修补边界，作出滑块小端曲面(图 5.36)。

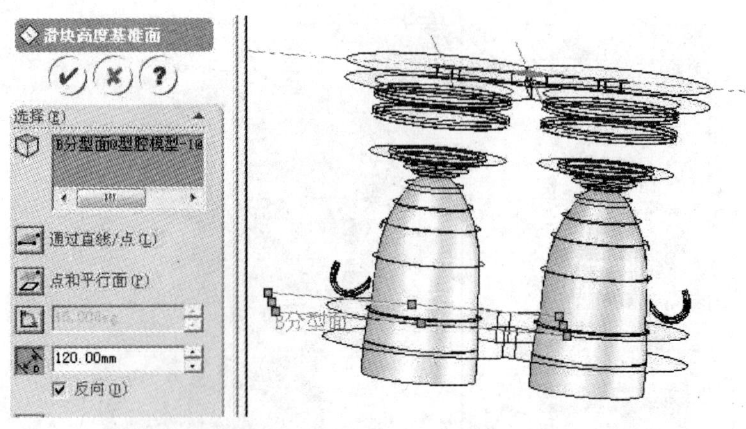

图 5.35 滑块高度基准面

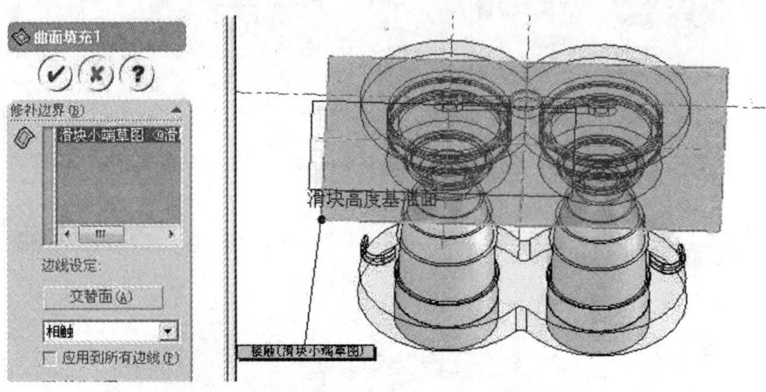

图 5.36 滑块小端草图曲面填充

采用类似的方法，选择 B 分型面作为绘图基准面，绘制出滑块大端草图，选择【插入】|【曲面】|【填充曲面】命令，选择“滑块大端草图”作为曲面修补边界，作出滑块大端曲面(图 5.37)。

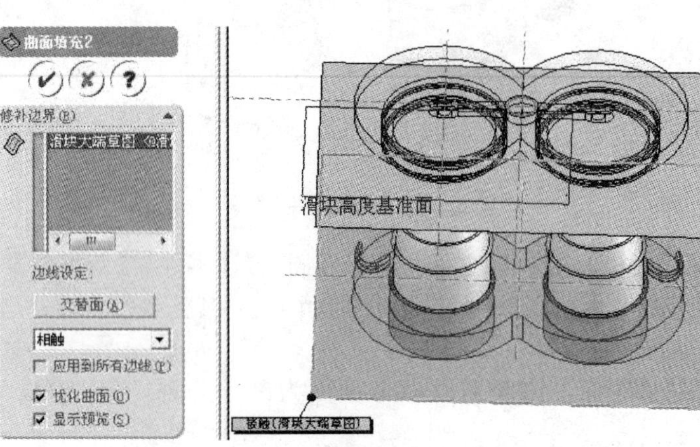

图 5.37 滑块大端曲面填充

在滑块的上下端面均已经通过填充曲面生成后，尚需生成滑块的4个侧面。侧面采用曲面放样的方法。放样需要2个以上的草图作轮廓，侧面放样的轮廓分别就是滑块小端草图和滑块大端草图，但是由于一个草图仅能够被一个特征引用，因此需要重新绘制具有相同轮廓的草图。选择“滑块高度基准面”，选择【插入】|【草图绘制】命令，选中“滑块小端草图”，选择【工具】|【草图绘制工具】|【转换实体引用】命令，生成草图1；选中“B分型面”，选择【插入】|【草图绘制】命令，选中“滑块大端草图”，选择【工具】|【草图绘制工具】|【转换实体引用】命令，生成草图2。

选择【插入】|【曲面】|【放样曲面】命令，选择“草图1”和“草图2”，作出滑块4侧曲面(图5.38)。

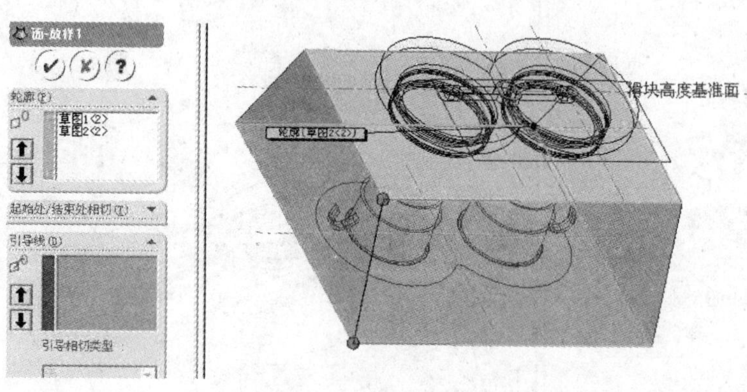

图5.38 滑块侧面放样

此时滑块的6个面还是彼此不相连的，需要用“缝合曲面”功能实现6个面的连接。选择【插入】|【曲面】|【缝合曲面】命令，分别选择经过填充获得的“滑块小端曲面”、“滑块大端曲面”，经过放样获得的“滑块侧面曲面”，选中【尝试形成实体】复选框，单击【确定】按钮(图5.39)，生成相应的滑块实体。

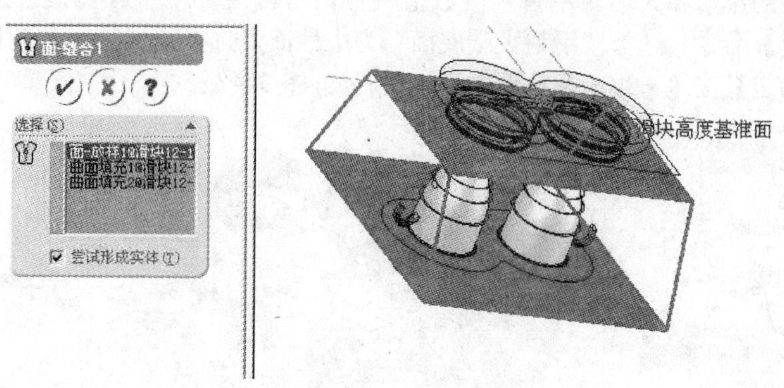

图5.39 滑块六面缝合

滑块的作用是确保塑件能够从模具中取出。此时，滑块还是一个实心梯形棱台，需要生成型腔：选择【插入】|【模具】|【型腔】命令，选择“型腔模型”、“型芯”和“前模镶件”作为生成型腔的“设计零部件”，由于先前型腔模型已经给出过放大率，此处不再重复设定，单击【确定】按钮，结果如图5.40所示。

图5.40的滑块内部型腔仅做了一半，用镜像来实现另一半型腔的生成(图5.41)。

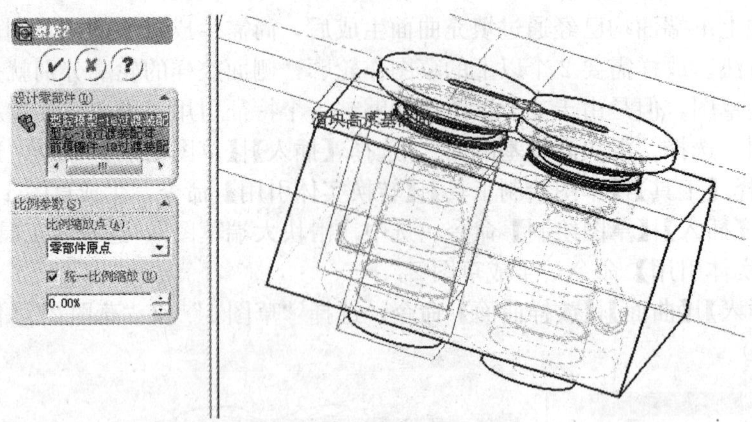

图 5.40　滑块型腔形成

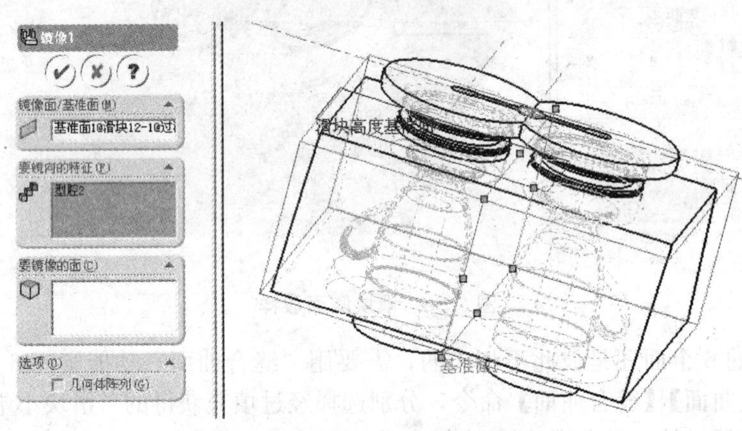

图 5.41　滑块型腔镜像

由于滑块的小端和大端在左右两侧数值一样，所以要加上拔模斜度。选择【插入】|【特征】|【拔模】命令，选择“滑块大端底面”为中性面，选择“滑块左右两侧面”为拔模面，单击【确定】按钮，生成两侧面上下拔模斜度(图 5.42)。

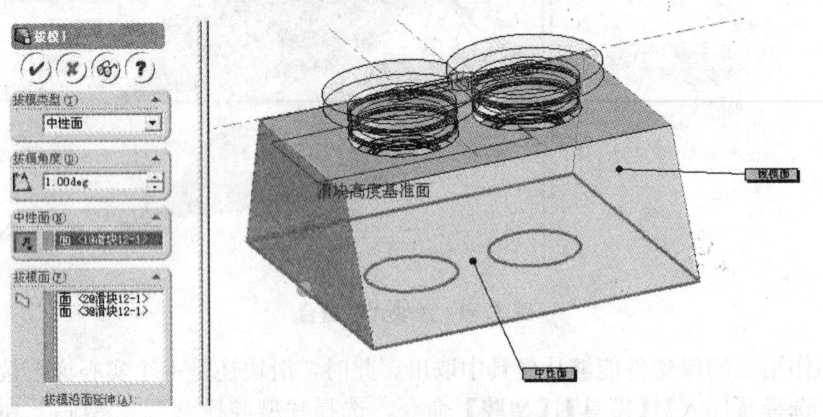

图 5.42　添加滑块上下侧面拔模斜度

利用分割工具将一个滑块切成两半。选择【插入】|【模具】|【型腔】|【分割】命令，选择“上视基准面”为裁剪工具，把“滑块 12.SLDPRT”切成两个实体(图 5.43)。此时，

在“滑块 12.SLDPRT”中已经有了一条缝，分别把它们命名为“左滑块.SLDPRT”和“右滑块.SLDPRT”。

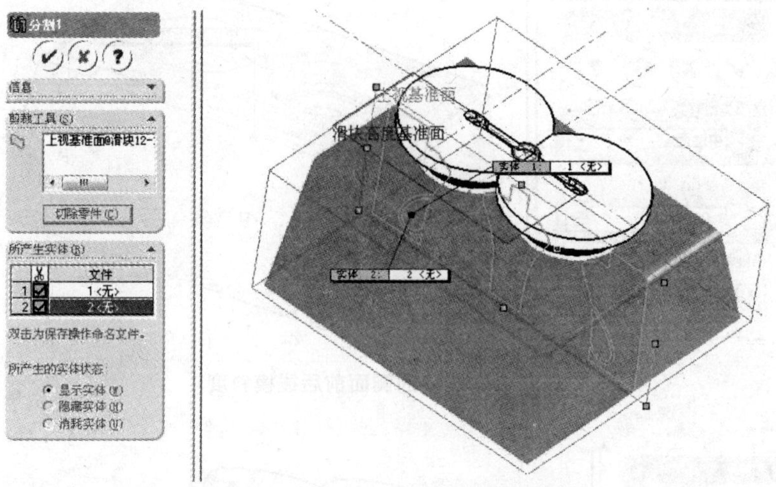

图 5.43　滑块分割为两个实体

滑块上还要有导轨槽。在上视基准面绘制与后面的导轨零件有一定间隙的草图，进行“完全贯穿”的拉伸，生成导轨槽(图 5.44)。另一侧的导轨槽采用镜像生成，镜像后的滑块实体如图 5.45 所示。

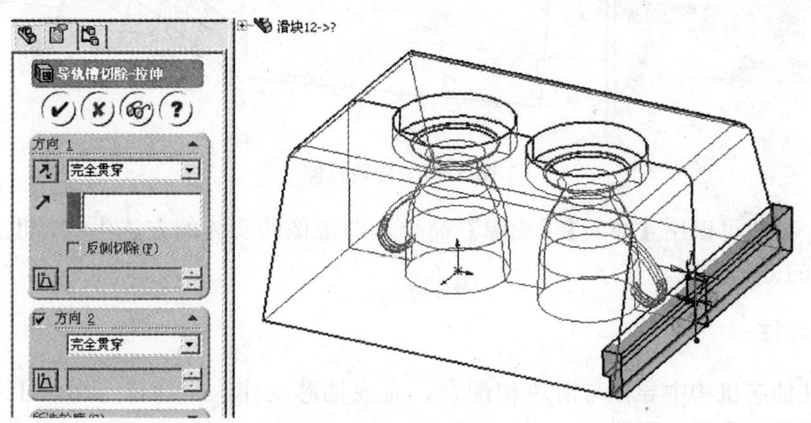

图 5.44　导轨槽拉伸

滑块的侧面前后也需要拔模，选择上视基准面为“中性面”，分别对两个实体进行拔模(图 5.46)。

打开“过渡装配体”，选择【插入】|【零件】|【新零件】命令，新建零件图“导轨.SLDPRT”。选中“上视基准面”，选择【插入】|【草图绘制】命令，绘出导轨截面草图；选择【插入】|【凸台/基体】|【拉伸】命令，选择“导轨截面草图”作拉伸轮廓，选两侧对称，长度共 290mm，生成右导轨(图 5.47)。

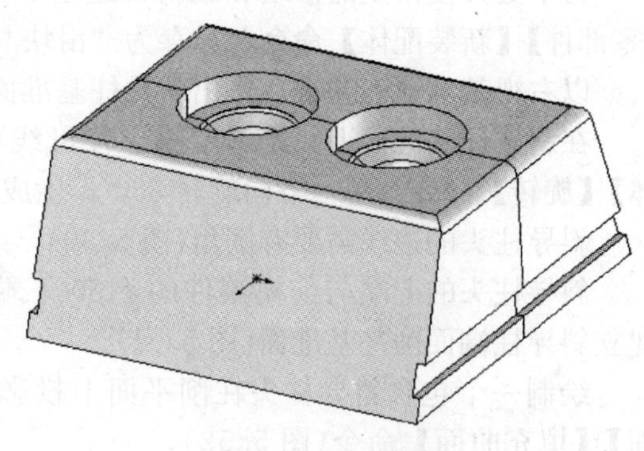

图 5.45　滑块实体

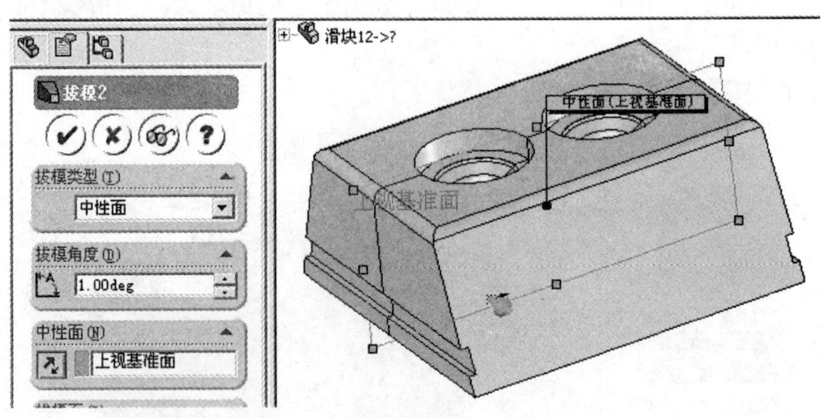

图 5.46 滑块的侧面前后拔模斜度

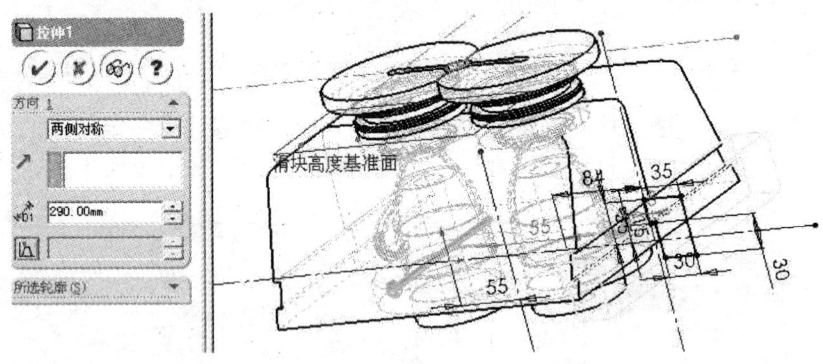

图 5.47 导轨拉伸

第二个导轨可以用【插入】|【镜像】命令，即镜像的实体的方法生成，也可以用插入“新零件”的办法生成。

5.4.5 斜导柱

斜导柱抽芯机构中导柱与滑块相配合，完成抽芯动作。斜导柱与滑块上导柱孔的配合，在装配图中要避免干涉。

为了更方便模型的修改和编辑，建立子目录“滑块与斜导柱的装配”，选择【插入】|【零部件】|【新装配体】命令，另存为“滑块与斜导柱的装配.SLDASM”文件。

以右视基准面为基准，作出斜导柱基准面(图 5.48)。

在斜导柱基准面上，绘制出斜导柱母线草图及导柱中心线。选择【插入】|【凸台/基体】|【旋转】命令，单一方向旋转 360°，生成斜导柱(图 5.49)。

斜导柱头的边线需要有倒角(图 5.50)。

斜导柱头的上端与前模镶件的 ϕ130 下端面有干涉，需要对斜导柱的上端进行裁剪。建立斜导柱端面削平基准面(图 5.51)。

绘制一个包含斜导柱头在削平面上投影的草图，进行曲面填充，选择【插入】|【曲面】|【填充曲面】命令(图 5.52)。

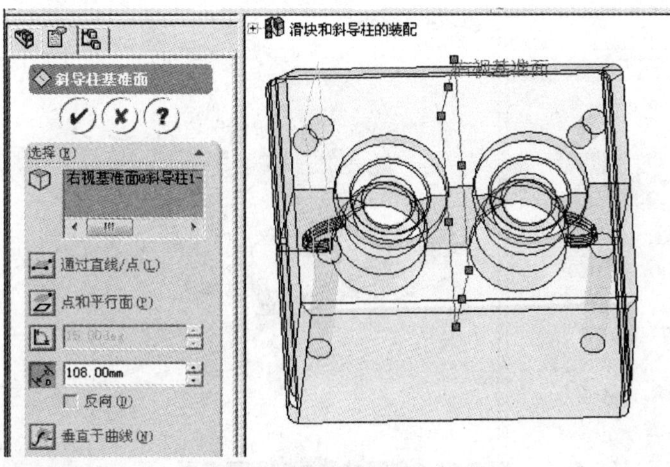

图 5.48 作出斜导柱基准面

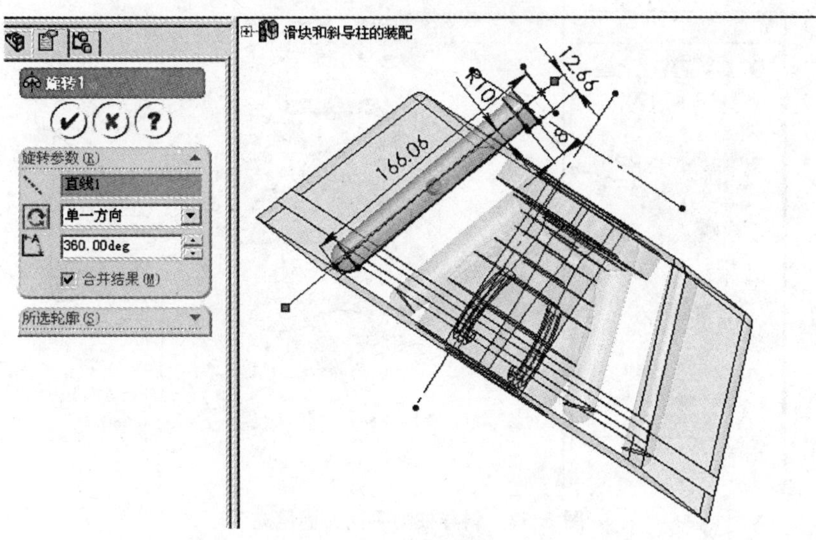

图 5.49 斜导柱旋转生成

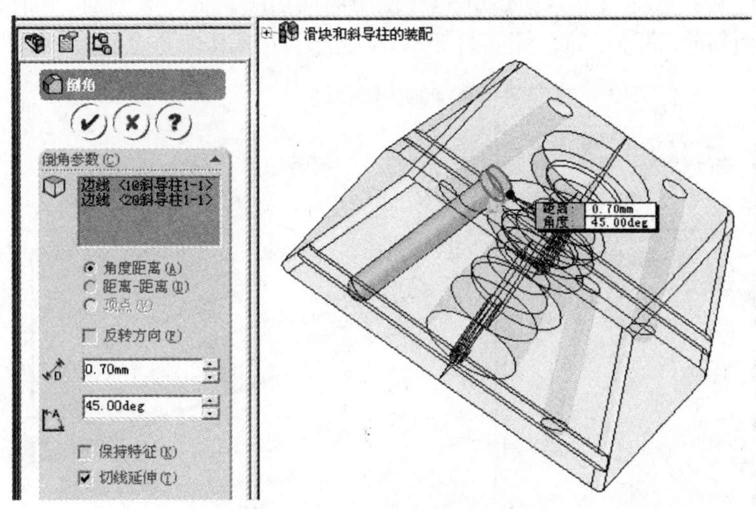

图 5.50 斜导柱头边线倒角

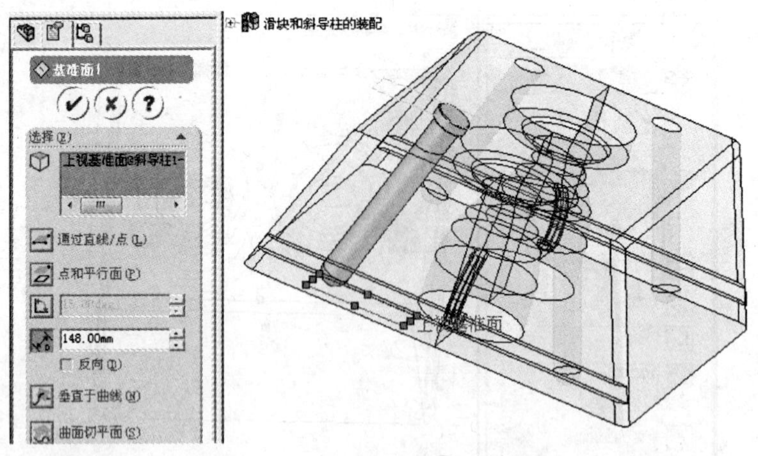

图 5.51　斜导柱端面削平基准面

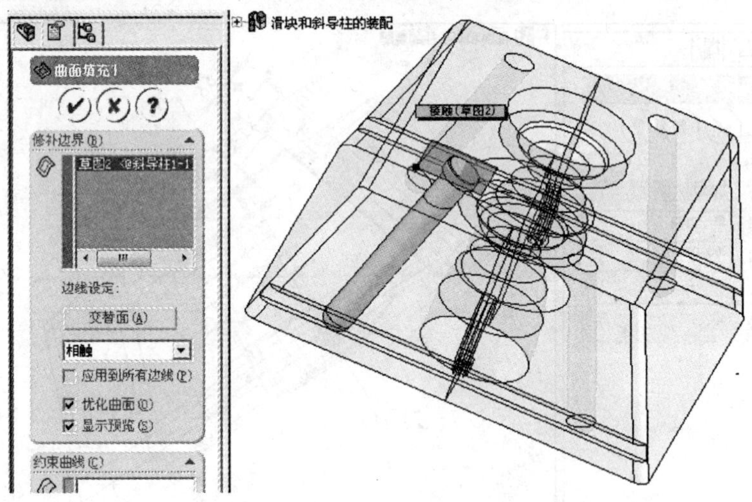

图 5.52　斜导柱削平面曲面填充

削平斜导柱头：选择【插入】|【切除】|【使用曲面切除】命令，选择“曲面填充1”，完成斜导柱头顶面切除(图 5.53)。用零件镜像的方法，生成其余 3 个斜导柱(图 5.54)。

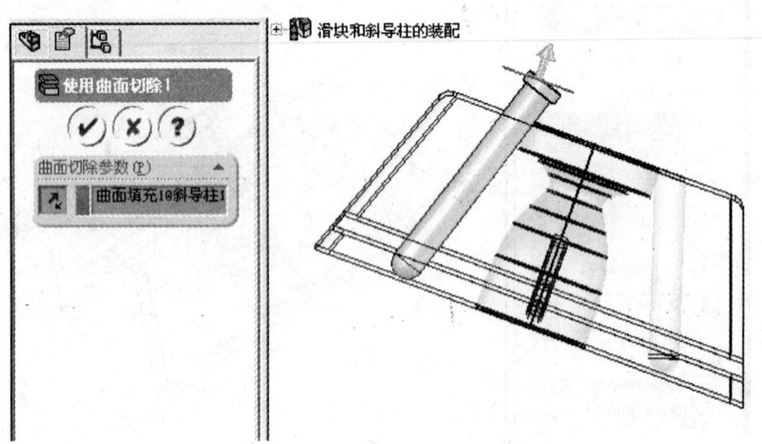

图 5.53　斜导柱顶面切除

分别保存为“过渡装配体.SLDASM”文件和“滑块与斜导柱的装配.SLDASM”文件。

打开“滑块与斜导柱的装配.SLDASM”，在特征设计树下选择“左滑块”，单击右键，选择【编辑零件】命令，选择【插入】|【模具】|【型腔】命令，可以用一个缩放率来生成斜导柱与导柱孔之间的间隙(图5.55)。

此时，滑块上的导柱孔还是盲孔，用完全贯穿的拉伸切除使之贯通。

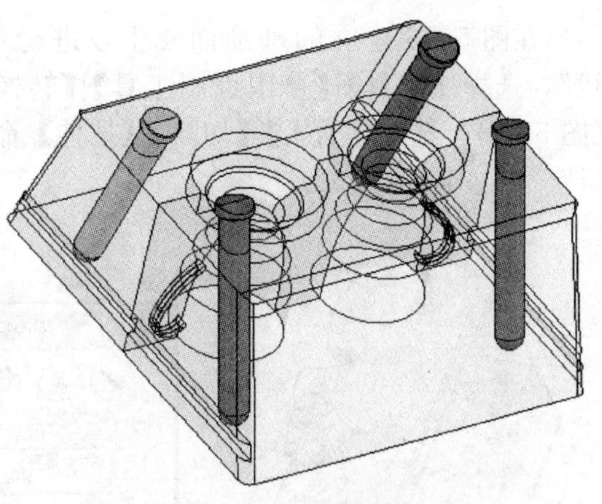

图5.54 斜导柱镜向

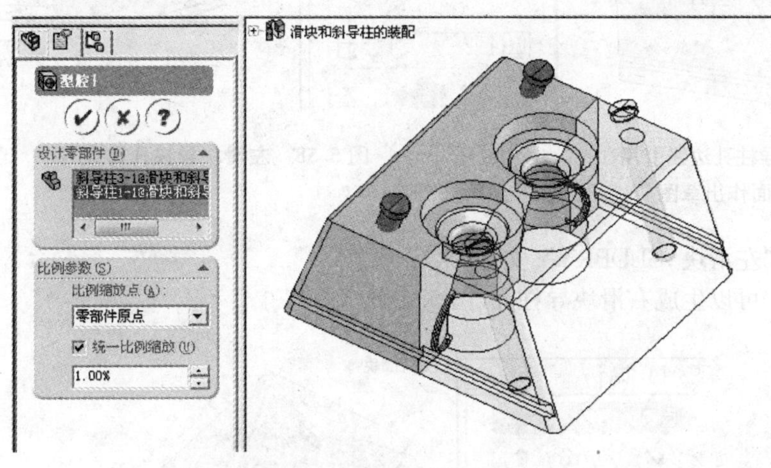

图5.55 左滑块导柱孔的生成

在特征设计树下选择“左滑块”，单击右键选择【编辑零件】命令。选择滑块上端面和边线，作出18°倾角基准面(图5.56)。

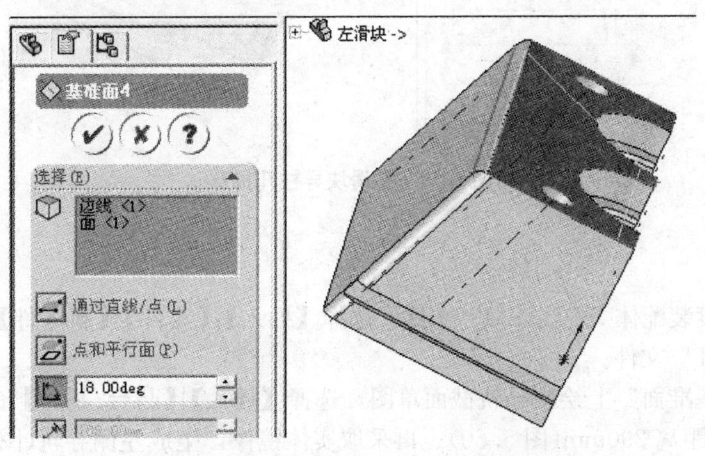

图5.56 建立与导柱孔轴线垂直的基准面

在图 5.56 建立的基准面 4 上，进行草图绘制，在图形区用鼠标选择“导柱孔边线”，选择【工具】|【草图绘制工具】|【转换实体引用】命令，生成“导柱孔圆截面草图”(图 5.57)。选择【插入】|【切除】|【拉伸】命令，选择“导柱孔圆截面草图”，选择“完全贯穿”，确定(图 5.58)。

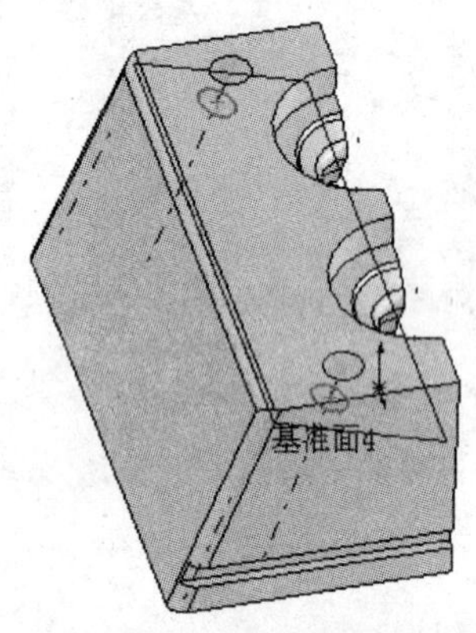

图 5.57 导柱孔边线引用到基准面作出草图

图 5.58 左滑块导柱孔贯穿

保存为“左滑块.SLDPRT”文件。

类似地，可以生成右滑块导柱孔(图 5.59)。

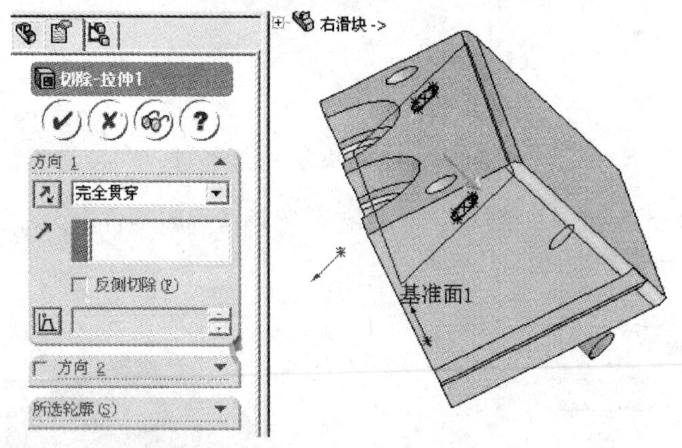

图 5.59 右滑块导柱孔贯穿

5.4.6 导轨

打开“过渡装配体.SLDASM”文件，选择【插入】|【零件】|【新零件】命令，保存为“导轨.SLDPRT”文件。

在“上视基准面”上绘制导轨截面草图，选择【插入】|【凸台/基体】命令，选择“两侧对称”，拉伸距离 290mm(图 5.60)。再采取实体镜像，生成左侧导轨(图 5.61)。

保存为“过渡装配体.SLDASM”、“导轨.SLDPRT”文件。

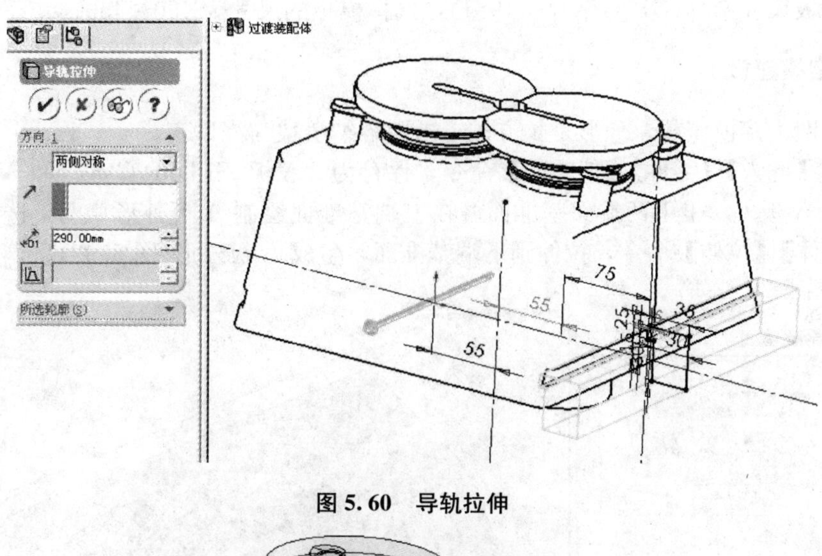

图 5.60　导轨拉伸

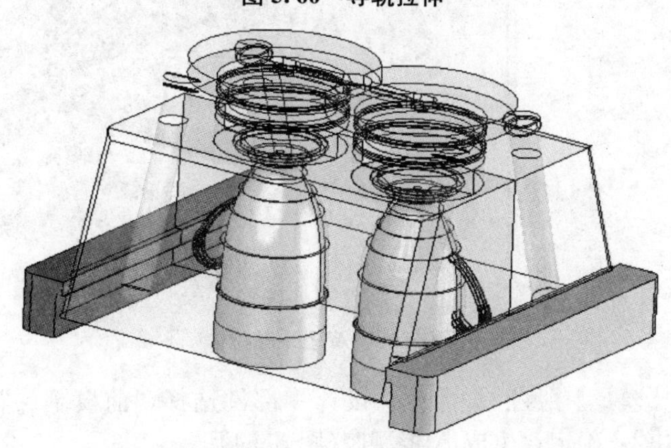

图 5.61　导轨镜像

5.4.7　模架

模架是模具的骨架，模具的各结构通过模架连接在一起。国家已经在 1990 年正式颁布了塑料注塑模架的国家标准，对于注塑模架的标准，分为中小型模架标准 GB/T 12556—1990 和大型模架标准 GB/T 12555—1990。有专门的模架厂家来根据标准生产，所以可以直接选用。标准模架一般由定模座板、定模板、动模板、动模支撑板、垫板、动模座板、推杆固撑板、推板、导柱、导套等组成。

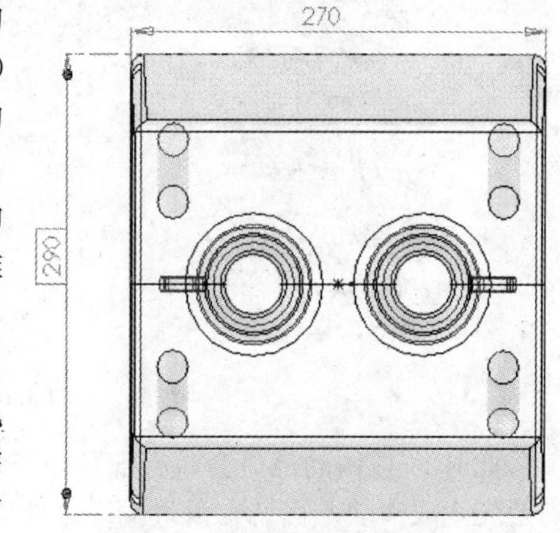

图 5.62　滑块俯视图外形尺寸

模架是按照类型和模板的长和宽来选取的。根据型腔的大小设计和布置方案，画出型腔的视图，同时考虑侧抽芯机构对模架是否有加大的需要。图 5.62 是滑块俯视图的外形尺寸，由此即可确定模板尺寸的长度(L)和宽度(B)。

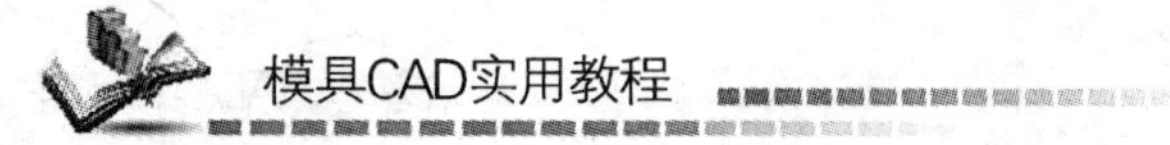

查模板尺寸系列(GB 4169.8—1984)，选择模板的尺寸为450×450。

5.4.8 定模座板

A板即为定模座板。外形是长方体，内腔容纳滑块与浇口套。

选择【插入】|【零件】|【新零件】命令，保存为“A板.SLDPRT”文件。

建立A板外形上下两端面基准面。在上端基准面绘制A板外形草图，选择【插入】|【凸台/基体】|【拉伸】命令，拉伸到下端基准面，生成A板外形(图5.63)。

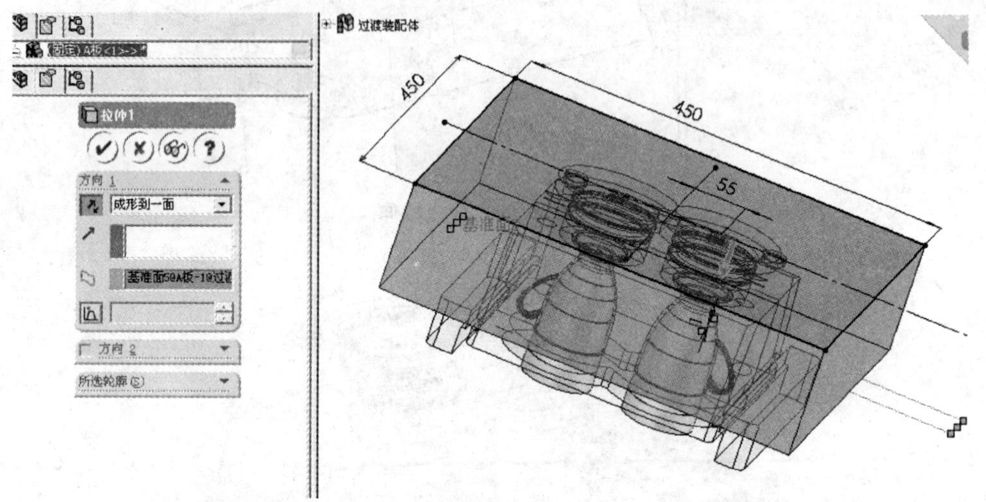

图5.63 A板外形拉伸

选择【插入】|【模具】|【型腔】命令，设计零部件选择“前模镶件”、“镜像浇口套”、“左滑块”、“右滑块”，确定，生成A板型腔(图5.64)。

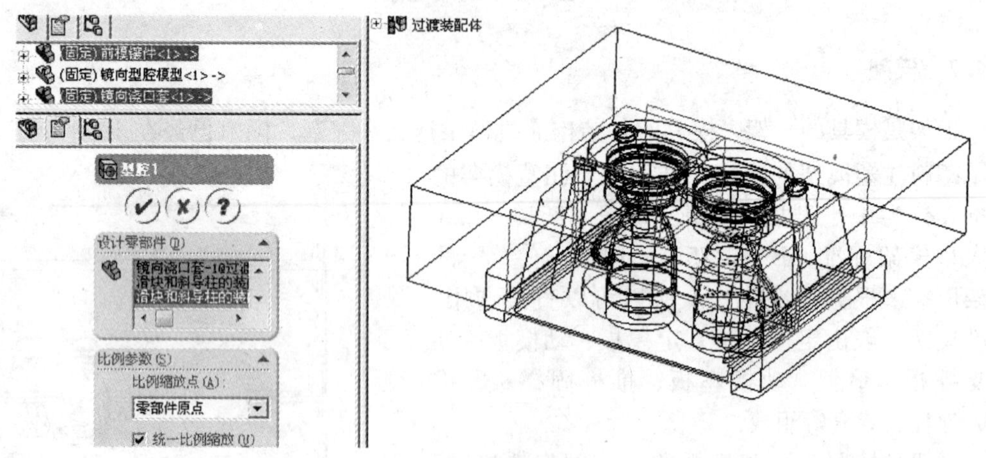

图5.64 A板型腔生成

此时A板内的浇口套尚有部分位于滑块顶面内(图5.65)，需要将其割去。切割之前需要先生成滑块端面。在滑块端面基准面绘制能够包含浇口套切割部分的草图，选择【插入】|【曲面】|【填充曲面】命令，确定(图5.65)。

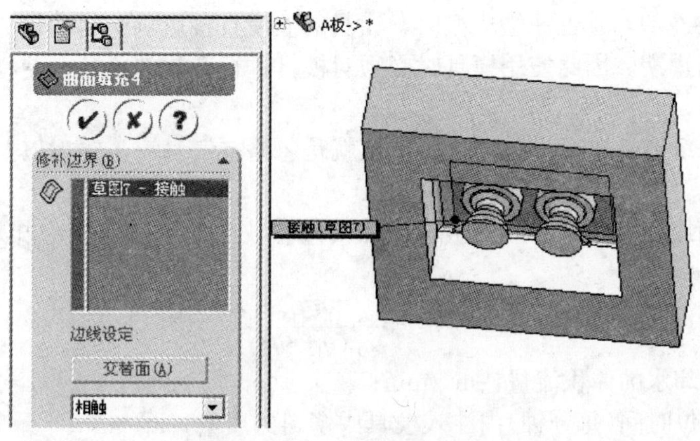

图 5.65 A 板滑块顶面填充

选择【插入】|【模具】|【分割】命令,“剪裁工具”选择“曲面填充 4”,确定,剪掉浇口套伸入滑块顶面的部分(图 5.66)。

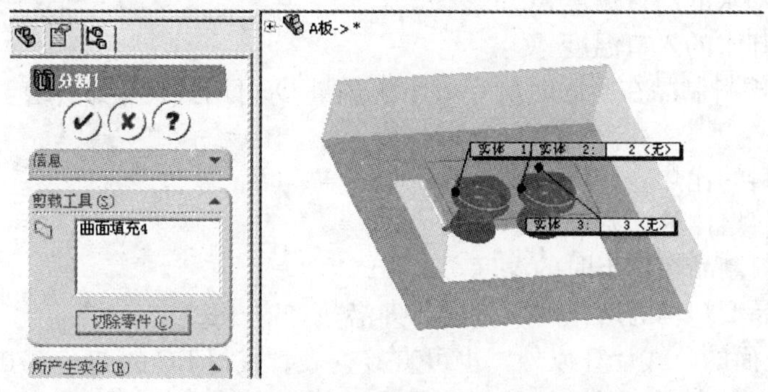

图 5.66 A 板内腔裁剪浇口套部分

由于前面曾经缝合过浇口套的外表面,因此在图 5.66 裁剪后,浇口套尚留部分圆柱面,选择滑块上表面(图 5.67 中显示为面 1),选择【插入】|【模具】|【分割】命令,切除零件,剪切多余圆柱面(图 5.67)。

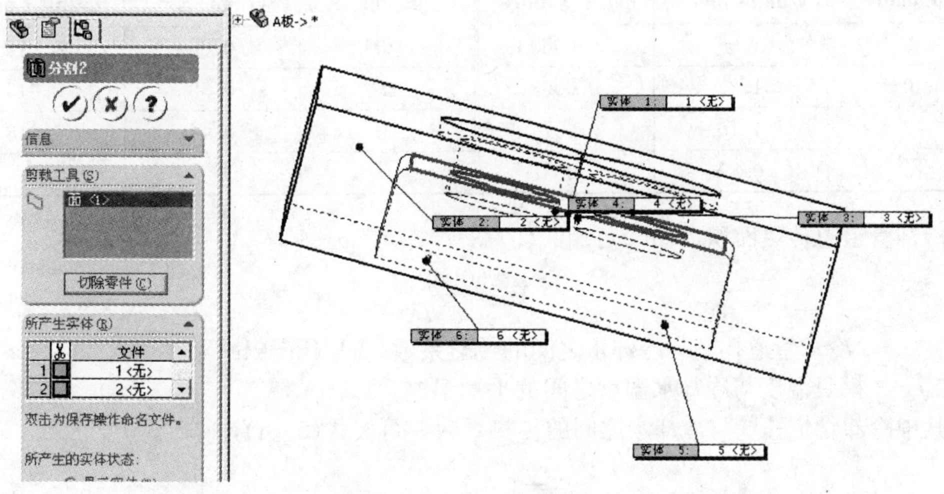

图 5.67 裁剪多余圆柱面

A 板上需要冷却水管道注塑成型时，模具的温度直接影响塑料的填充和塑料制品的质量，也影响注射周期。因此使用模具时必须对模具进行有效的冷却，使模具保持在一定的温度范围内。

模具冷却系统需要进行简化的计算，也就是忽略空气对流、辐射以及与注塑机接触所传导的热量。

根据热平衡原理，单位时间内塑料熔体凝固释放的热量应等于冷却水所带走的热量，于是有

$$q_v=\frac{WQ_1}{\rho c_1(\theta_1-\theta_2)} \tag{5-1}$$

式中 q_v——冷却水的体积流量，m^3/min；

W——单位时间(每分钟)内注入模具中塑料的质量，kg/min；

Q_1——单位质量的塑件在凝固时所释放出的热量，kJ/kg；

ρ——冷却水的密度，kg/m^3；

c_1——冷却水的比热容，kJ/(kg·°C)；

θ_1——冷却水的出口温度,℃；

θ_2——冷却水的入口温度,℃。

单位质量的塑料制品在凝固时所释放出的热量 Q_1 可用式(5-2)计算：

$$Q_1=c_2(\theta_3-\theta_4)+\mu \tag{5-2}$$

式中 c_2——塑料的比热容，kJ/(kg·℃)；

θ_3——塑料熔体的初始温度,℃；

θ_4——塑料制品在推出时的温度,℃；

μ——结晶型塑料的熔化的质量焓，即潜热，kJ/kg。

Q_1 除了用上面的公式计算以外，也可直接查表。查得 PC 的 $Q_1=270$kJ/kg。

求出冷却水的体积后，就可以根据冷却水处于湍流状态下的流速 ν 和管道直径 d 的关系，确定冷却水管道直径 d。流速 ν 和管道直径 d 的关系见表 5-2。

表 5-2 冷却水的稳定湍流速度与流量

冷却通道直径 d/mm	最低流速 $v/mm\cdot min^{-1}$	流量 $qv/m^3\cdot min^{-1}$	冷却通道直径 d/min	最低流速 $v/mm\cdot s^{-1}$	流量 $qv/m^3\cdot min^{-1}$
8	1.66	0.0050	20	0.66	0.0124
10	1.32	0.0062	25	0.53	0.0155
12	1.10	0.0074	30	0.44	0.0187
15	0.87	0.0092			

冷却管道总传热面积 $A(m^2)$可用式(5-3)计算：

$$A=\frac{60WQ_1}{h\Delta\theta} \tag{5-3}$$

式中 h——冷却管道孔壁与冷却水之间的传热系数，kJ/(m^2·h·℃)；

$\Delta\theta$——模具温度与冷却水温度之间的平均温差,℃。

其中冷却管道孔壁与冷却水之间的传热系数 h 可按式(5-4)计算：

$$h=3.6f\frac{(\rho v)^{0.8}}{d^{0.2}} \tag{5-4}$$

式中 f——与冷却水温度有关的物理系数；

ρ——冷却水在一定温度下的密度，kg/m³；

v——冷却水在圆管中的流速，m/s；

d——冷却水的管道直径，m。

冷却水在圆管中的流速为

$$v=\frac{4q_v}{\pi dl} \tag{5-5}$$

模具应该开设的孔数为

$$n=\frac{A}{\pi dL} \tag{5-6}$$

式中 L——冷却管道开设的方向上模具的长度或宽度，m。

在一般的注塑模设计中，采用上述方法粗略计算已经足够。本例中冷却管道直径选为8mm，具体计算略去。

冷却水道采取切除拉伸完成，其位置如图5.68所示。

图5.69是A板切除冷却水道后的实体模型，分别保存为“过渡装配体.SLDASM”文件和“A板.SLDPRT”文件。

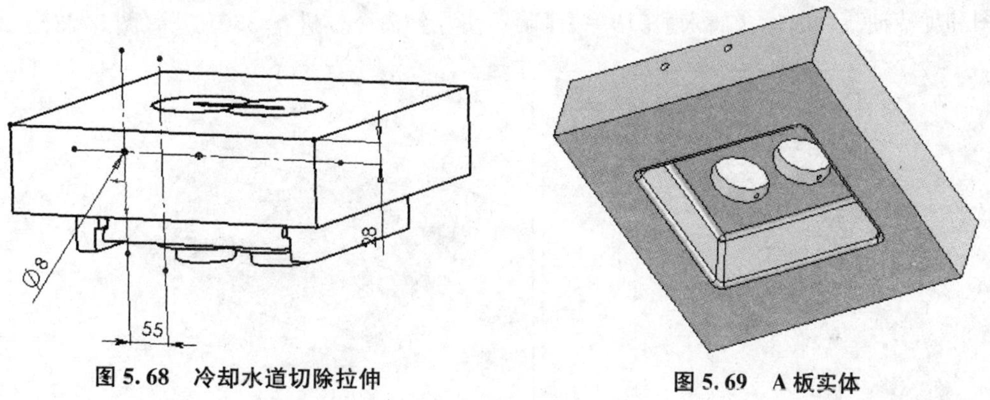

图5.68 冷却水道切除拉伸

图5.69 A板实体

5.4.9 水口板

水口板的作用是断开料头和塑件制品。

选择【插入】|【零件】|【新零件】命令，保存为“水口板.SLDPRT”文件。水口板基体用拉伸生成(图5.70)。水口板上面开有浇口，其深度要与浇口套上的浇道相连(图5.71)。

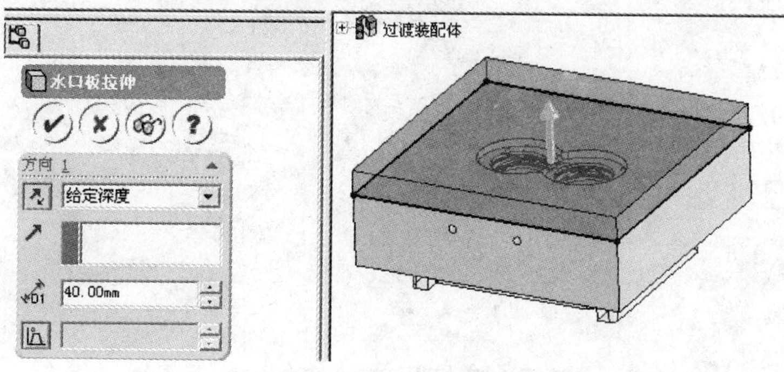

图5.70 水口板基体拉伸

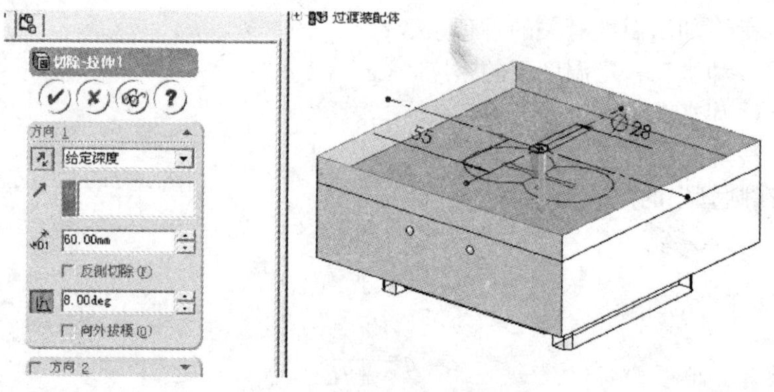

图 5.71　水口板浇口切除拉伸

分别保存为“过渡装配体.SLDASM”、“水口板.SLDPRT”文件。

5.4.10　前模板

选择【插入】|【零件】|【新零件】命令，保存为“前模板.SLDPRT”文件。前模板的基体用拉伸生成(图 5.72)。前模板上的浇口用旋转切除生成：在前视基准面上绘制出浇口的母线草图和旋转轴线，选择【插入】|【切除】|【旋转切除】命令，进行 360°切除(图 5.73)。

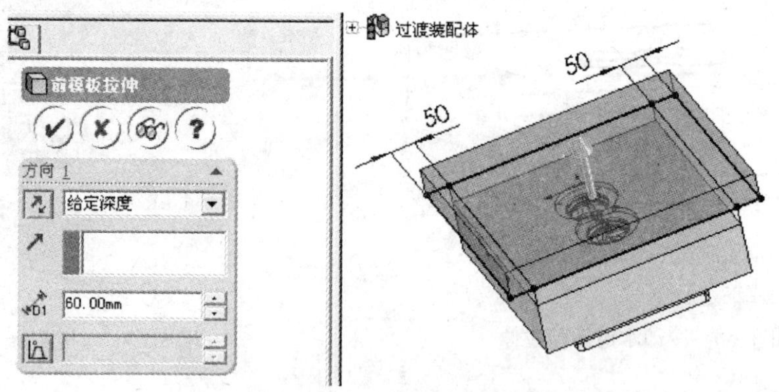

图 5.72　前模板基体拉伸

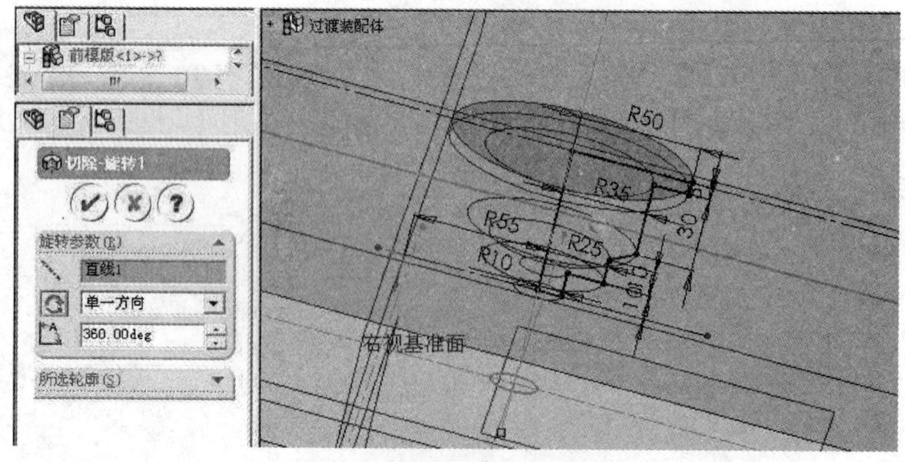

图 5.73　前模板浇口孔切除旋转

分别保存为“过渡装配体.SLDASM”、“前模板.SLDPRT”文件。

5.4.11 推件板

推件板的任务是在注塑件凝固后，当模具打开时把制件推出。

选择【插入】|【零件】|【新零件】命令，保存为“推件板.SLDPRT”文件。

在B分型基准面上绘制出推件板8字形草图，选择【插入】|【凸台/基体】|【拉伸】命令，分别选择草图的内圈和外圈(图5.74中显示“草图-局部范围”)，生成推件板。

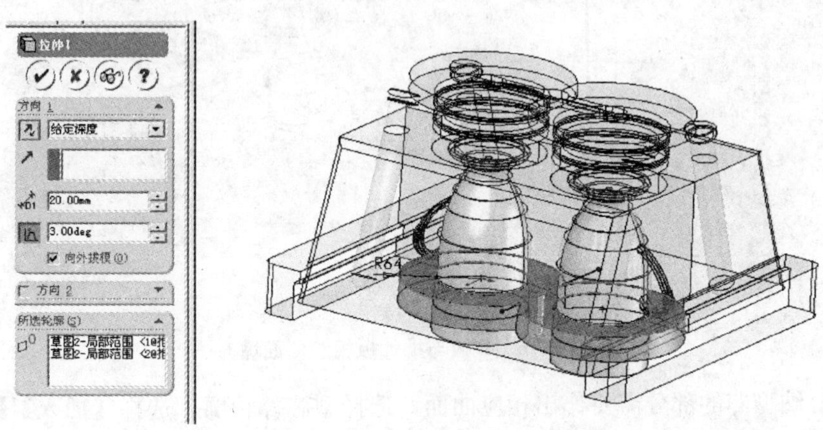

图5.74 推件板拉伸

分别保存为“过渡装配体.SLDASM”、“推件板.SLDPRT”文件。

5.4.12 动模板

B板也称动模板，其底面为平面，上面要容纳型芯、推件板、导轨，还要开通冷却水道和一些孔。

选择【插入】|【零件】|【新零件】命令，保存为“B板.SLDPRT”文件。

根据B板的结构设计，建立B板底面基准面，与前视基准面的距离为65mm(图5.75)。

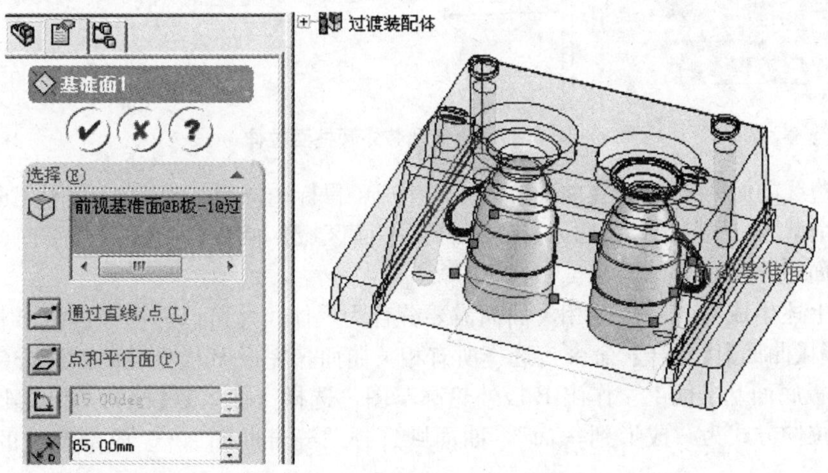

图5.75 建立B板底面基准面

选择推件板上表面，进入草图绘制。选择推件板8字形外轮廓，选择【工具】|【草图绘制工具】|【转换实体引用】命令，在B板零件图中获得推件板8字形外轮廓草图。同时在推件板上表面所在平面，绘制一个大于B板外轮廓的草图(草图1，图5.76)，选择【插入】|【曲面】|【填充曲面】命令，获得内侧有推件板外轮廓的曲面(图5.76)。

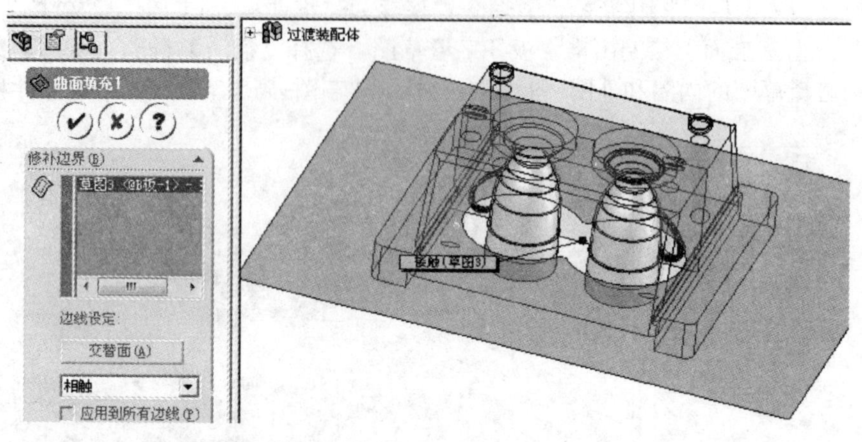

图5.76　B板与推件板相触曲面填充

B板容纳型芯的部分需要作出相应曲面，选择型芯外轮廓，选择【插入】|【曲面】|【拉伸】命令，单击【确定】按钮(图5.77)。

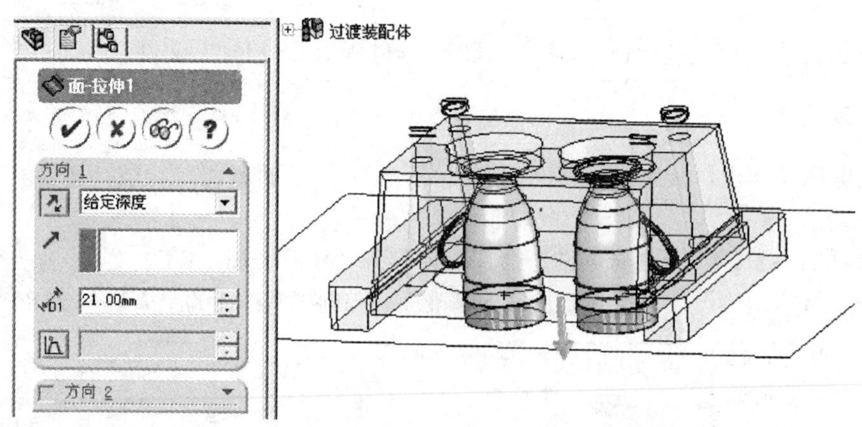

图5.77　B板型芯外圆柱面拉伸

型芯边线的面用【插入】|【曲面】的方法生成：鼠标选择型芯边线1，按住Ctrl键，接着选择第二个型芯边线，选择【插入】|【曲面】|【平面区域】命令，生成一个平面(图5.78中命名为“面-基准面1”)。

所有上述生成的B板内腔相关曲面需要缝合为一体，才可以方便地进行B板拉伸。选择【插入】|【曲面】|【缝合】命令，选择所有相关曲面，完成B板型腔曲面缝合(图5.79)。

在B板底面基准面上，作出B板外轮廓草图，选择【插入】|【凸台/基体】|【拉伸】命令，选择拉伸方式为“成形到一面”，曲面则选择“缝合曲面”，生成带型腔的B板基座(图5.80)。

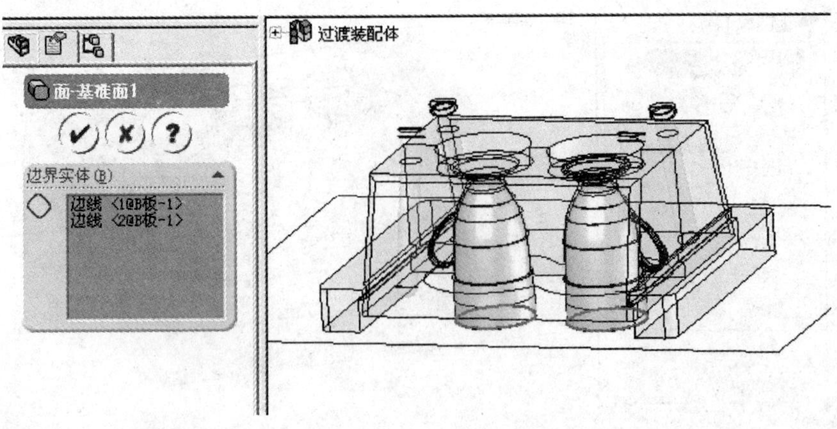

图 5.78　生成 B 板边线基准面

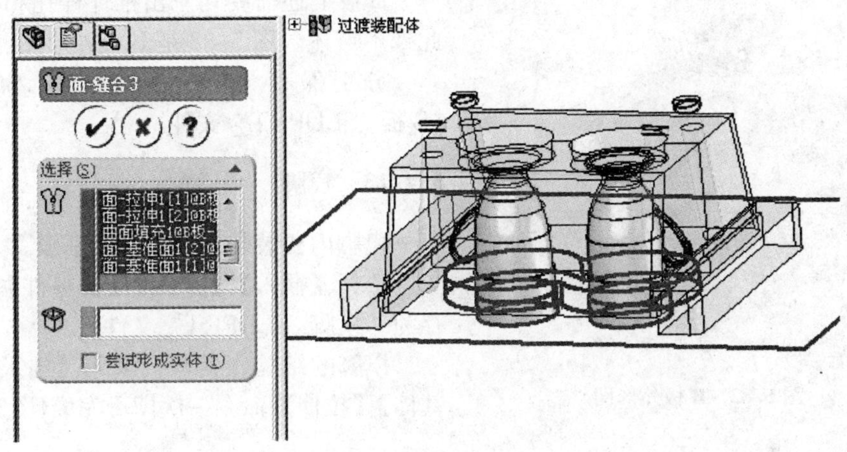

图 5.79　B 板型腔缝合

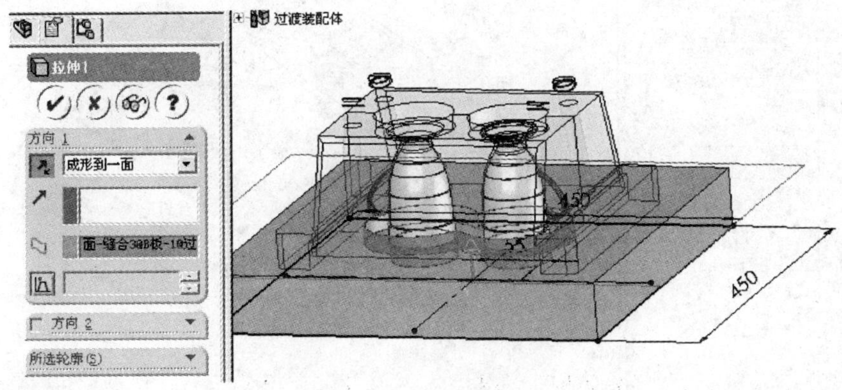

图 5.80　B 板基座拉伸

B 板上部需要容纳导轨，在 B 板基座上转换实体引用，获得导轨框草图，选择【插入】|【凸台/基体】|【拉伸】命令，设置“给定深度”为 44mm(图 5.81)。

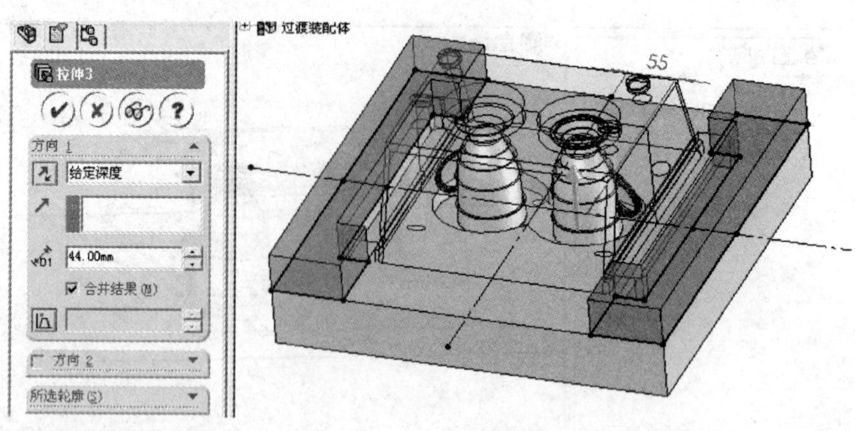

图 5.81 B 板导轨框拉伸

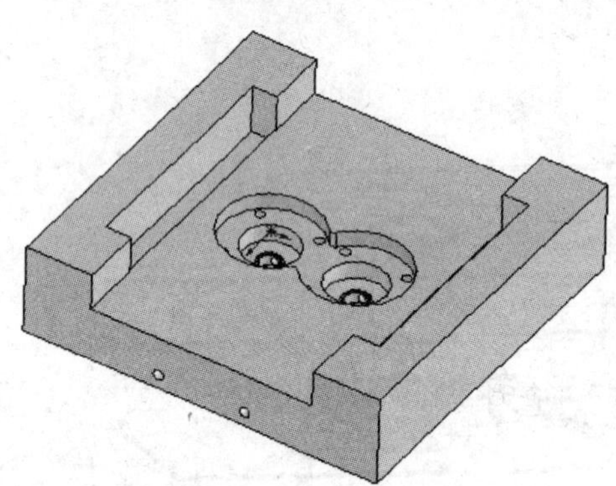

图 5.82 B 板外形图

B 板上还需要切割出推件杆孔和冷却水道，此处不赘述。图 5.82 是 B 板外形图。

分别保存为“过渡装配体 .SLDASM”、“B 板 . SLDPRT”文件。

5.4.13 模脚

模脚内要装装面砧板和底砧板。

选择【插入】|【零件】|【新零件】命令，保存为“模脚 .SLDPRT”文件。

模脚的结构很简单，采用【插入】|【凸台/基体】|【拉伸】命令一次即可完成(图 5.83)。

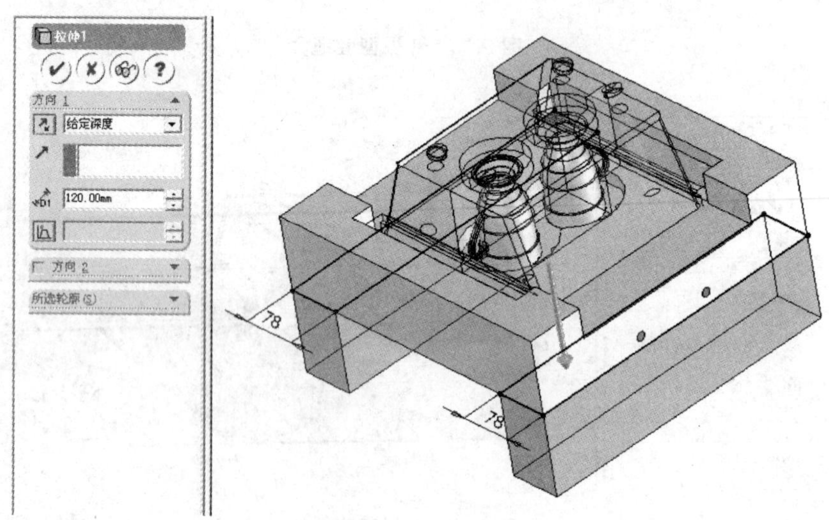

图 5.83 模脚拉伸

分别保存为“过渡装配体 .SLDASM”、“模脚 .SLDPRT”文件。

5.4.14 面砧板

面砧板装在模脚内。

选择【插入】|【零件】|【新零件】命令，保存为“面砧板.SLDPRT”文件。

面砧板基体通过拉伸生成，给定深度为25mm(图5.84)。面砧板上还有8个推杆孔和4个导柱孔(图5.85)。推杆孔为台阶孔(图5.86)，保证推杆的定位。

分别保存为“过渡装配体.SLDASM”、“面砧板.SLDPRT”文件。

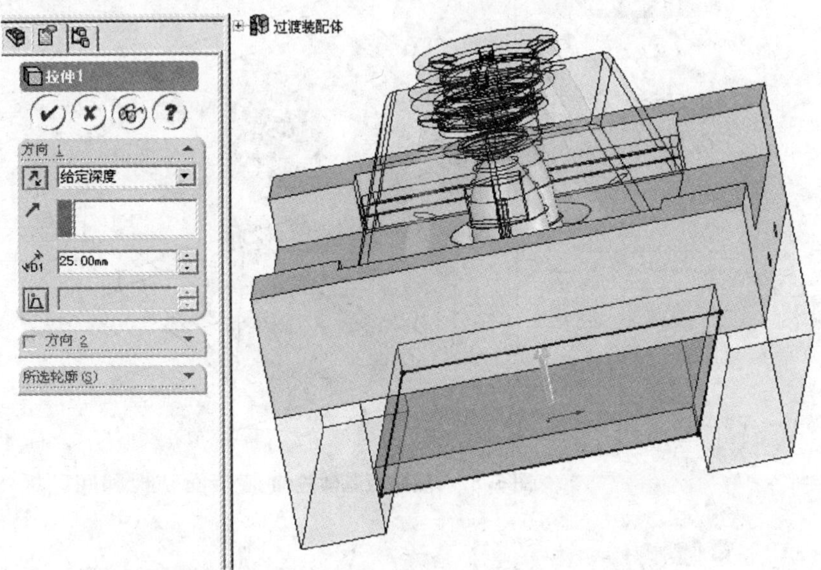

图5.84 面砧板基体拉伸

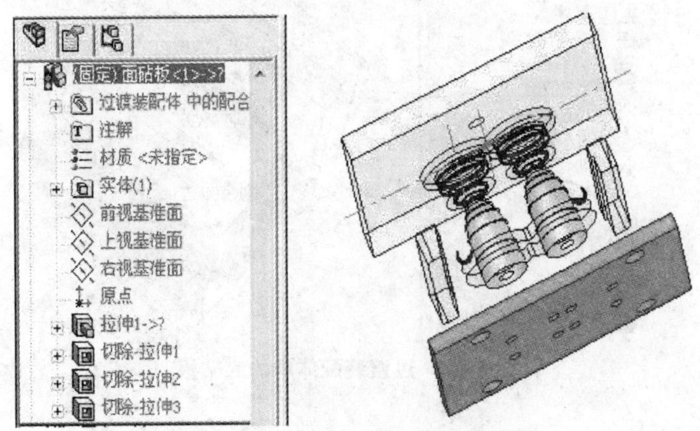

图5.85 过渡装配体中的面砧板

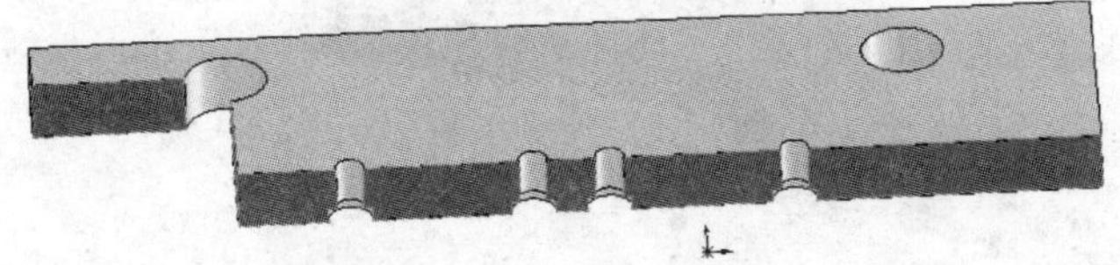

图5.86 面砧板实体剖面

5.4.15 底砧板

选择【插入】|【零件】|【新零件】命令，保存为“底砧板.SLDPRT”文件。

底砧板基体通过拉伸生成，给定深度为30mm(图5.87)。底砧板上还有4个顶出导柱孔和1个顶件杆孔(图5.88)。顶件杆孔为盲孔(图5.89)，保证顶件杆的定位。

分别保存为“过渡装配体.SLDASM”、“底砧板.SLDPRT”文件。

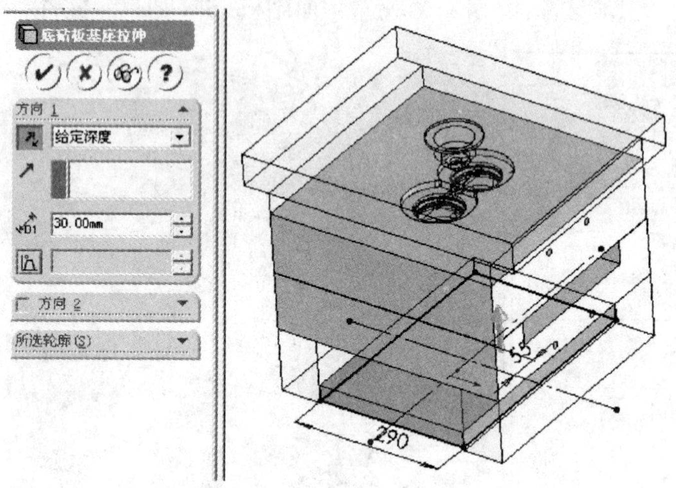

图5.87 底砧板基体拉伸

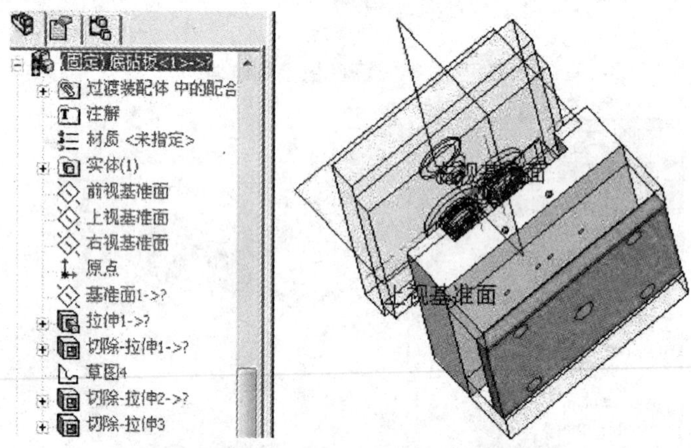

图5.88 过渡装配体中的底砧板

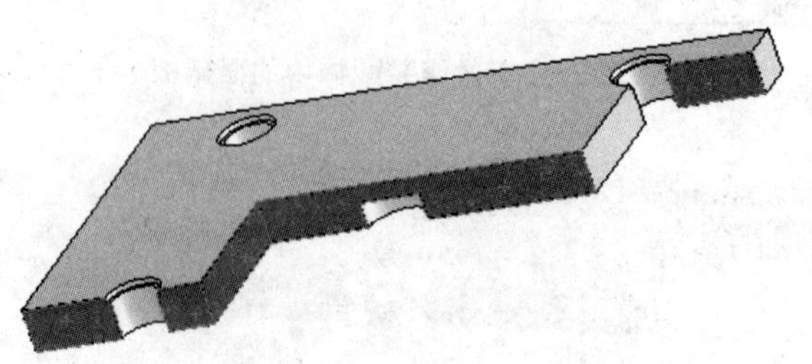

图5.89 底砧板实体剖面

5.4.16 底板

选择【插入】|【零件】|【新零件】命令，保存为“底板 .SLDPRT”文件。

鼠标选择底砧板下面，进入草图绘制；选前模板外轮廓，选择【工具】|【草图绘制工具】|【转换实体引用】命令，获得底板草图；选择【插入】|【凸台/基体】|【拉伸】命令，给定深度为35mm(图5.90)。

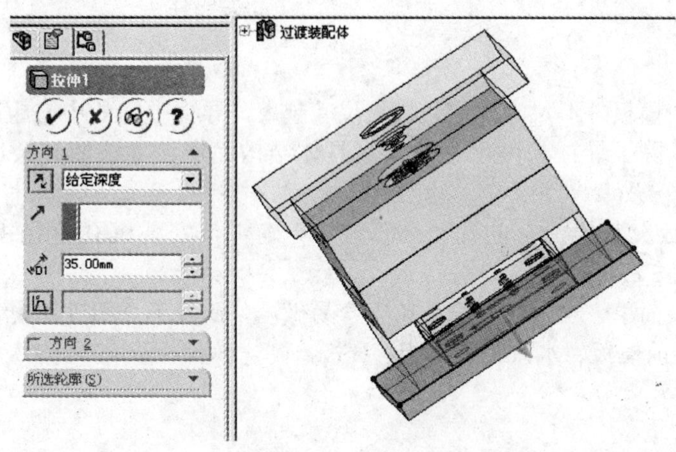

图5.90 底板基体拉伸

底板上还有一个通孔，容纳顶件杆的小端，用拉伸切除生成，此处不赘述。

分别保存为“过渡装配体 .SLDASM”、“底板 .SLDPRT”文件。

5.4.17 顶件杆

选择【插入】|【零件】|【新零件】命令，保存为“顶件杆 .SLDPRT”文件。

顶件杆又叫KO(Knock Out)杆，是一个带有台阶的圆柱体，大端位于底砧板的盲孔下，小端插入底板相应孔中(图5.91)。

分别保存为“过渡装配体 .SLDASM”、“顶件杆 .SLDPRT”文件。

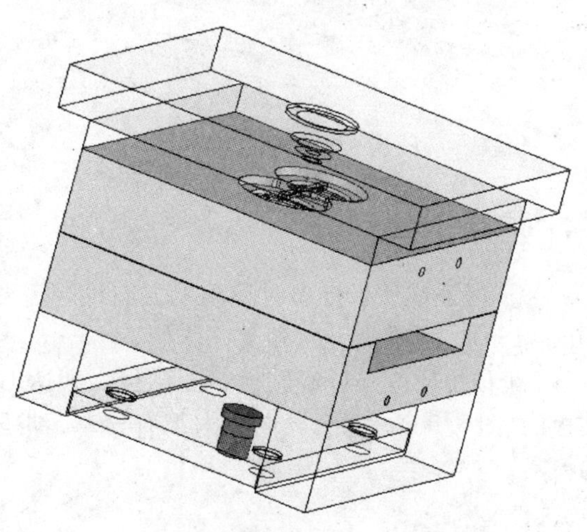

图5.91 顶件杆形状与位置

5.4.18 导柱

导向机构的功能是保证动模、定模能够对准，使动模和定模上成型表面在模具闭合后形成形状和尺寸准确的腔体，从而保证塑料制件形状、壁厚和尺寸。导向机构除了其导向和定位作用外，还可以增加承受侧压力的能力，保证模具运动平稳。

导柱是为定模、动模座相对运动提供精密导向的圆柱形零件，与固定在定模座的导套配合使用。

1. 导柱的结构

导柱基本结构形式有两种，一种是除安装部分的凸肩外，其余部分直径相同，称为带头导柱(GB/T 4169.4—1984)；另一种是除安装部分外的凸肩外，安装用的配合部分比外伸部分直径大，称为带肩导柱(GB/T 4169.5—1984)。图 5.92 是带头导柱。

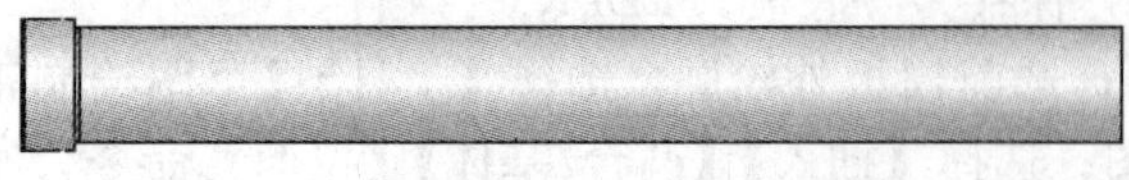

图 5.92 带头导柱

2. 导柱的尺寸

导柱的直径由模板外形尺寸确定，模板尺寸越大，导柱中间的中心距就越大，所选导柱直径也应越大。除了导柱长度尺寸按模具具体结构而定，导柱的其余尺寸随导柱直径而定。

安装导柱时板上与之配合的孔径公差按 H7 确定，安装沉孔直径视导柱直径可取 $D+\Omega$(Ω 取值为 1～2)mm。

导柱的结构很简单，在过渡装配体中很容易做出，此处不介绍其建模方法。

4 根导柱穿过前模板、水口板、A 板、B 板，到达模脚(图 5.93)。

5.4.19 导套

导套是为定模、动模座相对运动提供精密导向的管状零件，与固定在定模座的导柱配合使用。12 个导套分别在前模板、水口板、A 板、B 板内(图 5.94)。

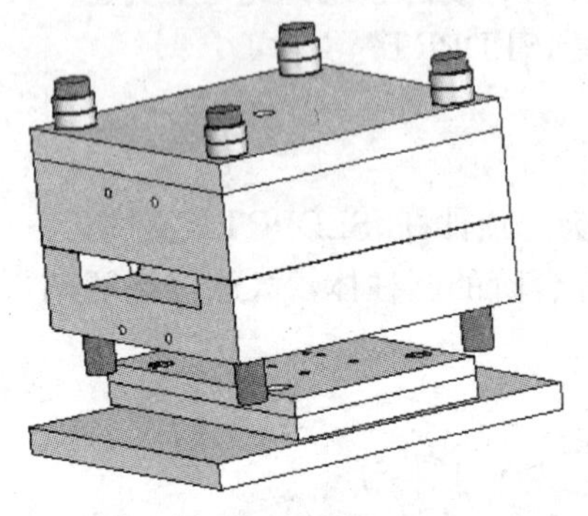

图 5.93 4 根导柱

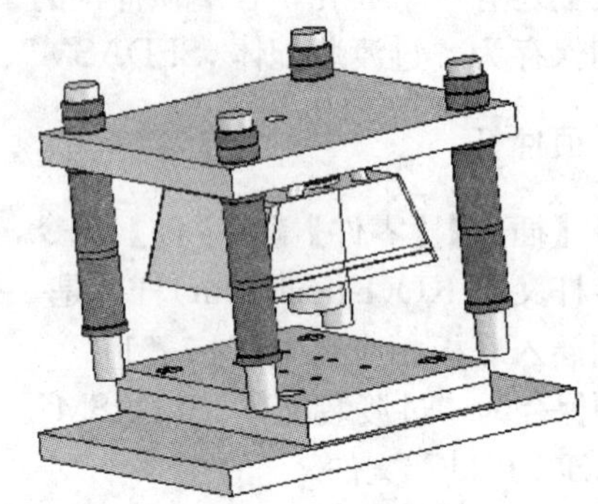

图 5.94 12 个导套

5.4.20 顶出导柱

为了保证推件板推出时运动的方向性，需要有顶出导柱。顶出导柱又叫 EGP(Ejector Guide Pin)，起推板导向和支撑作用。

4 个顶出导柱穿过底砧板、面砧板，到达 B 板(图 5.95)。4 个导套分别在面砧板、底砧板内(图 5.96)。每个导向孔内都有导套，带导套的导向孔用于生产批量大或导向精度高的模具。

5.4.21 推杆

8 个推杆位于底砧板上，通过面砧板的导向，推动推件板顶出塑件，如图 5.97 所示。

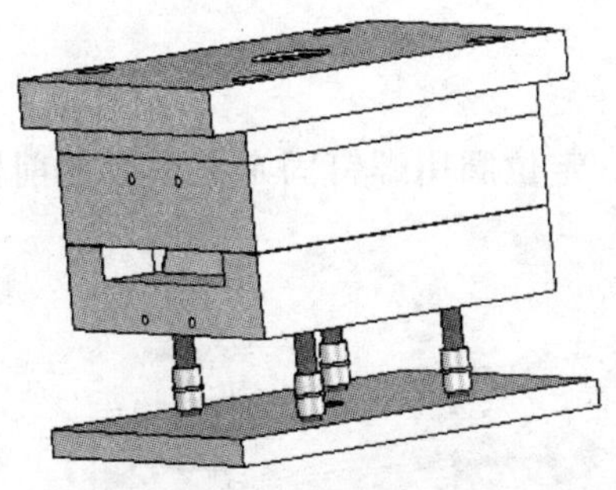

图 5.95　4 个顶出导柱

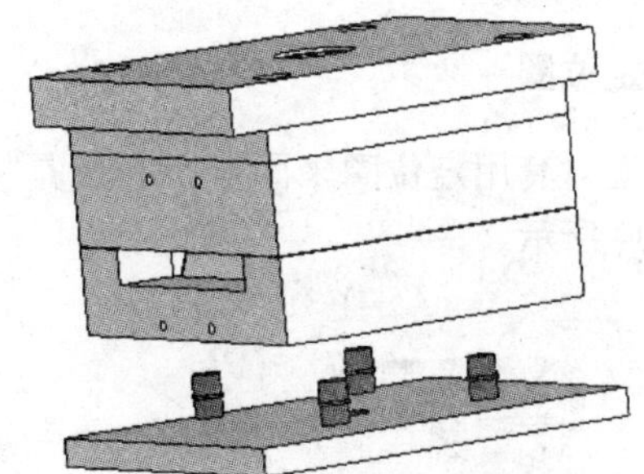

图 5.96　4 个顶出导套

5.4.22　主流道衬套

主流道小端入口处与注塑机喷嘴反复接触，属易损件，对材料要求较严，因而模具主流道部分常设计成可拆卸更换的主流道衬套形式(俗称浇口套，也称唧咀)，以便有效地选用优质钢材单独进行加工和热处理。主流道衬套已经标准化，可直接采购，图 5.98 是其实体剖面图。浇口套装在前模镶件内(图 5.99)。

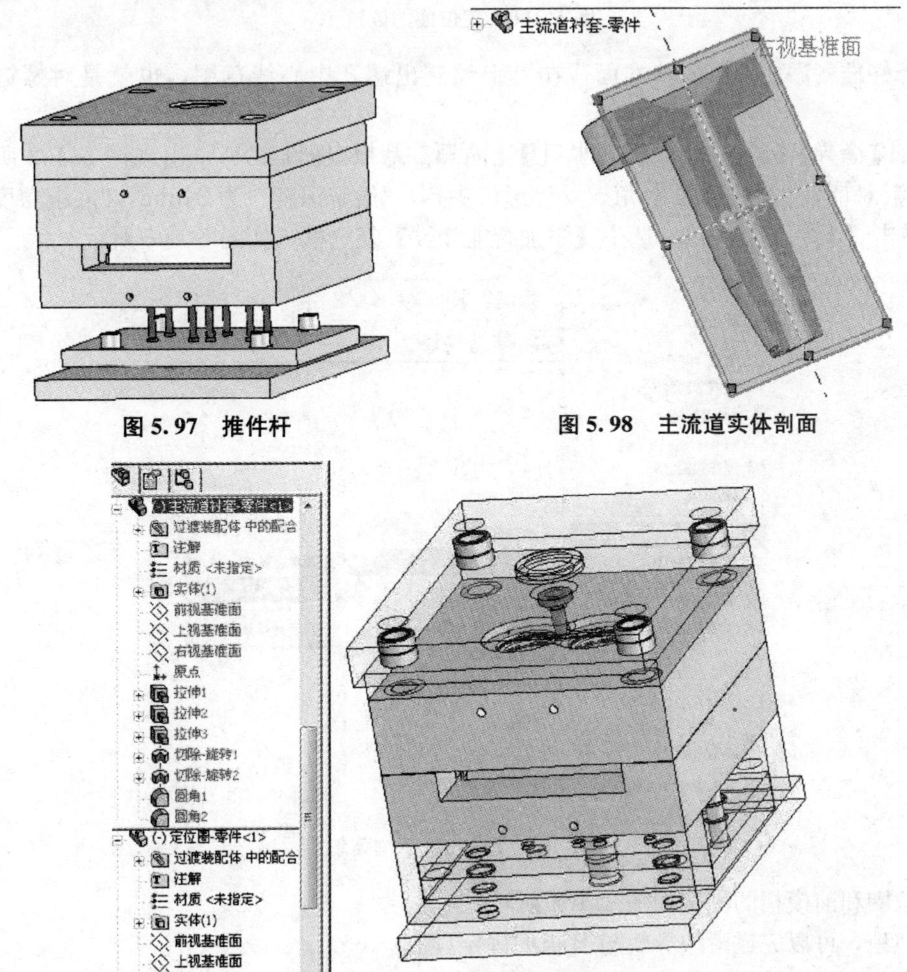

图 5.97　推件杆

图 5.98　主流道实体剖面

图 5.99　主流道衬套的位置

5.4.23 定位圈

主流道衬套用定位圈来固定，它也是标准件。定位圈用螺钉固定在模具的前模板上，如图 5.100 所示。

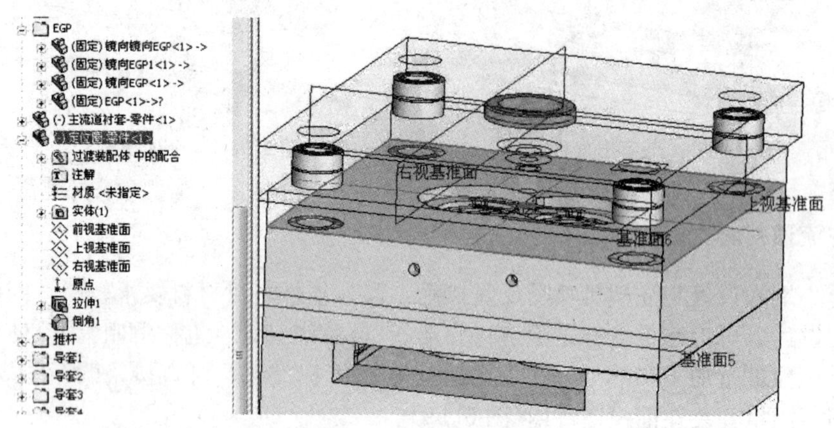

图 5.100 定位圈的位置

选择好准备添加螺钉的基准面，在其上绘制出螺孔中心线草图，也就是对螺钉进行定位。

选择【插入】|【装配体特征】|【钻孔】|【向导】命令(图 5.101)，出现图 5.102 所示的【孔定义】对话框。添加 M6 六角螺丝柱形沉头孔，“给定深度”为 24mm，“底端角度”为 120°，单击【下一步】按钮，选中【添加智能扣件】复选框，如图 5.103 所示。

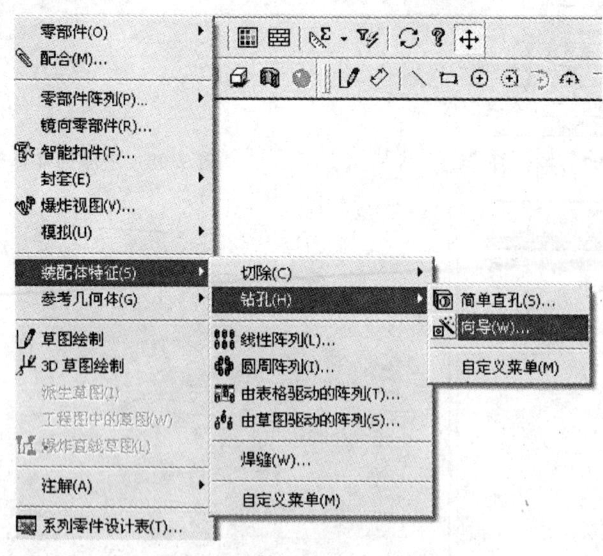

图 5.101 【钻孔】下拉菜单

定位圈和前模板的固定如图 5.104 所示。

类似地，可以完成滑块导轨与 B 板的固定(图 5.105)。

保存为“过渡装配体.SLDASM”文件。

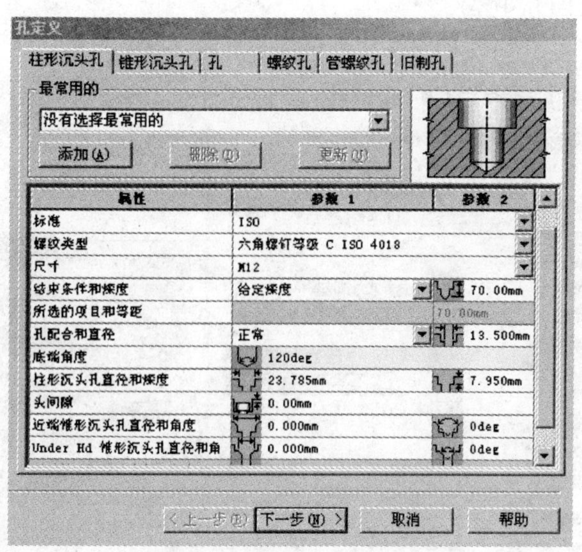

图 5.102 【孔定义】对话框

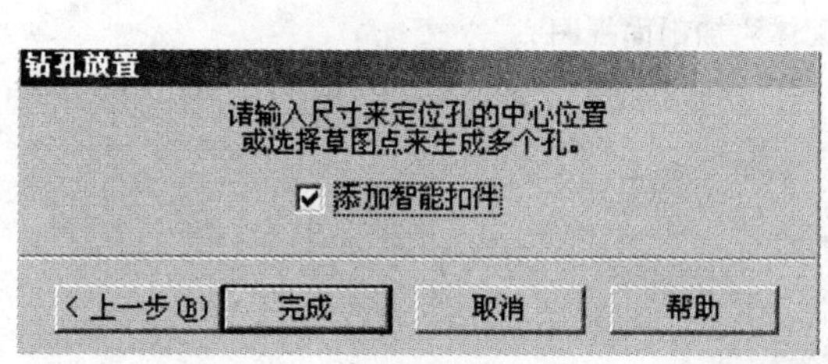

图 5.103 【钻孔放置】对话框

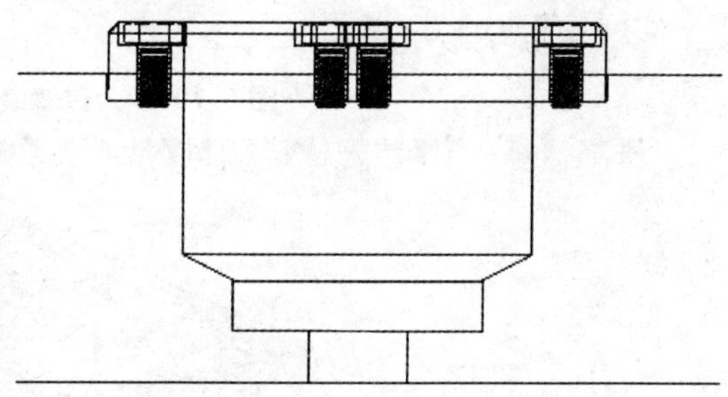

图 5.104 定位圈与前模板的螺钉固定

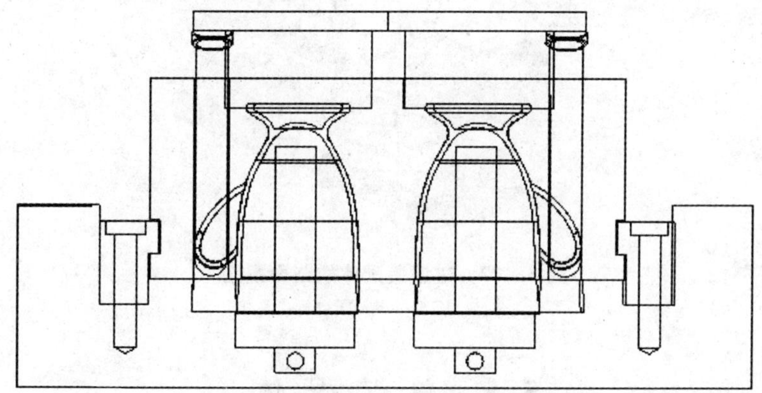

图 5.105 滑块导轨和 B 板的固定

至此，过渡装配体已经全部完成。为了查看模具内部结构，为过渡装配体添加剖面视图。在设计特征树下，选择欲进行剖切的平面(这里选了前视基准面)。选择【视图】|【显示】|【剖面视图】命令，如图 5.106 所示。再设法给不同的零件添加上不同的颜色，就可

以清楚地看到剖面图(图 5.107)。

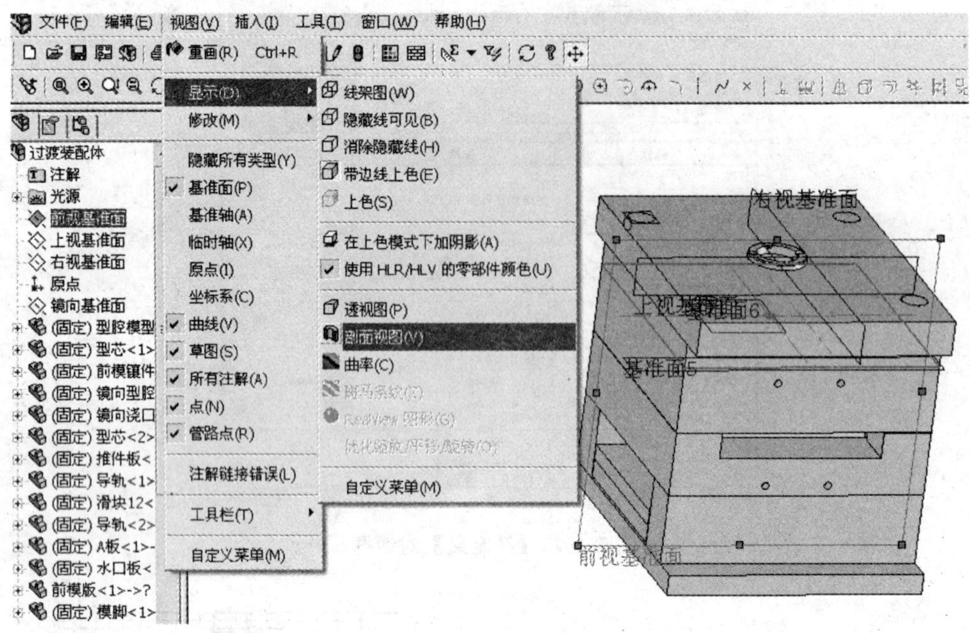

图 5.106　为过渡装配体添加剖面视图

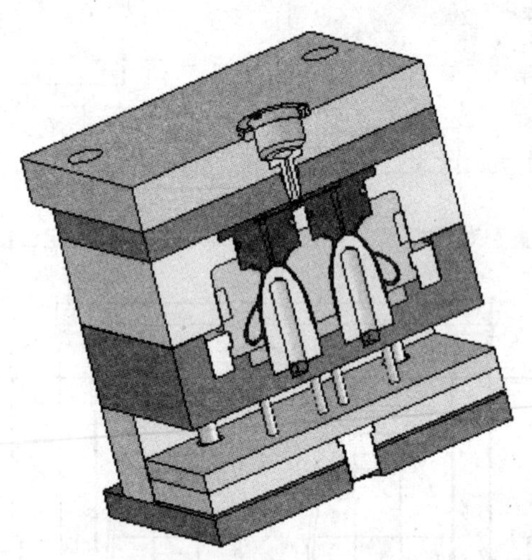

图 5.107　过渡装配体的剖面视图

5.5　总 装 配 体

在过渡装配体中，已经得到了模具的各主要结构零件，并且已经保持了装配的状态。但是，在过渡装配体中，并没有考虑到各零件的加工过程。例如，滑块、滑块导轨、推件块都是作为整体的一个零件，而实际中它们都将被分开制造，同时模具中不能保留有尖角，这些都必须在零件模式下进行编辑，予以完善。

将修改后的各零件重新装配起来，以检查模具结构是否符合要求。图 5.108 为在 SolidWorks 中的模具总装工程图。

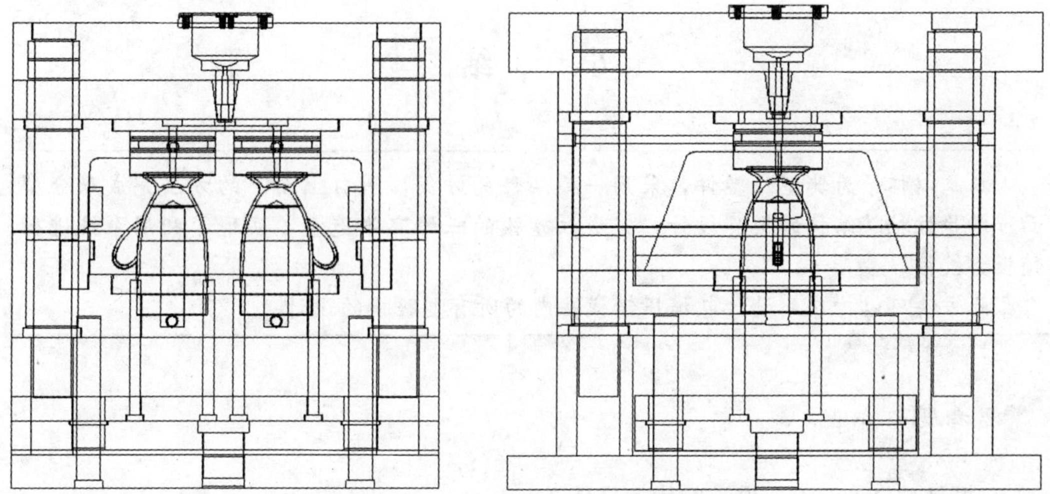

图 5.108 在 SolidWorks 中的模具总装工程图

5.6 锁模力的校核

当高压熔体充满模具型腔时，会在型腔内产生一个很大的力，力图使模具分型面胀开，其值等于塑件和流道系统在分型面上总的投影面积乘以型腔内塑料压力。作用在这个面上的胀型力应小于注塑机的额定锁模力 F。

对塑料熔体，注射压力 $P_0=75\sim115$MPa（取 100），实际的模具型腔及流道塑料熔体的平均压力 $P=kP_0$（k 为损耗系数，取值范围 1/3～1/4），$P_0=0.3\times100=30$MPa。

对于本例中的杯子，型腔及流道塑料熔体的投影面积可以由系统给出，选择【工具】|【测量】命令，选中型腔及流道塑料熔体经过的面，系统给出如图 5.109 所示的计算结果，面积为 3465mm^2。

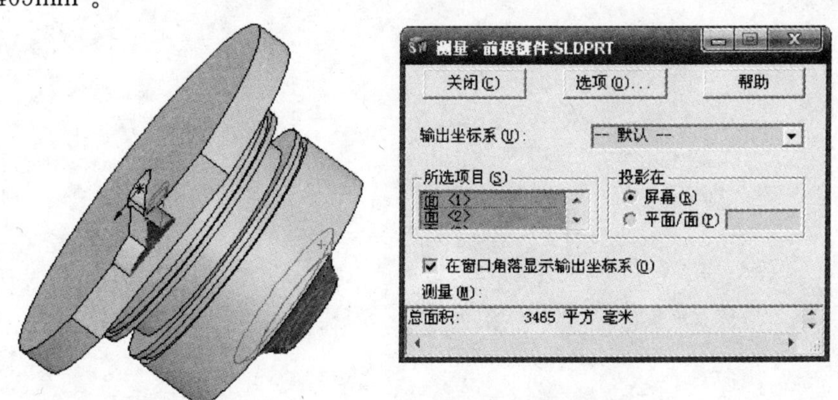

图 5.109 型腔及流道塑料熔体的投影面积

因此，胀型力为

$$3465\times30\times2=207900\text{N}=207.9\text{kN}$$

由表 5-1 可知，所选注射机的锁模力为 1100kN，锁模力足够。

小　　结

本章以杯子为典型注塑件，采用一模两件的方案，用自上而下的方法完成双分型面、斜导柱抽芯结构的模具设计，完成注塑模的三维实体造型，实现了利用系统进行锁模力校核。

此方法可以推广到设计包括压铸模在内的所有型腔模的设计。

思考题与作业

1. 模具“自上而下”设计的优点是什么？
2. 自选一个注塑件，用自上而下的方法进行注塑模具设计。
3. 试用“自下而上”的方法对杯子注塑模重新进行设计。

参考文献

[1] 魏峥，康亚鹏. SolidWorks 2004 模具设计 [M]. 北京：机械工业出版社，2004.
[2] 卢险峰. 模具学导论 [M]. 北京：化学工业出版社，2007.
[3] 康鹏工作室. Mastercam 模具设计实用教程 [M]. 北京：清华大学出版社，2005.
[4] 阮锋，黄珍媛，刘伟强. Pro/Engineer 2001 模具设计与制造实用教程 [M]. 北京：机械工业出版社，2003.
[5] 詹友刚. Pro/ENGINEER 模具设计教程 [M]. 北京：机械工业出版社，2006.
[6] 杜智敏，何华妹，吴柳机. Solid EdgeV17 中文版模具设计基础 [M]. 北京：人民邮电出版社，2006.
[7] 唐家麟编著，北大宏博改编. SolidWorks 2000 中文版高级范例 [M]. 北京：北京大学出版社，2001.
[8] 袁小江. 基于 Pro/E 的转轴注射模设计 [J]. 模具工业，2008，34(1)：10-15.
[9] 汪大年. 金属塑性成形原理 [M]. 北京：机械工业出版社，1982.
[10] 李硕本. 冲压工艺学 [M]. 北京：机械工业出版社，1982.
[11] 杜忠友. 基于 AutoCAD 的确定冲模压力中心的新方法 [J]. 模具工业，2001(12)：3-5.
[12] 阳海红，莫亚武. AutoCAD 在模具压力中心计算中的应用 [J]. 邵阳学院学报(自然科学版)，2006(2)：32-33.
[13] 闵旭光，夏卫华，杨文. 利用 AutoCAD 求解冲裁模压力中心的探讨 [J]. 江西科技师范学院学报，2005(4)：67-68.
[14] 肖景容. 冲压工艺学 [M]. 北京：机械工业出版社，1988.
[15] 王孝培. 冲压设计资料 [M]. 北京：机械工业出版社，1983.
[16] 李尚键. 锻造工艺及模具设计资料 [M]. 北京：机械工业出版社，1991.
[17] 张志文. 锻造工艺学 [M]. 北京：机械工业出版社，1983.
[18] 胡亚民，华林. 锻造工艺过程及模具设计 [M]. 北京：北京大学出版社，中国林业出版社，2006.
[19] 许树勤，王文平. 模具设计与制造 [M]. 北京：北京大学出版社，2005.
[20] 王文平，池成忠. 塑料成型工艺与模具设计 [M]. 北京：北京大学出版社，2005.
[21] 鄂大辛. 成形工艺与模具设计 [M]. 北京：北京理工大学出版社，2007.
[22] 中国机械工程学会锻压学会. 锻压手册(第 2 卷) [M]. 北京：机械工业出版社，1993.
[23] 周大隽. 锻压技术手册 [M]. 北京：机械工业出版社，1998.
[24] 马之庚，陈开来. 工程塑料手册 [M]. 北京：机械工业出版社，2004.
[25] 曹宏深，赵仲治. 塑料成型工艺与模具设计 [M]. 北京：机械工业出版社，1993.
[26] 塑料模具设计手册编写组. 塑料模具设计手册 [M]. 2 版. 北京：机械工业出版社，2010.

北京大学出版社材料类相关教材书目

序号	书　　名	标准书号	主　　编	定价	出版日期
1	金属学与热处理	ISBN 7-5038-4451-5	朱兴元，刘忆	24	2007.7
2	材料成型设备控制基础	ISBN 978-7-301-13169-5	刘立君	34	2008.1
3	锻造工艺过程及模具设计	ISBN 7-5038-4453-1	胡亚民，华林	30	2008.6
4	材料成形 CAD/CAE/CAM 基础	ISBN 978-7-301-14106-9	余世浩，朱春东	35	2008.8
5	材料成型控制工程基础	ISBN 978-7-301-14456-5	刘立君	35	2009.2
6	铸造工程基础	ISBN 978-7-301-15543-1	范金辉，华勤	40	2009.8
7	材料科学基础	ISBN 978-7-301-15565-3	张晓燕	32	2009.8
8	模具设计与制造	ISBN 978-7-301-15741-1	田光辉，林红旗	42	2009.9
9	造型材料	ISBN 978-7-301-15650-6	石德全	28	2009.9
10	材料物理与性能学	ISBN 978-7-301-16321-4	耿桂宏	39	2010.1
11	金属材料成形工艺及控制	ISBN 978-7-301-16125-8	孙玉福，张春香	40	2010.2
12	冲压工艺与模具设计(第 2 版)	ISBN 978-7-301-16872-1	牟林，胡建华	34	2010.6
13	材料腐蚀及控制工程	ISBN 978-7-301-16600-0	刘敬福	32	2010.7
14	摩擦材料及其制品生产技术	ISBN 978-7-301-17463-0	申荣华，何林	45	2010.7
15	纳米材料基础与应用	ISBN 978-7-301-17580-4	林志东	35	2010.8
16	热加工测控技术	ISBN 978-7-301-17638-2	石德全，高桂丽	40	2010.8
17	智能材料与结构系统	ISBN 978-7-301-17661-0	张光磊，杜彦良	28	2010.8
18	材料力学性能	ISBN 978-7-301-17600-3	时海芳，任鑫	32	2010.8
19	材料性能学	ISBN978-7-301-17695-5	付华，张光磊	34	2010.9
20	金属学与热处理	ISBN978-7-301-17687-0	崔占全，王昆林，吴润	50	2010.10
21	特种塑性成形理论及技术	ISBN978-7-301-18345-8	李峰	30	2011.1
22	材料科学基础	ISBN978-7-301-18350-2	张代东，吴润	34	2011.1
23	DEFORM-3D 塑性成形 CAE 应用教程	ISBN978-7-301-18392-2	胡建军，李小平	34	2011.1
24	原子物理与量子力学	ISBN978-7-301-18498-1	唐敬友	28	2011.1
25	模具 CAD 实用教程	ISBN978-7-301-18657-2	许树勤	28	2011.4